焊接质量检验

主　编　魏同锋

副主编　魏　宁

参　编　曹恩铭　孙大超

主　审　李丽茹

北京理工大学出版社
BEIJING INSTITUTE OF TECHNOLOGY PRESS

内 容 提 要

本书旨在突出职业教育的特点，以工作过程为导向，采用项目化形式编写，紧密围绕高素质技能型人才的培养目标，结合职业技能鉴定标准，融入理论和技能知识要求；课程内容的设置与工作任务密切相关，以工作任务来整合理论与实践，从岗位需求出发，构建任务，以典型产品为载体设计训练项目，从而增强学生适应企业的实际工作环境和完成工作任务的能力。

本书共设计了四个项目。主要内容：项目一焊接生产检验过程及质量控制；项目二射线检测；项目三超声检测；项目四表面检测。各个项目相对独立，每个项目包含多个任务，每个项目后包含若干习题。

本书可作为高职高专、中职、各类成人教育智能焊接技术专业教材或培训用书，也可供从事无损检测技术工作的工程技术人员参考。

图书在版编目（CIP）数据

焊接质量检验 / 魏同锋主编 . -- 北京：北京理工大学出版社，2024.3

ISBN 978-7-5763-3034-2

Ⅰ . ①焊…　Ⅱ . ①魏…　Ⅲ . ①焊接–质量检验–高等学校–教材　Ⅳ . ① TG441.7

中国国家版本馆 CIP 数据核字（2023）第 205859 号

责任编辑：封　雪　　**文案编辑：**封　雪
责任校对：周瑞红　　**责任印制：**王美丽

出版发行 / 北京理工大学出版社有限责任公司
社　　址 / 北京市丰台区四合庄路 6 号
邮　　编 / 100070
电　　话 / (010) 68914026（教材售后服务热线）
(010) 68944437（课件资源服务热线）
网　　址 / http://www.bitpress.com.cn

版 印 次 / 2024 年 3 月第 1 版第 1 次印刷
印　　刷 / 河北鑫彩博图印刷有限公司
开　　本 / 787 mm×1092 mm　1/16
印　　张 / 13
字　　数 / 298 千字
定　　价 / 65.00 元

前　言

本书紧密结合职业教育的办学特点和教学目标，强调实践性、应用性和创新性，内容安排上主要考虑以下几点。

1. 以工作过程为主线，确定课程结构

通过对工作过程的全面了解和分析，按照工作过程的实际需要设计、组织和实施课程，突出了工作过程在课程中的主线地位，尽早地让学生进行工作实践，为学生提供了体验完整工作过程的学习机会，逐步实现从学习者到工作者的角色转换。

2. 以工作任务为引领，确定课程的设置

课程内容的设置与工作任务密切相关，以工作任务来整合理论与实践，从焊接质量检验岗位需求出发，构建任务，以典型产品为载体设计训练项目，从而增强学生适应企业的实际工作环境和完成工作任务的能力。

3. 以立德树人为根本任务，实现思想和观念的教育

立足于专业人才培养目标和课程标准，在对课程整体设计的基础上，根据知识点和技能点挖掘课程思政元素，设计融入方式，在组织实施中不断完善，凝成“个人修养、职业素养、理想信念”三个层面的课程思政培养目标。

本书的编写过程中，除参考了国内外的相关专著、教材、手册和文献外，还参考了其他行业的培训教材，并将编者在多年焊接质量检验工作中积累的经验和在教学中的一些体会编入其中，使理论与实践有机地结合为一体。

本书由渤海船舶职业学院魏同锋担任主编，具体编写分工如下：项目一、项目二任务一由渤海船舶职业学院曹恩铭编写，项目二任务二、任务三、任务四由魏同锋编写，项目三由渤海船舶职业学院魏宁编写，项目四由沈阳特种设备检测研究院孙大超编写，全书由渤海船舶职业学院的李丽茹教授担任主审。

限于编者水平，书中难免存在不足之处，敬请广大读者批评指正。

编　者

前言

[illegible]

目 录 / Contents

01 项目一　焊接生产检验过程及质量控制

焊接产品在生产过程中每个环节的质量检验，对产品的质量保证都具有重要的作用。因此，焊接质量检验贯穿焊接生产的全过程。通过在焊接产品生产的不同阶段对焊接检验进行控制，为焊接产品的质量提供可靠的保证。

任务一　焊接检验过程

【知识目标】

1．了解焊接质量检验的基本过程。

2．掌握焊缝外观质量要求。

3．掌握焊接结构生产备料的检验内容和检验方法。

【能力目标】

1．会按照钢材质量证明书判断钢材质量，并进行验收和出入库。

2．能够正确进行焊件成型质量及坡口尺寸的检验。

3．会使用焊接检验尺检验焊缝外观尺寸。

【素养目标】

1．培养操作规范意识。

2．培养安全意识。

3．培养自我学习和自我提升能力。

【任务描述】

有一材料为低碳钢的 ϕ660 mm×30 mm 的管道焊缝，要求对其外表面进行目视检测，检测比例为100%，另有一批T形焊接接头的试板，要求检测其角焊缝的成型。正确使用焊接检验尺，并对焊缝进行余高、宽度、错边量、焊脚尺寸、角焊缝厚度、咬边深度、角度和间隙等的测量。

【知识准备】

焊接生产的整个过程包括焊接前准备、装配、焊接和焊后热处理等工序过程。在焊接结构生产的整个过程中每个环节的质量控制都非常重要，所以，焊接施工的质量控制应该是一项全过程的质量管理，主要包括焊接前的质量控制、焊接过程中的质量控制检验、焊后质量控制检验三个环节。

一、焊接前的质量控制

焊接前做好各项准备工作，主要包括材料的准备、人员的准备、技术的准备等，最大限度地避免或减少焊接缺陷的产生，保证焊接质量。

1. 金属材料的质量检验

金属材料是制造焊接结构的基础材料，用于焊接结构的金属材料称为基本金属或母材，是焊接的对象。为保证金属材料使用的正确性，投料时应检查下列项目。

（1）检查投料单据。投料单据是材料发放出库的凭证，投料前应检查材料投料生产号是否与所焊产品生产号一致。材料牌号、规格是否符合图样规定。

（2）检查实物标记。金属材料的实物标记应清楚、齐全，有入厂检验编号，金属材料的牌号、规格应与投料单据相符。

（3）检查实物表面质量。金属材料表面不应有裂纹、分层及超过标准规定的凹坑，划伤等缺陷。

（4）检查投料画线、标记移植。检查人员应检查画线的正确性和标记移植的齐全性，并及时做好检验记录。

2. 焊接材料的质量检验

焊接时所消耗的焊条、焊丝、焊剂、保护气体等统称为焊接材料。正确地选择焊接材料是保证焊接质量的基本条件。

（1）核对焊接材料选用是否正确。根据焊接工艺文件，核对焊接材料选用是否符合图样或技术条件的规定。

（2）核对焊接材料实物标记。检查包装标记或焊接材料本身的标记，焊接材料的牌号和规格是否符合选用要求，焊条尾部标记或涂色标记，焊丝盘挂牌或写字涂色标记等。合金钢焊丝可采用光谱分析检验。

（3）焊接材料表面质量检验。焊条、焊丝表面应无油污、无铁锈，焊条药皮无开裂、脱落和霉变。

（4）检查焊接材料的工艺性处理。焊接材料在使用前，焊条要进行烘干处理、焊丝除锈或酸洗处理、保护气体的预热和干燥处理等。一般情况下，碱性焊条的烘干温度为 350 ～ 400 ℃，保温 2 h；酸性焊条的烘干温度为 80 ～ 150 ℃，保温 1 h；不锈钢焊条的烘干温度为 200 ～ 250 ℃，保温 1 h；熔炼焊剂的烘干温度为 350 ～ 350 ℃，保温 2 h。

3. 焊接坡口质量检验

根据设计和工艺需要，在焊件的待焊部位加工成一定几何形状和尺寸，经装配后形成的沟槽称为坡口。

（1）坡口的选择基本原则。在保证焊接质量的前提下，为减少填充金属和提高焊接效率，坡口截面尺寸越小越好。坡口的形状和尺寸首先应满足焊接工艺要求，使焊条、焊丝或焊炬能直接伸到坡口底部，并在坡口内可以做相应的摆动。坡口尺寸的标注方法如图 1–1 所示。

（2）坡口加工质量的检验。坡口质量主要检查坡口形状、尺寸及表面粗糙度是否符合要求。如图 1–2 所示，用焊接检验尺和样板测量坡口面角度、钝边尺寸及根部半径。

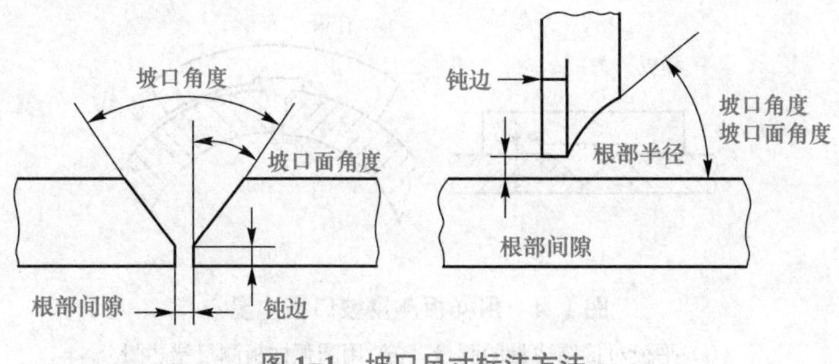

图 1-1　坡口尺寸标注方法

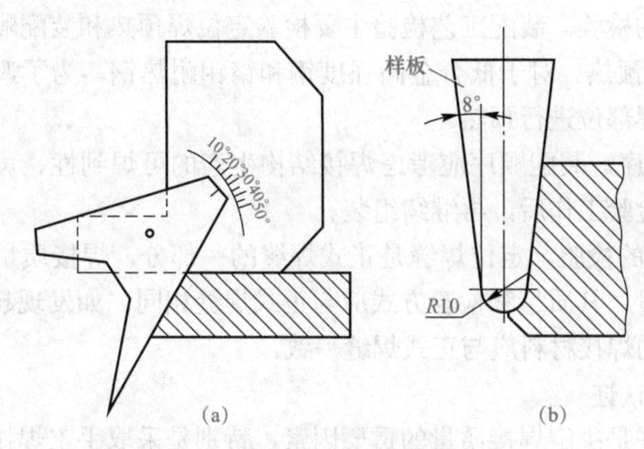

图 1-2　测量坡口加工的形状和尺寸

(a) 测量坡口角度；(b) 用样板测量坡口形状

（3）检查坡口表面及周围的清理情况。坡口及其附近不应有毛刺、熔渣、油污、铁锈等杂质。

（4）坡口面的探伤。对于屈服强度大于 392 MPa 或 Cr-Mo 低合金钢材料，用火焰加工坡口时，如果不采用预热切割工艺，应对坡口面进行探伤检验，如发现裂纹，应及时进行处理。

4. 焊件装配质量的检验

焊件装配质量的好坏直接影响焊接质量的好坏，如装配间隙、对接错边量和装配工艺等。

（1）装配结构的检验。零部件的相对位置和它们的空间角度应符合图样及有关标准的规定，检验焊接结构装配尺寸时要考虑焊接变形的影响，保证焊后的焊接质量。

焊缝的分布及其位置应符合图样和工艺拼图的规定，如压力容器环缝装配后，应检查相邻筒节的纵缝错开量，一般应大于 3 倍筒节壁厚，且不小于 100 mm，以减小焊接应力与变形。

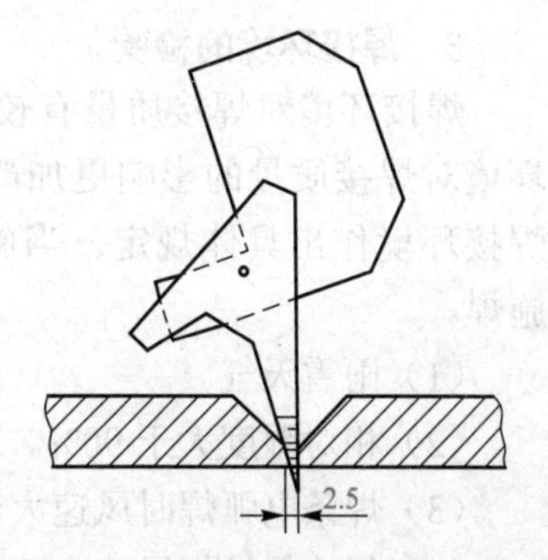

图 1-3　用焊接检验尺测量坡口间隙

坡口组装后的形状、间隙、错边量和方位都应符合坡口设计的要求。测量方法如图 1-3 和图 1-4 所示。

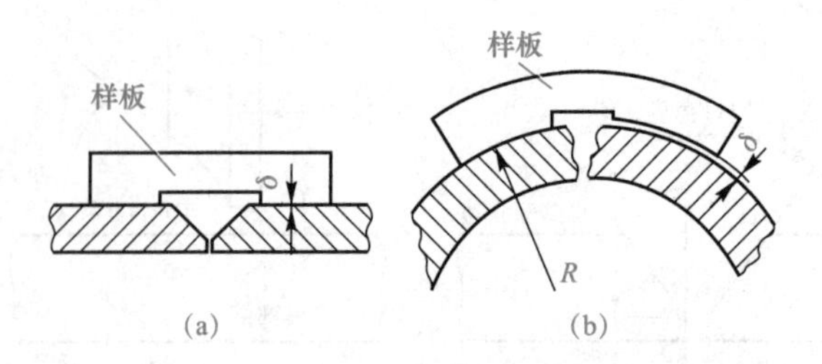

图 1-4　用样板测量坡口错边量

(a) 平板对接错边量的测量；(b) 用圆弧样板测量错边量

（2）装配工艺的检验。装配工艺检验主要检验定位焊预热和装配顺序。

1）检验定位焊预热。对于低合金高强度钢和铬钼耐热钢，为了避免定位焊时产生表面裂纹，应在定位焊部位进行预热。

2）检验装配顺序。装配顺序应考虑焊接结构生产的可焊到性、可检验性，应在完成内部焊缝的焊接和检验工作后，再继续组装。

3）定位焊质量的检验。定位焊缝是正式焊缝的一部分，焊接质量的好坏将直接影响正式焊缝的焊接质量。其质量和检验方式应与正式焊缝相同。如发现超标的缺陷应及时消除；定位焊缝所用的焊接材料应与正式焊缝一致。

5. 焊工资格的认证

焊工的技术水平是决定焊接质量的重要因素，特别是采取手工焊接的方法时，如操作技能差，容易使焊缝中产生焊接缺陷，影响焊接接头的质量。对重要的焊接结构，必须由经过专业考试并取得合格证的焊工施焊。

焊工资格检验主要检验的内容包括以下三个方面。

（1）焊工合格证。焊工合格证是证明焊工操作技术水平的有效凭证，只有取得相应等级合格证的焊工，才有资格上岗焊接。

（2）检验焊工合格的有效期。从焊工考试合格之日计算有效期，超过有效期或在有效期内中断焊接工作的，应重新进行考试，合格后才允许继续上岗焊接。

（3）检验考试项目。检验焊接方法和焊接位置与焊接产品条件的一致性；检验考试钢材和焊接材料与产品的一致性；检验试样形式、规格与焊接产品的一致性。考试项目与焊接产品不符者，不能上岗进行焊接操作。

6. 焊接环境的检验

焊接环境对焊接质量有较大的影响，特别是在露天的条件下进行焊接操作时，焊接环境对焊接质量的影响更加严重。《压力容器》（GB 150.1 ～ GB 150.4—2011）标准对焊接环境作出具体规定。当施焊环境出现以下任一情况，且无有效防护措施时，禁止施焊。

（1）雨雪天气。

（2）相对湿度大于 90%。

（3）焊条电弧焊时风速大于 10 m/s。

（4）气体保护焊风速大于 10 m/s。

（5）当焊接温度低于 0 ℃时，应在施焊范围内预热到 15 ℃左右。

二、焊接过程中的质量检验

焊接过程中的质量检验包括对焊接规范执行情况（焊接时的环境条件、焊接参数的执行情况等）、焊前预热、焊接后热等的检验。

1. 焊接规范执行情况检验

焊接规范是指焊接时的环境条件和焊接过程中的工艺参数，主要包括焊接电流、焊接电压、焊接速度、焊条或焊丝直径、焊接层数、焊接顺序、焊接电源种类及极性等。

在焊接过程中要严格按照焊接工艺规格中的焊接规范进行焊接操作，不同的焊接方法有不同的内容和要求，焊接操作工及检验人员，应在焊接过程中检查焊接规范执行的情况。要认真地填写施焊记录。当焊接方法发生变化时，应办理焊接材料、焊接坡口及焊接工艺等变更手续，严守工艺记录。

2. 焊前预热、焊接后热的检验

焊前预热检验主要是检验预热方法、预热部位、预热范围和预热温度等。根据焊接工艺规程的规定，检验预热温度：一般情况下，允许预热温度略高于规定的温度，特别是在施焊环境温度较低的情况下，允许超出更多些。

焊接后热检验主要检查加热时间、加热温度、加热持续时间、加热宽度范围、保温措施等。

预热、后热温度可用测温笔或测温计测量。温度测点应根据焊缝的形状和大小选择。当焊缝部位的结构比较简单、工件较薄、焊接工作量较小时，测点可距离焊缝远一些。当焊缝部位的结构比较复杂、工件较厚、焊接工作量较大时，测点可距离焊缝近一些。通常预热、后热温度的测点应距焊缝边缘 100 ～ 300 mm。

三、焊后质量控制检验

焊接结构焊后的质量控制检验主要包括焊接结构的几何尺寸检验，焊缝外观质量及尺寸检验，焊缝的表面、近表面及内部缺陷的检验。

焊接结构的几何尺寸检验主要是判断焊接结构几何尺寸是否合格。焊接结构上的几何尺寸有两类：一类是在图样上直接给出公差要求，对这类尺寸的检验可直接按图样要求进行检查；另一类是图样上不标公差的尺寸（自由公差），对这类尺寸的检验则应根据不同行业和产品的有关标准或国标规定进行检验。

焊缝表面、近表面及内部缺陷的检验一般采用无损探伤的方法进行检验。

焊缝外观质量及尺寸检验采用目视检测，目视检测最常用的测量工具是焊接检验尺，如图 1-5 所示。焊接检验尺主要由主尺、高度尺、咬边深

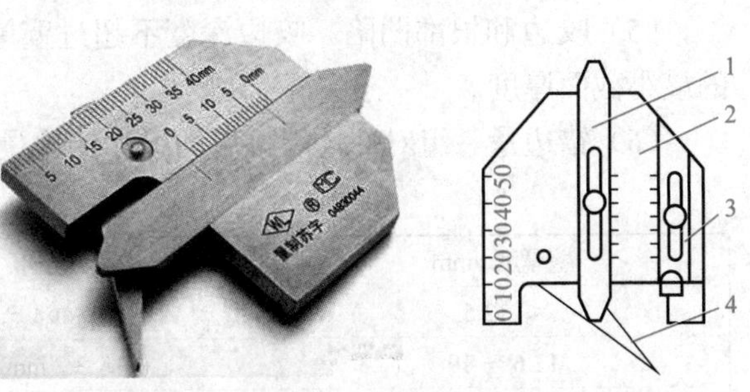

图 1-5　焊接检验尺

1—高度尺；2—主尺；3—咬边深度尺；4—多用尺

度尺和多用尺四部分组成，主要用于焊缝外观质量的检测。表 1–1 为 60 型焊接检验尺的测量项目、测量范围和示值允差。

表 1–1　焊接检验尺的测量项目、测量范围和示值允差

测量项目		测量范围	示值允差
高度	平面高度	0 ～ 15 mm	0.2 mm
	角焊缝高度	0 ～ 15 mm	0.2 mm
	角焊缝厚度	0 ～ 15 mm	0.2 mm
宽度		0 ～ 60 mm	0.3 mm
焊件坡口角度		≤ 160°	30′
焊缝咬边深度		0 ～ 5 mm	0.1 mm
间隙尺寸		0.5 ～ 6 mm	0.1 mm

四、焊缝表面质量的验收标准

焊缝表面质量的验收标准一般在设计图样或工艺技术文件中有规定，根据焊缝质量的等级不同，其验收标准也不同。焊缝表面不允许存在下列缺陷。

（1）裂纹。

（2）未熔合。

（3）超过下列规定的表面气孔：呈直线分布且边到边的距离小于或等于 1.6 mm 时，4 个或 4 个以上的大于 0.8 mm 的气孔。体积形缺陷最大直径不超过 3.2 mm。

（4）余高。对于管道双面焊焊接接头，表 1–2 中第一列的余高范围适合于此接头的内外表面；对于单面焊焊接接头，表中第一列的余高范围适用于焊接接头外表面，第二列的余高范围适用于焊接接头内表面。余高的值由相邻焊缝表面的最高点确定。

表 1–2　焊接接头余高范围　　mm

壁厚度	最大余高不超过	
	焊接接头外表面	焊接接头内表面
≤ 3.2	2.4	2.4
3.2 ～ 4.8	3.2	2.4
4.8 ～ 12.6	4.0	3.2
12.6 ～ 25.6	4.8	4.0

（5）咬边和根部凹陷。咬边深度不超过壁厚 10% 或超过 0.8 mm，根部凹陷超过所需的最小截面厚度。

（6）错边量。组对部件焊接后的最大错边量应不超过表 1–3 中的范围。

表 1–3　组对部件焊接后的最大错边量

壁厚度 t/mm	纵向	环向
≤ 12.6	t/4	t/4
12.6 ～ 19	3.2 mm	t/4
19 ～ 38.4	3.2 mm	4.0 mm
38.4 ～ 52	3.2 mm	4.8 mm

【任务实施】

一、准备工作

1. 准备设备与器材

在实施目视检测前，准备检测所用的基本设备和工具：放大倍数为 3 ～ 6 倍的望远镜、带照明的放大倍数为 3 ～ 6 倍的放大镜、光源、反射率为 18% 的中性灰度卡、照度计、焊缝检验尺、其他设备等。

2. 焊件表面清理

清理被检测焊件的表面的油漆、油污、焊接飞溅物等妨碍表面检测的异物，检测区域通常包括 100% 可接近的暴露表面，包括整个焊缝表面和邻近的 25 mm 宽的基体金属表面。

二、选择检测方法

当被检物到眼睛的距离小于 600 mm，视线与被检表面的夹角大于 30° 时，可直接进行目视检测。直接用裸眼，或用放大倍数为 6 倍的放大镜进行检测。日光或人工光源应保证检测人员能分辨反射率 18% 的中性灰度卡上 0.8 mm 宽的黑线，或能分辨位于被检表面上的宽为 0.8 mm 的黑线。

无法直接观察的区域，可用间接方法进行目视检测，并借助辅助工具，如反光镜、内窥镜、光导纤维、照相机、腹膜或其他合适的工具进行，但辅助工具的分辨能力至少应和直接目视检测相当。

三、焊接缺陷的目视检测的操作

1. 环境照度测量

用照度计测量环境照度，要求环境的照度大于 160 lx。

2. 灵敏度的检测

用 18% 的灰度卡检查灵敏度，要求日光或人工光源应保证检测人员能分辨反射 18% 的中性灰度卡上 0.8 mm 的黑线，或能分辨位于被检表面上的宽为 0.8 mm 的黑线。

3. 焊缝表面成型情况检查

焊缝通常存在的缺陷有外观形状不合理、焊接过程中产生的缺陷等。检测焊缝外形不合理的缺陷时，常用焊接检验尺。

（1）对接焊缝余高的测量。测量焊缝余高时，对每一条焊缝，先将量规的一个脚置于基体金属上，另一个脚与余高的顶接触，然后在滑度尺上读出余高高度的数值，如图 1–6 所示。

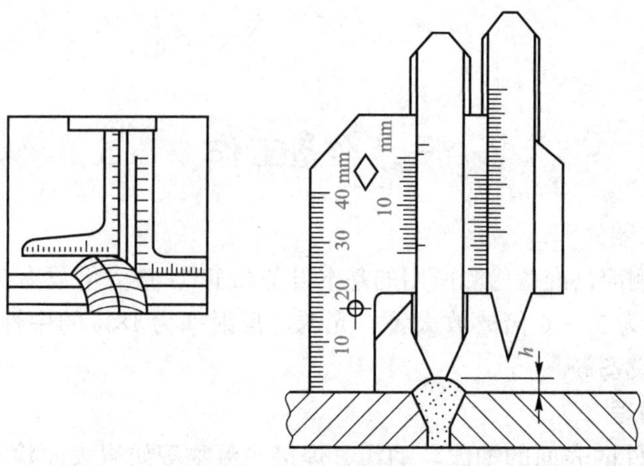

图 1-6　对接焊缝余高的测量

（2）宽度测量。测量焊缝宽度时，先用主体测量角靠紧焊缝一边，然后旋转多用尺的测量角靠紧焊缝的另一边，读出焊缝宽度示值（图 1-7）。

（3）错边量测量。测量错边量时，先用主尺靠紧焊缝一边，然后滑动高度尺使之与焊缝另一边接触，高度尺示值即为错边量（图 1-8）。

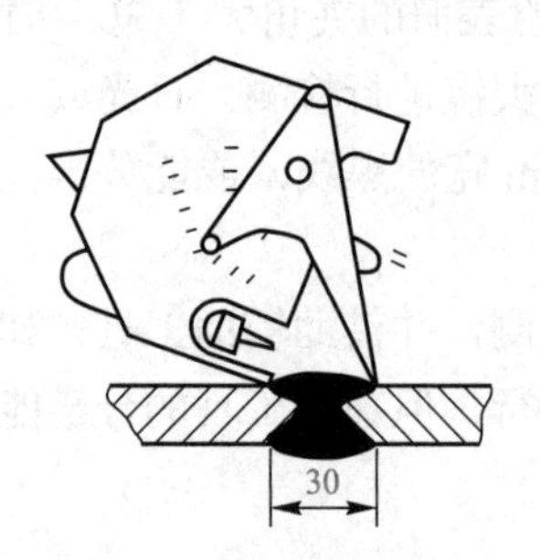

图 1-7　焊缝宽度测量

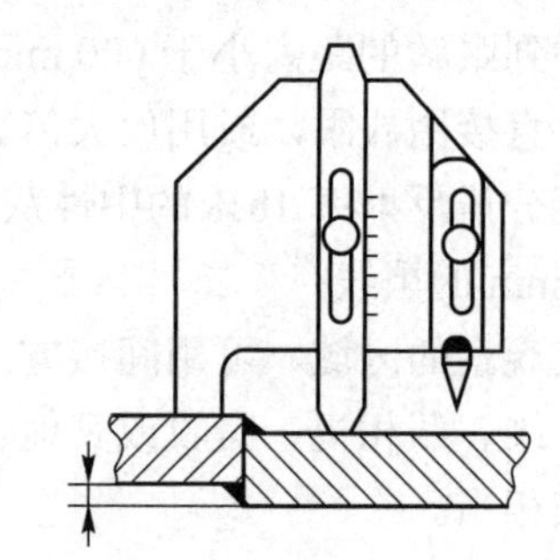

图 1-8　错边量测量

（4）焊脚高度测量。测量角焊缝的焊角高度时，用尺的工作面靠紧焊件和焊缝，并滑动高度尺与焊件的另一边接触，高度尺示值即为焊脚高度（图 1-9）。

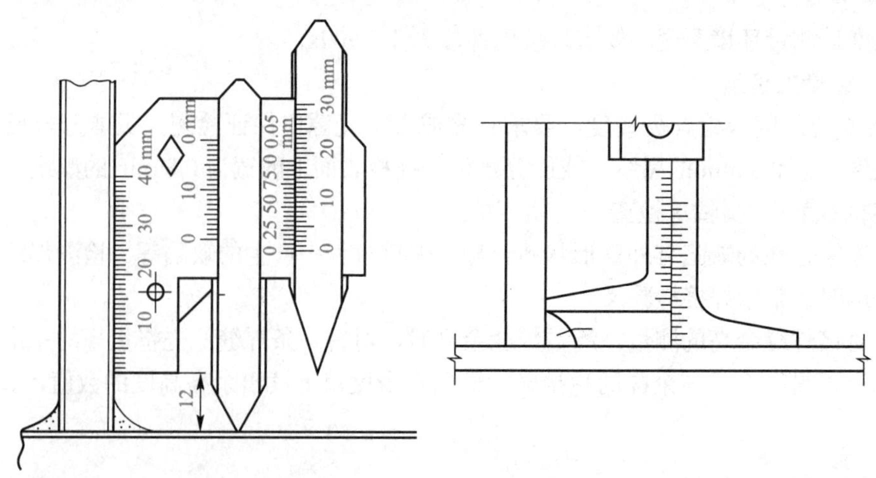

图 1-9　焊脚高度测量

（5）角焊缝厚度测量。测量角焊缝厚度时，把主尺的工作面与焊件靠紧，并滑动高度尺与焊缝接触，高度尺示值即为角焊缝厚度（图 1–10）。

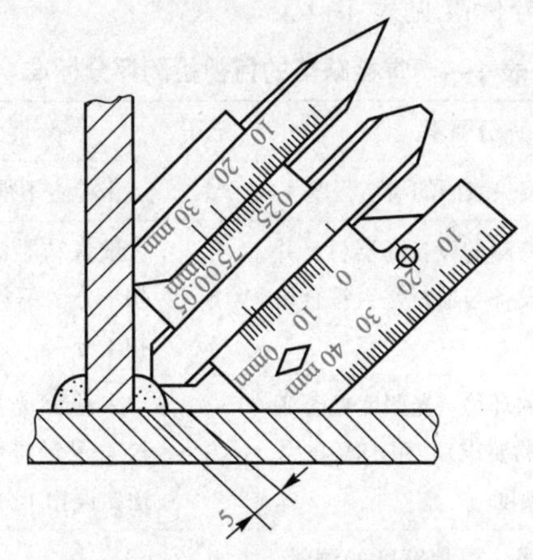

图 1–10　角焊缝厚度测量

（6）咬边深度测量。测量平面咬边深度时，先把高度对准零位并紧固螺钉，然后使用咬边深度尺测量咬边深度（图 1–11）；测量圆弧面咬边深度时，先把咬边深度尺对准零位紧固螺钉，把三点测量面接触在工件上（不要放在焊缝处），锁紧高度尺。咬边深度尺松开，将尺放于测量处，活动咬边深度尺，其示值即为咬边深度（图 1–12）。

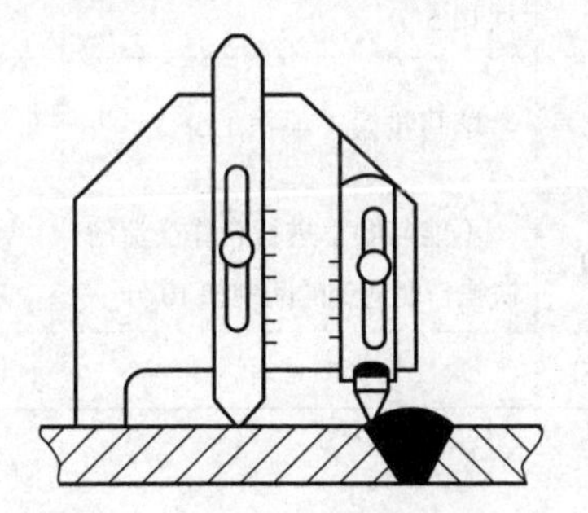

图 1–11　平面咬边深度测量

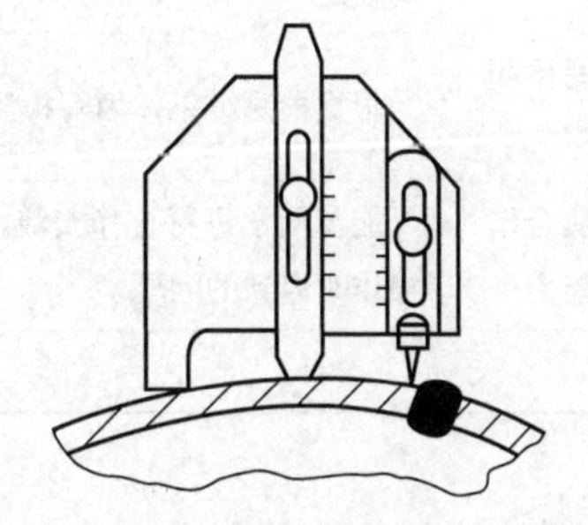

图 1–12　圆弧面咬边深度测量

焊接检验尺的使用

【任务评价】

焊接缺陷的目视检测评分标准见表 1–4。

表 1–4 焊接缺陷的目视检测评分标准

序号	考核内容	评分要素	配分	评分标准	扣分	得分
1	准备工作	检查焊接接头表面的清洁程度	5	未检查不得分		
		选用目视检测的设备与器材，并检查所用的设备与器材是否符合检测要求	5	设备和器材选用错误 1 项，扣 1 分，不检查设备与器材扣 1 分		
		检查检测的环境（光照度是否满足检测观察的要求）。用 18% 的灰度卡检查灵敏度	5	未检测光照度扣 2 分，未检查灵敏度扣 2 分。检查方法错误扣 1 分		
2	焊接接头的目视检测	余高的测量、焊缝宽度的测量、错边量的测量、角焊缝厚度的测量、咬边深度的测量、角度的测量、间隙的测量	50	测量尺不会使用扣 5 分，测量结果每错 1 处扣 5 分		
3	焊缝表面质量的评定	熟悉焊缝表面质量评定的标准，能根据检测结果进行焊缝表面质量的评定	10	焊缝表面质量评定标准理解错误扣 5 分，评定结果错误扣 5 分		
4	填写检测报告	根据检测结果，填写检测报告	15	填写错误 1 项扣 1 分		
5	团队合作能力	能与同学进行合作交流，并解决操作时遇到的问题	10	不能与同学进行合作交流解决操作时遇到的问题扣 10 分		
合计			100			

【焊接操作事故案例】

1. 事故经过

某船厂有一位年轻的女电焊工正在船舱内焊接，因舱内温度高加上通风不良，她身上大量出汗，将工作服和皮手套湿透。在更换焊条时，她触及焊钳口，因触电后仰跌倒，焊钳落在颈部未能摆脱，造成电击。事故发生后，该电焊工经抢救无效而死亡。

2. 主要原因分析

（1）焊机的空载电压较高，超过了安全电压。

（2）船舱内温度高，该电焊工大量出汗，人体电阻降低，触电危险性增大。

（3）触电后未能及时发现，电流通过人体的持续时间较长，使心脏、肺部等重要器官受到严重破坏，抢救无效。

3. 主要预防措施

（1）船舱内焊接时，要设通风装置，使空气对流。

（2）舱内工作时要设监护人，随时注意焊工动态，遇到危险征兆时，立即拉闸进行抢救。

（3）操作规范，养成良好的职业习惯。

任务二　压力试验

【知识目标】

1．了解常用的压力试验的种类及应用范围。

2．掌握压力试验的注意事项。

3．熟悉压力试验的试验过程。

【能力目标】

1．会按照操作规程进行容器的水压试验。

2．会按照操作规程进行密闭容器的气压试验。

【素养目标】

1．培养细心、严谨的工作态度。

2．培养认真负责的劳动态度和敬业精神。

3．培养团队合作精神。

4．培养质量意识、安全意识。

【任务描述】

对小型热水锅炉进行水压试验。

【知识准备】

压力试验又称强度试验，主要用来检验焊接接头的强度和致密性。压力试验包括水压试验和气压试验两种。

一、水压试验

水压试验是最常用的压力试验方法。水的压缩性很小，容器一旦因缺陷扩展而发生泄漏，水压便会立即下降，不会引起爆炸。水压试验成本低且安全，操作也很方便，因此得到了广泛应用。对于极少数不能充水的容器，则可采用不会发生危险的其他液体进行试验，但要注意试验温度应低于液体的燃点或沸点。

二、气压试验

由于结构或支承原因，不能向压力容器内安全充灌液体，以及运行条件不允许残留试验液体的容器，可按设计图样规定采用气压试验。

1．试验前的准备工作

（1）试验前要对焊缝进行 100% 的无损检测，全面检查有关技术条件，要有可靠的安全措施，并经本单位技术总负责人批准和安全部门检查监督。

（2）容器壳体平均一次总体薄膜应力值不得超过试验温度下材料屈服点的 80%。

（3）容器各连接部位的紧固螺栓，必须装配齐全，紧固妥当。

（4）如容器内有易燃物质，应用蒸汽或氮气置换的办法，彻底清洗置换干净，并经分析合格；否则，严禁用空气作为试验介质。

（5）试验用压力表，应选用两块表盘直径不小于 100 mm、量程为试验压力的 1.5 ～ 3 倍、精度不低于 2.5 级的压力表。

（6）容器上安全附件应齐全（安全阀、爆破片除外）。

2. 气压试验规范

（1）试验压力按图样规定或按表 1–5 选取。

表 1–5　气压试验的试验压力

压力容器的名称	压力等级	气压试验压力
钢制和有色金属制压力容器	低压	$1.15p_{设}$
	中压	$1.15p_{设}$
注：$p_{设}$为容器设计压力		

（2）气压试验所用气体为干燥、洁净的空气、氮气或其他惰性气体。耐压试验的气体温度不低于 15 ℃。气压试验气体的温度不低于 5 ℃。

3. 试验及检查

充气升压前，一般向容器或管路吹、放气 2 ～ 3 次，最后一次用手触摸放气孔，无杂物击手或用药棉擦拭不污染为止。然后缓慢升压至规定试验压力的 10%，保持 5 ～ 10 min，并对所有焊缝和连接部位用肥皂水进行初次检查。如无泄漏可继续升压到试验压力，应根据容器大小保压 10 ～ 30 min。然后降压到设计压力，保压进行检查，其保压时间不少于 30 min。检查期间压力应保持不变。不得在压力下紧固螺栓。

4. 气压试验质量要求

（1）无渗漏。

（2）无可见的异常变形。

（3）试验过程中无异常响声。

（4）按设计要求，耐压试验做残余变形测定的容器，径向残余变形率不超过 0.03% 或容积残余变形率不超过 10% 为合格。

气压试验检查完毕后，开启放空阀，缓慢泄压到常压。

【任务实施】

一、水压试验前的准备工作

（1）焊接结构在进行水压试验前，焊接工作必须全部结束，且焊缝的返修、焊接后热处理、力学性能检验和无损检测都必须合格。

（2）受压元件充水之前，药皮、焊渣等杂物必须清理干净。

（3）根据试验压力选择压力表的量程，并要求表盘直径不小于 100 mm。压力表的量程应为试验压力的 2 倍左右。但不应低于 1.5 倍和高于 4 倍的试验压力。压力表的精确度等级见表 1–6。

表 1–6　压力表精确度等级

工作压力 /MPa	精确度等级
＜ 2.45	不低于 2.5 级
⩾ 2.45	不低于 1.5 级

二、选择水压试验规范参数

水压试验的规范主要包括试验压力、试验水温、保压时间、环境温度等。

（1）试验压力。根据试验容器的设计压力或最高工作压力，确定试验压力，按规定一般取 $p_{试} = 1.25p_{设}$或 $p_{试} = 1.25p_{最高工作}$，见表 1–7。

表 1–7　压力试验的试验压力

压力容器形式	压力容器的材料	压力等级	耐压试验压力系数（$p_{试}/p_{设}$）	
			水压	气压
固定式	钢和有色金属	低压	1.25	1.15
		中压	1.25	1.15
		高压	1.25	—
	铸铁	—	2.00	—
	搪玻璃	—	1.25	1.15
移动式	—	中、低压	1.50	1.15

（2）试验水温。水的温度应高于钢材脆性转变温度，但不能太高，以防止引起汽化和过大的温差应力。一般情况下，用水温度为 20 ～ 70 ℃。表 1–8 所示为推荐的不同钢种制造的压力容器试验用水温度。

表 1–8　水压试验推荐用水温度

受压元件钢种	用水温度 /℃
C–Mn 钢（碳素钢、16 MnR）	⩾ 5
Cr–Mo 钢、Cr–Mo–V 钢	⩾ 15
Mn–Mo–V 钢、Mn–Mo–Nb 钢	⩾ 30
＞ 3 Cr 合金钢、BHW–35	⩾ 25

当盛水容积较小、试验水温度较高、保压时间较长时，由于自然冷却，水的温度下降

较快，引起体积减小，在保压期间压力表指示逐渐下降。因此，试验用水的温度在允许的情况下，应接近环境温度，使保压期间压力表指示稳定，不产生下降现象。

三、试验和检查

试验时，升压或降压应缓慢进行。当压力升到工作压力时暂停，进行初步检查，若无漏水或异常现象可继续升到试验压力。在试验压力下保压 10 ～ 30 min，然后降压到工作压力或设计压力，至少保持 30 min，进行仔细检查。试验过程中应进行检查。

四、水压试验注意事项

（1）进行水压试验时，应力不得超过元件材料在试验温度下屈服强度的 90%。

（2）水压试验结束后，应把水全部放净，用压缩空气或其他惰性气体将容器内表面吹干，以防腐蚀或冻裂。

（3）试验不合格，允许返修，但不得在有压力或与水接触的情况下进行。

（4）奥氏体不锈钢制的容器，用水进行液压试验后应将水渍去除干净。当无法达到这一要求时，应控制水的氯离子含量不超过 25 mg/L，防止氯离子对不锈钢材料的严重晶间腐蚀。

（5）冬季试压后，一定要把水全部排净，以防止冻裂。

（6）夹套容器，应先进行内筒水压试验，合格后再焊夹套，然后进行夹套内的液压试验。

五、水压试验质量要求

水压试验如符合下列条件，则认为合格：

（1）在受压元件处理外壁和焊缝上没有水珠和水雾。

（2）附件密封处在降到工件压力后不漏水。

（3）水压试验后，没有发现残余变形。

（4）试验过程中，无异常响声。

【任务评价】

水压试验的评分标准见表 1-9。

表 1-9　水压试验的评分标准

序号	考核内容	评分要素	配分	评分标准	扣分	得分
1	准备工作	1. 设置护板； 2. 检查水泵是否完好； 3. 表面清理	10	1. 设备、器材选用错误扣 5 分； 2. 未进行清理扣 5 分		

续表

序号	考核内容	评分要素	配分	评分标准	扣分	得分
2	试验规范参数	1. 试验压力，根据试验容器的设计压力或最高工作压力，确定试验压力； 2. 试验水温，使用水的温度为20～70 ℃； 3. 保压时间，10～30 min	20	不符合操作规范要求扣20分		
3	检测操作	1. 试验时，升压或降压应缓慢进行； 2. 当压力升到工作压力时暂停，进行初步检查，若无漏水或异常现象可继续升到试验压力； 3. 在试验压力下保压10～30 min，然后降压到工作压力或设计压力，至少保持30 min，进行仔细检查	60	1. 操作不规范，每项扣5分； 2. 检测结果误差偏大，每项扣5分		
4	团队合作能力	能与同学进行合作交流，并解决操作时遇到的问题	10	不能与同学进行合作交流解决操作时遇到的问题扣10分		
合计			100			

【气压试验事故案例】

2017年5月15日15时10分左右，湖北某市市政安装工程有限公司在××路进行中压燃气管道改造工程，对管道焊接封头进行打压试压时，发生一起物体打击事故，造成1名路人死亡。事故直接经济损失约147万元。根据调查情况和现场分析，试压时，施工单位在聚乙烯管与打压封头进行对接焊接时严重违反操作规程，封头接口焊缝热熔质量不合格，不能耐受试验压力，试压时封头突然脱落飞出。是导致路人死亡事故发生的直接原因。

（1）所用焊机性能与焊接管道不匹配。

（2）从焊接断口判断，焊接工艺不符合要求。

（3）未见试压施工安全防护措施。

（4）未见封头质量文件，不能判定其具体存放时间（有超期存放的嫌疑）。

这次事故很不幸地造成了人员伤亡，但“幸”的是发生在施工阶段，介质都是压缩空气。如果是投产通气之后发生泄漏，后果就更加不堪设想了。燃气管道试压作业存在3个方面的安全问题。

1. 危险源辨识与风险评估

就聚乙烯燃气管道试压作业而言，应该从人、机、料、法、环五个方面进行危险源辨识，对照《企业职工伤亡事故分类》（GB 6441—1986）进行矩阵式对应排除法，如人的不安全行为会造成哪些事故伤害，怎样可以做到不遗漏。按照简单组合，可以设计100组关系。在某个具体试压危险源辨识与风险评估中，不要想当然地排除某个组合关系。在这里需要提醒的是，危险源辨识与风险评估小组一定要做现场踏勘，做好各种记录，如重要的建筑、交通组织变化等。

2. 施工环境检查

危险源辨识与风险评估完成后，施工技术负责人、现场作业负责人等要组织施工环境检查，按照人、机、料、法、环的顺序进行再对照、再检查，尤其是交通繁忙、人员密集路段、区域。不要忽视发电机、空气压缩机等带来的安全风险，如临时用电、压缩空气连接软管及软管与钢管连接部位等，包括对软管采取固定措施，防止发生甩脱，造成物体打击事故。应按照安全文明施工要求设置围护设施，在作业区域设置足够的警示标识。

3. 作业安全

作业安全，主要是强调升压过程中的作业安全。气压试验时，应逐步缓慢地增加压力，当压力升至试验压力的 50% 时，如未发现异状或泄漏，应继续按试验压力的 10% 逐级升压，每级稳压 3 min，直至达到试验压力。关于作业人员的个人防护用品也要配置齐全并按规定穿戴，作业人员应佩戴安全帽、护目镜、防砸鞋等。压力监测点安装位置与压缩空气注入点的间距应尽可能大，这是一种优先采取的安全措施。

任务三　致密性试验

【知识目标】

1．了解致密性试验的试验方法的类型及应用。

2．掌握致密性试验的试验过程。

【能力目标】

1．会按照操作规程进行密封容器的致密性试验。

2．会按照操作规程进行敞口容器的致密性试验。

【素养目标】

1．培养分析问题，解决问题的能力。

2．培养操作规范意识。

3．培养质量意识、安全意识。

【任务描述】

有一个容器由于结构或支承原因，不能向压力容器内安全充灌液体，运行条件也不允许残留试验液体，需按容器设计图样规定采用气压试验。

【知识准备】

压力容器在制造过程中会不可避免地产生各种各样的缺陷。对于一些小缺陷，如果在无损检测或耐压试验中没有发现，一旦发生泄漏，会对整个系统生产造成影响，有时会引起有毒、有害物质泄漏到空气中，造成伤亡事故，对于易燃易爆物质还会引起燃烧和爆炸。因此，压力容器进行致密性试验是十分必要的。

一、常见的致密性试验方法

常见的致密性试验方法分类见表 1-10。

表 1-10　常见的致密性试验方法分类

名称	试验方法	应用范围
气密性试验	将焊接容器组装密封后，按设计图样规定的气密试验要求通入压缩空气，在焊缝外涂以肥皂水进行检查，不产生气泡为合格	密封容器
吹气试验	用压缩空气对着焊缝的一面猛吹，焊缝的另一面涂以肥皂水，不产生气泡为合格	敞口容器
载水试验	将容器充满水，观察焊缝外表面，无渗水为合格	敞口容器
水冲试验	对焊缝的一面用高压水流喷射，在焊缝的另一面观察，无渗水为合格	大型敞口容器，如船甲板等密封焊缝
沉水试验	先将容器浸到水中，再向容器内充入压缩空气，使检验焊缝处于水面下 50 mm 左右深处，无气泡浮出为合格	小型容器
煤油试验	将焊缝表面清理干净，涂以白粉水溶液，待干燥后，在焊缝的另一面涂上煤油浸润，由于煤油黏度小、表面张力小、渗透性强，经 30 min 后观察白粉有无油浸，无油浸为合格	敞口容器，如储存石油、汽油的固定式储器和同类型的其他产品
氨检漏试验	在检验焊缝上贴上比焊缝宽的石蕊试纸或涂料显色剂，然后向容器内通以规定压力的含氨的压缩空气，保压 5 ～ 30 min，检查试纸或涂料，未发现变色为合格	对致密性要求较高的密封容器，如尿素设备的焊缝检验
氦检漏试验	氦检漏试验是向被检容器充氦气或用氦气包围容器后，检查容器是否漏氦和漏氦的程度	对致密性要求很高的压力容器

二、氨检漏试验

氨检漏试验属于比色检漏，以氨为示踪剂，试纸或涂料为显色剂进行渗漏检查和贯穿性缺陷的定位。试验时，在焊缝上贴上比焊缝宽的石蕊试纸或涂料显示剂，然后向容器内通入规定压力的含氨气的压缩空气并保压，其检查速率为可发现 3.1 cm^3/ 年的渗漏量。

（1）氨检漏试验的目的。当对压力容器焊缝有高致密性要求，不允许存在微小渗漏通道，而气密性试验或煤油试验又无法进行时，可采取氨检漏试验。

（2）试验规范。按照设计图样的要求，可采用氨 - 空气法、氨 - 氮气法、100% 氨气法等氨检漏法，所用压力可分为 0.05 MPa、0.15 MPa 和 0.18 MPa，保压时间为 5 ～ 30 min。

（3）试验程序。氨检漏试验分为抽真空法和置换法。置换法是指采用其他气体（一般为氮气）与氨气互换，以达到检测的目的。图 1-13 所示为压力容器氨检漏试验（置换法）示意。

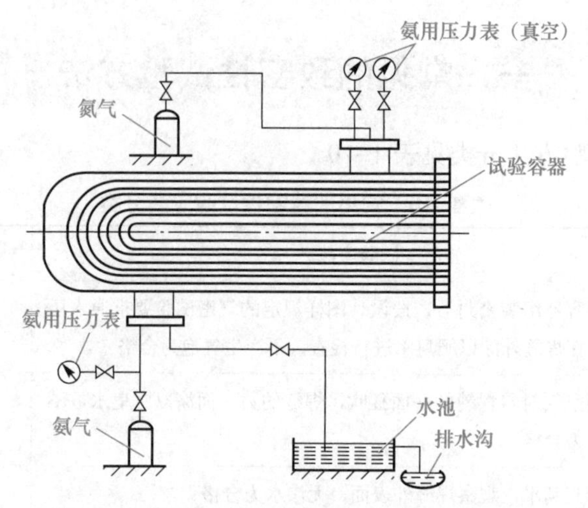

图 1-13 压力容器氨检漏试验（置换法）示意

1）按工艺及规范完成该试压产品的水压试验，水压试验合格后，使产品保持充满试压水状态，事先应在水池中放入自来水。

2）打开放气排水阀门排水，同时打开氮气（惰性气体）压力钢瓶的阀门，充入氮气。当放气排水管在水池中的管口的氮气溢出（有大量气泡）时，关闭放气排水阀和氮气压力钢瓶的阀门。

3）打开氨气压力钢瓶阀门，充入氨气，使压力达到 0.09 MPa（表压）。

4）关闭氨气压力钢瓶阀门，停止充氨气。

5）打开氮气（惰性气体）压力钢瓶阀门，充入氮气，使压力达到 0.60 MPa（表压）。

6）将检漏显示剂（或试纸）紧密涂覆在管板上，并始终让其保持湿润状态。

7）关闭氮气（惰性气体）压力钢瓶阀门，停止充氮气。

8）进行保压检漏，在检漏压力下，保压时间为 6 h。检查泄漏情况的时间和次数为保压开始后 0.5 h、1 h 各检查一次，以后每 2 h 检查一次，观察试纸上有无红色斑点出现。

9）检漏试验完毕后，应小心缓慢地开启放气排水阀门进行排气，避免因压力过大吹跑水池中的水。

10）当压力降为 0 MPa 时，打开氮气（惰性气体）压力钢瓶阀门和三通管道进气阀门，充入氮气，用容积为 3 ～ 5 倍的充气空间的氮气（惰性气体）进行置换，清除氨气后，关闭阀门。

11）拆除检漏用的设备和仪表并进行清理。

三、气密性试验

1. 气密性试验的目的

气密性试验的目的是检查压力容器的致密性，包括对焊缝的检查（对接焊缝的针孔缺陷、角焊缝的焊接质量等）、对设备法兰密封性能的检查及对接管法兰密封性能的检查（管道、安全附件的连接法兰等)。

2. 气密性试验的要求

(1)气密性试验应在液压试验合格后进行，而设计图样上要求做气压试验的压力容器是否需要再做致密性试验，应当在设计图样上规定。

(2)气密性试验所用气体应为干燥、清洁的空气、氮气或其他惰性气体。

(3)进行气密性试验时，一般应将安全附件(安全阀、减压阀等)装配齐全。

(4)进行气密性试验时，压力应缓慢上升，达到规定试验压力后，保压时间不得少于30 min，然后降至设计压力后保压进行试验。若有泄漏，应在修补后重新进行液压和气密性试验。经检查无泄漏，则设备致密性检测合格。

(5)碳素钢和低合金钢制压力容器，其试验用气体的温度根据标准规定应不低于5 ℃，其他材料制成的压力容器按设计图样规定的温度进行试验。

【任务实施】

一、试验前的准备工作

(1)进行气密性试验前，应清理干净容器的被检部位，不得有油污或其他杂质。用于气密性试验的气源(压缩空气或氮气)、压力表、瓶装肥皂水及其他器具，如抹布、手电筒、软棉布或毛笔等均应准备妥当。

(2)试验现场安全检查应由试验单位现场指挥和所在单位安全部门的代表负责组织实施。

(3)试验场地应划定安全防护区，要有明显的安全标志和可靠的防护设施。

(4)试验用的压力源装置应安放在安全可靠、便于操作控制的地点。试验用压力表的量程精度与刻度，必须与试验要求匹配，并便于观察和记录。

(5)可拆部件一般应拆卸，各紧固螺栓必须装配齐全，紧固可靠。

(6)采用妥当的方法将内部剩余的介质全部清理干净。

(7)不参与气密性试验的部分或设备，必须用盲板隔断。

二、试验规范

(1)试验压力源的额定出口压力及流量，应与所试验的压力容器或槽、罐车的相关参数(压力、容积等)相适应。

若压力源的出口压力大于压力容器或槽、罐车设计压力的两倍，在试验装置中应增设缓冲罐。在缓冲罐上应装设安全阀和压力表，并在出口管路上装设调节阀。对特殊或大型装置，应装设自动记录仪表和压力联锁装置。压力源输送管道，应采用无缝钢管。

(2)试验环境温度不低于5 ℃(或专门规定)。

(3)试验前的组装(含安全附件)工作已经完成并经检查合格。

(4)试验压力为容器的设计压力。

三、试验过程

（1）容器耐压试验后，不拆去连接螺栓，直接将氮气瓶通过压力表、气管连接到容器上。

（2）缓慢松开气瓶阀门，同时观察压力表，当压力达到 0.6 MPa 时，用涂肥皂水的方法检查容器所有连接部位、密封面、焊缝，在没有泄漏的情况下继续升压到试验压力，保压时间不少于 30 min。同时用干净毛笔或软棉布蘸上肥皂水，均匀地涂抹在被检处（四周都涂），全面检查容器上的所有连接部位、密封面、焊缝。过几分钟后，借助手电筒仔细观察所有连接部位、密封面、焊缝上是否有气泡产生。

（3）气密性试验结束后，稍开启瓶阀放气，缓慢放气完成后，将容器表面擦干。

【任务评价】

气密性试验评分标准见表 1-11。

表 1-11　气密性试验评分标准

序号	考核内容	评分要素	配分	评分标准	扣分	得分
1	准备工作	1．应清理干净容器的被检部位，不得有油污或其他杂质； 2．试验场地应划定安全防护区； 3．试验用压力表的量程精度与刻度，必须与试验要求匹配； 4．不参与气密性试验的部分或设备，必须用盲板隔断	20	1．未划定安全防护区扣 5 分； 2．未进行清理，扣 5 分； 3．设备、器材选用错误扣 5 分； 4．未用盲板隔断扣 5 分		
2	试验规范参数	根据工件材质和压力等级确定试验压力	10	不符合操作规范要求扣 10 分		
3	检测操作	1．试验时，缓慢松开气瓶阀门； 2．当压力达到 0.6 MPa 时，用涂肥皂水的方法检查容器所有连接部位、密封面、焊缝； 3．保压时间不少于 30 min； 4．同时用干净毛笔或软棉布蘸上肥皂水，均匀地涂抹在被检处（四周都涂），全面检查容器上的所有连接部位、密封面、焊缝； 5．气密性试验结束后，稍开启瓶阀放气，缓慢放气完成后，将容器表面擦干	60	1．操作不规范，每项扣 5 分； 2．检测结果误差偏大，每项扣 5 分		
4	团队合作能力	能与同学进行合作交流，并解决操作时遇到的问题	10	不能与同学进行合作交流解决操作时遇到的问题扣 10 分		
合计			100			

【焊接无证上岗事故案例】

1. 事故经过

2000 年 12 月 25 日晚，位于洛阳市老城区的东都商厦楼前五光十色、灯火通明。台商新近租用东都商厦的一层和地下一层开设郑州丹尼斯百货商场洛阳分店，计划于 26 日试营业，正紧张忙碌地继续为店貌装修，商厦顶层 4 层开设的一个歌舞厅正举办圣诞狂欢舞会，然而就在人们沉浸于圣诞节的欢乐之时，楼下几簇小小的电焊火花将正在装修的地下室烧起，火势和浓烟顺着楼梯直逼顶层歌舞厅，酿成了特大灾难，夺走了 309 人的生命。

2. 主要原因分析

（1）着火的直接原因是丹尼斯雇用的 4 名焊工没有受过安全技术培训，在无特种作业人员操作证的情况下进行违章作业。

（2）焊工没有采取任何防范措施，野蛮施工致使火红的焊渣溅落引燃了地下二层家具商场的木质家具、沙发等易燃物品。

（3）在慌乱中用水龙向下浇水自救灭火不成，几个焊工竟然未报警逃离现场。贻误了灭火和疏散的时机，致使 309 人中毒窒息死亡。

3. 主要预防措施

（1）焊工应持证上岗；在焊接过程中要注意防火。

（2）焊接场所应采取妥善的防护措施。

（3）要设专职安全员监视火种。

（4）易燃品要远离工作场地 10 m 以外，如移不去应采取切实可行的隔离方法。

（5）备有一定数量的灭火器材，如砂箱、泡沫灭火机等。

（6）事故发生后应立即报警，争取时间把火灾损失减到最小。

（7）要加强雇员的职业道德教育。

综合训练

一、判断题（在题后括号内，正确的画√，错误的画 ×）

1. 一般情况下，碱性焊条的烘干温度为 350 ～ 400 ℃，保温 1 h。（　　）
2. 在保证焊接质量的前提下，为减少填充金属和提高焊接效率，坡口截面尺寸越大越好。
3. 检验预热温度。一般情况下，允许预热温度略高于规定的温度。（　　）
4. 后热主要检查加热时间、加热温度、加热持续时间、加热宽度范围、保温措施等。（　　）
5. 当施焊环境的相对湿度大于 80% 时，禁止施焊。（　　）
6. 焊缝的致密性试验常用来检查焊缝的贯穿性裂纹、气孔、夹渣、未焊透等缺陷。（　　）
7. 气压试验的安全性比水压试验的安全性高。（　　）
8. 水压试验使用水的温度一般情况下为 20 ～ 50 ℃。（　　）
9. 气压试验所用气体为干燥洁净的空气、氮气或其他惰性气体。（　　）

10. 耐压试验的气体温度不低于 15 ℃。气压试验气体的温度不低于 10 ℃。（　　）

11. 氨检漏试验是向被检容器充氨气或用氨气包围容器后，检查容器是否漏氨和漏氨的程度。（　　）

12. 进行气密性试验时，压力应缓慢上升，达到规定气压试验压力后，保压时间不得少于 30 min。（　　）

13. 光在其中传播速度慢的介质叫作光疏介质，光在其中传播速度快的介质叫作光密介质。（　　）

14. 目视检测人员的视力检查主要指近视力、远视力的检查。（　　）

15. 焊接检验尺主要由主尺、高度尺、咬边深度尺和多用尺四部分组成。（　　）

16. 通过测量焊缝金属的切线与基体金属之间的夹角来判断是否存在咬边缺陷。（　　）

17. 切线与基体金属之间的夹角等于或大于 90°，则说明存在焊瘤缺陷。（　　）

二、选择题

1. 敞口容器可选用的致密性试验的试验方法有（　　）。

A. 气密性试验　　B. 吹气试验　　C. 沉水试验　　D. 氨检漏试验

2. 气密性试验的试验环境温度应满足（　　）的条件。

A. 不低于 5 ℃　　B. 不低于 10 ℃　　C. 不低于 15 ℃　　D. 不低于 20 ℃

3. 氨检漏法常用的方法主要有（　　）。

A. 氨－空气法　　B. 氨－氮气法　　C. 100% 氨气法　　D. 以上都是

4. 水压试验压力表的量程应为试验压力的（　　）倍左右。但不应低于 1.5 倍和高于 4 倍的试验压力。

A. 2　　B. 2.5　　C. 3　　D. 3.5

5. 水压试验的规范主要包括（　　）。

A. 试验压力　　B. 试验水温　　C. 保压时间　　D. 以上都是

6. 水压试验时，应力不得超过元件材料在试验温度下屈服强度的（　　）%。

A. 60　　B. 70　　C. 80　　D. 90

7. 奥氏体不锈钢制的容器，用水进行液压试验后应将水渍去除干净。当无法达到这一要求时，应控制水的氯离子含量不超过（　　）mg/L，防止氯离子对不锈钢材料的严重晶间腐蚀。

A. 15　　B. 20　　C. 25　　D. 30

8. 由于结构或支承原因，不能向压力容器内安全充灌液体，以及运行条件不允许残留试验液体的容器，可选用（　　）方法进行压力试验。

A. 煤油试验　　B. 沉水试验　　C. 气压试验　　D. 吹气试验

9. 气密性试验时，不参与气密性试验的部分或设备，要做（　　）处理。

A. 不用进行处理　　B. 必须用盲板隔断

C. 也要进行气密性检验　　D. 气密性的压力可小些

10. 当对压力容器焊缝有高致密性要求，不允许存在微小渗漏通道，要对容器进行（　　）。

A. 煤油试验　　B. 氨检漏试验　　C. 载水试验　　D. 水冲试验

三、问答题

1. 焊接材料质量检验的检验内容主要有哪些?
2. 焊接检验过程中如何检查焊接预热和焊接后热?
3. 装配工艺检验主要检验内容有哪些?
4. 为保证焊接质量，对焊接环境的检验规定有哪些?
5. 焊工资格检验主要检验的内容包括以下哪几个方面?
6. 简述水压试验的试验程序。
7. 简述气密性试验的试验程序。

02 项目二　射线检测

射线检测是利用X射线或γ射线可以穿透物质和在物质中衰减的性质来发现物质内部缺陷的一种无损检测方法。射线检测依据被检工件成分、密度、厚度等的不同，对射线（电磁辐射或粒子辐射）产生不同的吸收或散射的特性，对被检工件的质量、尺寸、特性等作出判断。可以检查金属和非金属材料及其制品的内部缺陷。目前广泛应用于机械、化工、兵器、造船、电子、航空、航天等工业领域，其中应用最广泛的是对焊件和铸件的检测。

任务一　射线检测的设备器材

【知识目标】

1．掌握X射线、γ射线的性质与产生机理。
2．熟悉射线的衰减规律、射线照相法的原理与特点。
3．熟悉X射线、γ射线机的分类和特点。
4．熟悉射线检测的器材。

【能力目标】

1．正确调整和使用检测仪器。
2．能独立完成检测仪的性能测试，对检测仪的性能指标进行评价。

【素养目标】

1．培养细心、严谨的工作态度。
2．培养质量意识、安全意识。
3．培养自我学习和自我提升能力。

【任务描述】

有一手工焊焊接工艺试板，材质：Q345钢，焊接坡口：X形，规格为300 mm×250 mm×16 mm，焊缝宽度25 mm；焊缝余高按2 mm计，现按NB/T 47013.2—2015标准AB级要求，用RF-250EGM定向X射线机对试板焊缝进行射线检测，Ⅱ级合格。X射线机是高电压精密仪器，为了正确使用和充分发挥仪器的功能，顺利完成射线检测工作，应了解和掌握它的原理、结构及使用性能。本任务的要求是对X射线机进行使用操作与维护。

【知识准备】

一、射线的种类及性质

在射线检测中应用的射线主要是X射线、γ射线，其区别只是波长和产生方法不同。X射线和γ射线都是波长很短的电磁波，X射线的波长为0.001～0.1 nm，γ射线的波长为0.000 3～0.1 nm。X射线和γ射线具有以下性质：

（1）在真空中以光速直线传播。

（2）本身不带电，不受电场和磁场的影响。

（3）不可见，能够穿透可见光不能穿透的物质。

（4）在穿透物质过程中，会与物质发生复杂的物理和化学作用，如电离作用、荧光作用、热作用及光化学作用。

（5）具有辐射生物效应，能够杀伤生物细胞，破坏生物组织。

二、X射线和γ射线的产生

1. X射线的产生

X射线是在X射线管中产生的，如图2-1所示，两极之间加有很高的直流电压（管电压），当阴极加热到白炽状态时释放出大量电子，这些电子在高压电场中被加速，从阴极飞向阳极（管电流），最终以很大速度撞击在金属靶上，失去所具有的动能，这些动能绝大部分转换为热能，仅有极少一部分转换为X射线向四周辐射。

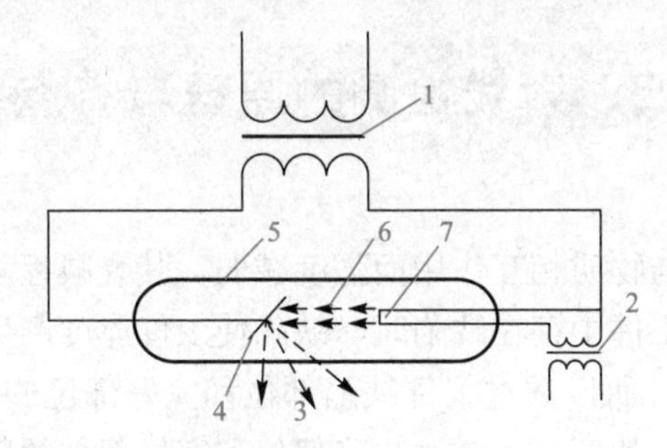

图2-1　X射线产生装置示意

1—高压变压器；2—灯丝变压器；3—X射线；4—阳极；5—X射线管；6—电子；7—阴极

管电压是X射线管承载的最大峰值电压，其单位为kV。管电压是X射线管的重要技术指标，管电压越高，发射X射线的波长越短，具有的能量越大，穿透能力就越强。X射线能量取决于管电压，管电压是可调的，所以，X射线的能量是可控的。

2. γ射线的产生

γ射线是放射性同位素的原子核在自然裂变（衰变）时放射出来的电磁波。放射性的衰变速度有的很快，有的很慢，但是对于特定的放射性特质，其衰变速度是恒定的。因此，对于固定的γ射线源，其能量不能改变，衰变的概率也不能控制。γ射线的能量取决于源的种类，射线检测中采用的γ射线主要来自钴-60（Co60）、铱-192（Ir192）、硒-75

（Se75）等放射性同位素源。

三、射线在物质中的衰减规律

在 X 射线或 γ 射线与物质的相互作用中，入射到物体的射线，一部分能量被吸收、一部分能量被散射。这样，导致从物体透射的射线强度低于入射射线强度，这称为射线强度发生了衰减。按照图 2-2 所示，射线衰减的基本规律为

$$I = I_0 e^{-\mu T} \tag{2-1}$$

式中 I——透射射线强度；

I_0——入射射线强度；

T——透过物质的厚度（cm）；

μ——线衰减系数（cm^{-1}）。

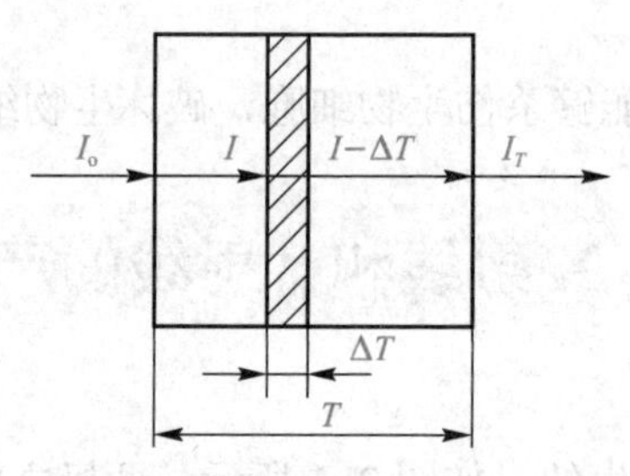

图 2-2　射线衰减的基本规律

由式（2-1）可见，随着厚度的增加，透射射线强度将迅速减弱。当然，衰减的程度也相关于射线本身的能量，这体现为公式中的线衰减系数。

四、射线检测的原理与特点

1. 射线检测的原理

射线穿透物体过程中与物质相互作用而强度减弱，其衰减程度取决于物质的衰减系数和射线穿透物质的厚度。工件中存在缺陷时，缺陷使工件厚度产生变化，且构成缺陷的物质的衰减系数不同于工件，所以透过工件缺陷部位和完好部位的射线强度就产生了差异。若将胶片放在工件后面使胶片感光，透过缺陷部位和完好部位的射线强度不同，则胶片的感光程度不同，胶片经处理后，缺陷部位和完好部位就产生了黑度不同的影像，依据黑度的变化就可以对工件中的缺陷进行判断。这就是射线照相法的基本原理。

2. 射线检测的特点

（1）射线照相法在锅炉、压力容器的制造检验和应用检验中得到广泛的应用，它的检测对象是各种熔化焊焊接对接接头。

（2）射线照相法用底片作为记录介质，可以直接得到缺陷的图像，且可以长期保存。通过观察底片能够比较准确地判断出缺陷的性质、数量、尺寸和位置。

（3）使用射线照相法所能检出的缺陷高度尺寸与透照厚度有关，可以达到透照厚度的1%，甚至更小。所能检出的最小长度和宽度尺寸分别为毫米数量级和亚毫米数量级，甚

至更小。

（4）射线照相法适用于绝大多数材料，在钢、钛、铜、铝等金属材料的焊缝或铸件上使用均能得到良好的效果。该方法对试件的形状、表面粗糙度有较严格要求，但材料晶粒度对其不产生影响。

（5）射线照相法检测成本较高，检测速度较慢。射线对人体有伤害，需要采取防护措施。

五、X 射线机

1. X 射线机的分类

工业 X 射线机按照其外形结构、用途等可分为以下几种：

（1）携带式 X 射线机：这是一种体积小、重量轻、便于携带、适用于高空野外作业的 X 射线机，如图 2-3 所示。

（2）移动式 X 射线机：这是一种体积较大、重量比较重，安装在移动小车上，用于固定或半固定场所的 X 射线机，如图 2-4 所示。

图 2-3　携带式 X 射线机

图 2-4　移动式 X 射线机

（3）定向 X 射线机：这是一种普及型、使用最多的 X 射线机，其机头产生的 X 射线辐射方向为 40° 左右的圆锥角，一般用于定向拍片，如图 2-5 所示。

（4）周向 X 射线机：这种 X 射线机产生的 X 射线束向 360° 方向辐射，主要用于大口径管道和容器环焊缝拍片，如图 2-6 所示。

图 2-5　定向 X 射线机

图 2-6　周向 X 射线机

（5）管道爬行器：是为了解决很长的管道焊缝拍片而设计生产的一种装在爬行装置上的 X 射线机。该机在管道内爬行时，用蓄电池提供电力和传输控制信号，利用焊缝外放置的一个指令源确定位置，使 X 射线机在管道内爬行到预定位置进行曝光，辐射角大多为 360° 方向，如图 2-7 所示。

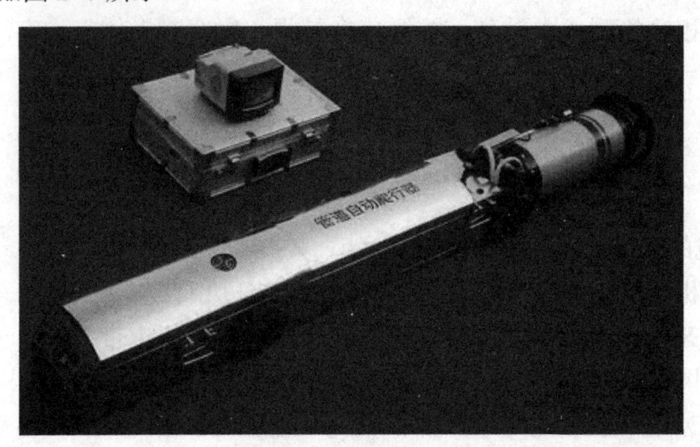

图 2-7　管道爬行器

2. X 射线机的结构

工业射线照相探伤中使用的低能 X 射线机，简单地说是由 X 射线管（射线发生器）、高压发生器、冷却系统、控制系统四部分组成。

（1）X 射线管的管壳封出一个高真空腔体，并在腔内封装阳极和阴极。管内的真空度应达到 $1.33\times(10^{-5}\sim10^{-3})$ Pa。管壳必须具有足够高的机械强度和电绝缘强度。工业射线检测常用的 X 射线管的管壳主要采用玻璃与金属或陶瓷与金属制作。采用玻璃与金属制作管壳的 X 射线管称为玻璃 X 射线管，如图 2-8 所示。

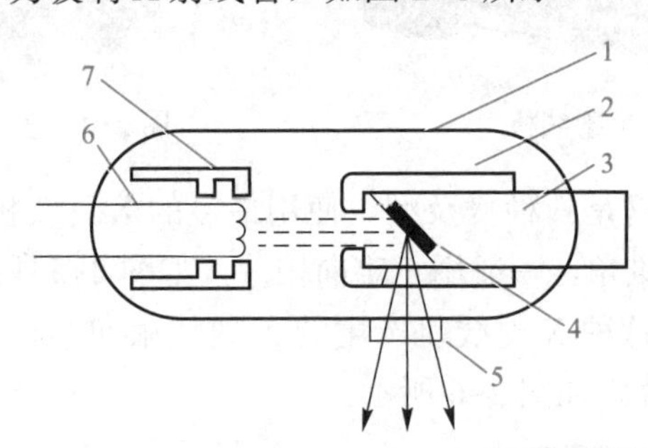

图 2-8　X 射线管结构示意

1—玻璃外壳；2—阳极罩；3—阳极体；4—阳极靶；5—窗口；6—阴极灯丝；7—阴极罩

（2）高压发生器。高压发生器由高压变压器、高压整流管、灯丝变压器和高压整流电路组成，它们共同装在一个机壳中，里面充满了耐高压的绝缘介质。高压发生器提供 X 射线管的加速电压——阳极与阴极之间的电位差和 X 射线管的灯丝电压。高压发生器中注满高压绝缘介质，目前主要是高抗电强度的变压器油。

玻璃 X 射线管

（3）冷却系统。对常用的低压 X 射线机，X 射线管只能将 1% 左右的电子能量转换为 X 射线，绝大部分的能量在阳极靶上转换为热量，加热阳极靶和阳极体。因此，为了使 X

射线管能正常工作，X 射线机必须有良好的冷却系统；否则，阳极靶将被高热损坏。

（4）控制系统。控制系统是指 X 射线管外部工作条件的总控制部分，主要包括管电压的调节、管电流的调节及各种操作指示。X 射线机的操作指示部分包括控制箱上的电源开关，高压通断开关，电压、电流调节旋钮，电流、电压指示表头，计时器，各种指示等。

3. X 射线机的特点

（1）X 射线机发出射线的能量可改变，因而对可穿透厚度范围内的各种厚度件均可选择最适宜的能量。

（2）X 射线机可用开关切断高压，比较容易实施射线防护。

（3）在某些特殊透照环境下，不便于调整和固定射线机管头的位置，甚至无法透照。

（4）体积较大，不便于搬运。

（5）X 射线机需电源，有些还需用水源。

六、γ 射线机

1. γ 射线机的类型

γ 射线机按使用方式可分为便携式、移动式（能以适当专用设备移动）、固定式（固定安装或只能在特定工作区做有限移动）及管道爬行器。

工业 γ 射线检测主要使用便携式 Ir192 γ 射线探伤机、Se75 γ 射线探伤机和移动式 Co60 γ 射线探伤机，如图 2-9 所示；Tm170 γ 射线探伤机在轻金属及薄壁工件的检测方面具有优势；管道爬行器则专用于管道的对接焊缝检测。

图 2-9　便携式 Ir192 γ 射线探伤机

2. γ 射线机的特点

（1）γ 射线源探测厚度大，穿透力强。

（2）体积较小，便于现场搬运。

（3）曝光机头尺寸小，便于调整和固定，特别是 X 射线机无法接近的透照部位。

（4）可以连续运行，且不受温度、压力、磁场等外界条件影响。

γ 射线机的工作过程

（5）与同等穿透力的 X 射线机相比，价格较低。

（6）半衰期短的γ源更换频繁，要求有严格的射线防护措施，检测灵敏度略低于 X 射线机。

七、射线检测使用的器材

1. X 射线胶片

（1）射线胶片的结构。射线胶片的结构如图 2-10 所示。射线胶片不同于普通胶片之处是双面涂感光乳剂层，主要是为了能更多地吸收射线的能量。

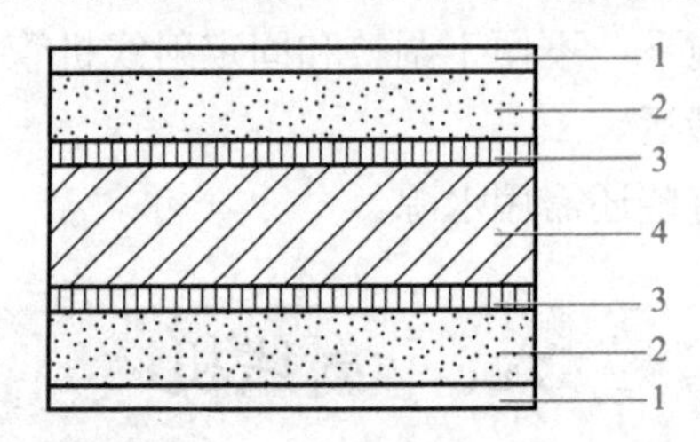

图 2-10　射线胶片的结构

1—保护层；2—乳剂层；3—结合层；4—片基

1）片基 4 为透明塑料，它是感光乳剂层的支持体，厚度为 0.175 ～ 0.30 mm。

2）结合层 3 是一层胶质膜，它将感光乳剂层牢固地黏结在片基上。

3）保护层 1 主要是一层极薄的明胶层，厚度为 1 ～ 2 mm，它涂在感光乳剂层上，避免感光乳剂层直接与外界接触，产生损坏。

4）感光乳剂层 2 的主要成分是卤化银感光物质极细颗粒和明胶。卤化银主要采用的是溴化银，它决定了胶片的感光性能，是胶片的核心部分。

（2）射线胶片的分类。所谓胶片系统，是指把胶片、铅增感屏、暗室处理的药品配方和程序（方法）结合在一起作为一个整体，并按这时表现出的感光特性和影像性能进行分类。胶片系统的主要特性指标见表 2-1。

表 2-1　胶片系统的主要特性指标

胶片系统类别	梯度最小值（G_{min}）		颗粒度最大值（σ_D）$_{max}$	（梯度 / 颗粒度）最小值（G/σ_D）$_{min}$
	$D=2.0$	$D=4.0$	$D=2.0$	$D=2.0$
C1	4.5	7.5	0.018	300
C2	4.3	7.4	0.020	230
C3	4.1	6.8	0.023	180
C4	4.1	6.8	0.028	150
C5	3.8	6.4	0.032	120
C6	3.5	5.0	0.039	100
注：表中的黑度 D 均指不包括灰雾度的净黑度				

（3）射线检测胶片的选择。胶片的选用应根据射线照相技术等级要求及射线的线质、工件厚度、材料种类等条件考虑，一般来说，应按照以下原则选用：

1）可按像质要求选用，如需要较高的射线检测质量，则需使用类别较高的胶片。

2）在能满足像质要求的前提下，如需缩短曝光时间，可使用类别较低的胶片。

3）工件厚度较小或射源线质较硬时，可选用类别较高的胶片。

4）在工作环境湿度较高时，宜选用抗潮性能较好的胶片，在工作环境比较干燥时，宜用抗静电感光性能较好的胶片。

2. 增感屏

（1）增感屏的特点。射线照相法检测中，常使用金属增感屏来提高胶片感光速度和底片的成像质量。金属增感屏是将厚度均匀、平整的金属箔粘接在一定的支持物（如纸片、胶片片基等）上构成。金属增感屏在射线照射下可以发射电子，这些电子被胶片吸收也产生照相作用，从而增加了射线的照相效应，产生增感作用。金属增感屏的另一个重要作用是滤波，能够吸收散射线，提高成像质量，如图 2-11 所示。

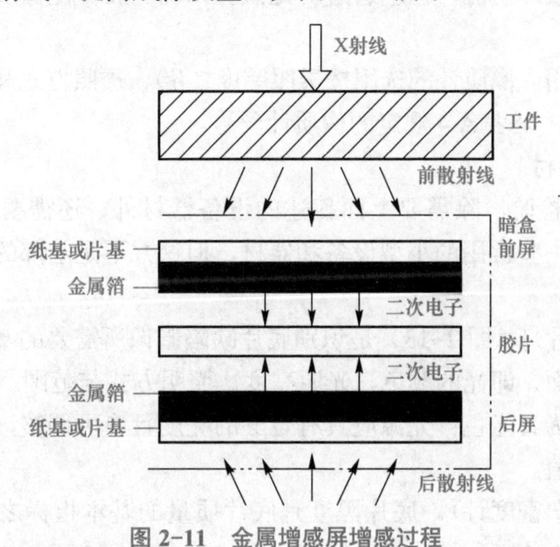

图 2-11　金属增感屏增感过程

（2）增感屏的使用。增感屏具有增感作用，但必须注意正确使用。使用时增感屏常分为前屏和后屏。前屏应置于胶片朝向射线源一侧，后屏置于另一侧，胶片夹在两屏之间。前屏应采用适于射线能量的厚度，后屏厚度经常较大，以便同时具有吸收背景产生的散射线的作用。为了操作方便，实际上经常选用同样厚度的前屏和后屏。使用前应检查增感屏表面是否受到污染或损坏，存在这些问题的增感屏不能使用。

3. 像质计

（1）像质计的类型。像质计是检查和定量评价射线底片影像质量的工具。工业射线照相像质计大致有金属丝型、孔型和槽型三种。其中，金属丝型应用最广泛，我国国家标准就采用此种像质计。

丝型像质计的基本样式如图 2-12 所示。它采用与被透照工件材料相同或相近的材料制作的金属丝，按照直径大小的顺序、以规定的间距平行排列、封装在对射线吸收系数很低的透明材料中，或直接安装在一定的框架上，并配备一定的标志说明字母和数字。一般在排列的金属丝的两端还放置金属丝对应的号数，以识别该丝型像质计。

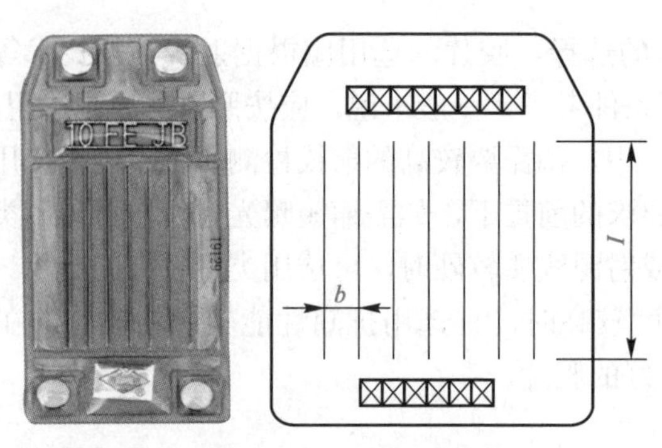

图 2-12　丝型像质计的基本样式

（2）像质计的摆放。像质计原则上应放于透照场内条件最差的位置上，一是工件靠射源一侧表面上；二是在透照场的边缘。焊缝透照时，丝型像质计应放于被检焊缝射源一侧，被检区的一端，使金属丝横跨焊缝并与焊缝垂直，细丝置于外侧。射源一侧无法放置像质计时，允许放于胶片一侧，但应通过对比试验，确定胶片侧像质计应达到的像质指数或相对灵敏度值。

（3）像质计的选用。像质计的选用按透照厚度（*W*）、透照方式和像质计置于源侧或胶片侧选择附录 A 表 A.1 至表 A.4 规定的像质计丝号。

4. 其他设备和器材

为完成射线照相检验，除需要上面叙述的设备器材外，还需要其他的一些设备和器材，下面列出了另外一些常用的小型设备和器材，但这并不是全部的器材，如暗盒、药品等均未在此列出。

（1）观片灯。观片灯（图 2-13）是识别底片缺陷影像所需要的基本设备。对观片灯的主要要求包括三个方面，即光的颜色、光源亮度、照明方式与范围。

光的颜色一般应为日光色；光源应具有足够的亮度且应可调整，其最大亮度应能达到与底片黑度相适应的值。

（2）黑度计（光学密度计）。底片黑度是底片质量的基本指标之一，黑度计是测量底片黑度的设备，如图 2-14 所示。

黑度计使用的一般程序：接通外电源→复位→校准零点→测量。使用中的黑度计应定期用标准黑度片（密度片）进行校验。

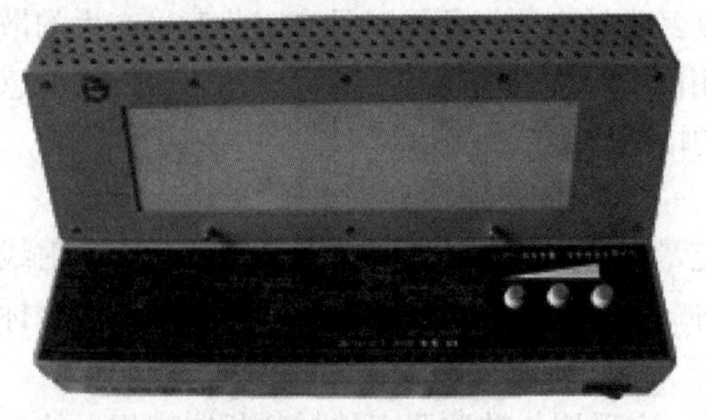

图 2-13　观片灯

图 2-14　黑度计

（3）暗室设备和器材。暗室必需的主要设备和器材是工作台、切刀、胶片处理的槽或盘、上下水系统、安全红灯、（暗室条件下）计时钟等，可能条件下应配置自动洗片机。

（4）标记。在射线照相检验中，为了建立档案和进行缺陷识别及定位，需要采用标记。标记主要由识别标记和定位标记组成。标记一般由适当尺寸的铅（或其他适宜的重金属）制数字、拼音字母和符号等构成，如图 2-15 所示。

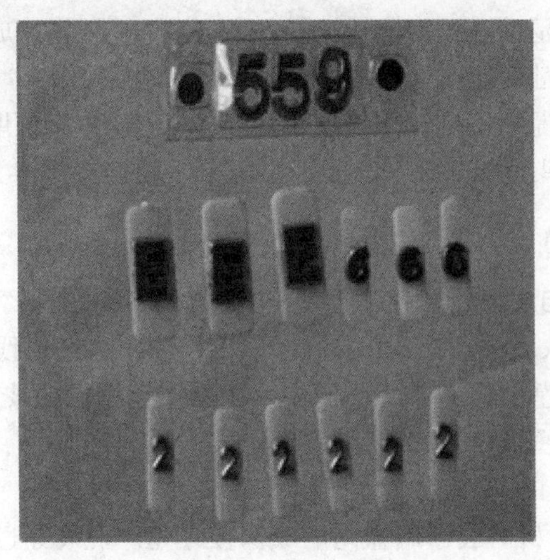

图 2-15　铅字标记

（5）铅板。铅板是射线照相检验中经常需要的器材，主要是用于控制散射线。

（6）其他小器件。如卷尺、钢印、照明灯、电筒、各种尺寸的铅遮板、补偿泥、贴片磁钢、透明胶带、各式铅字、盛放铅字的字盘、画线尺、石笔、记号笔等。

●【任务实施】

一、X 射线机的使用

（1）将电源线、电缆线插头分别和控制箱、机头、高压发生器及冷却系统等牢固连接，保证接触良好。

（2）检查所使用的电源电压是否为 220 V，并观察其稳定性，如波动较大，波动范围超过 ±10% 额定电压时，需加设一个调压器或稳压电源。

（3）将控制箱上的接地线与外接接地插头连接好，保证可靠接地。

（4）认真训机，保证 X 射线管良好的使用状态，以便延长射线机的使用寿命。

（5）按要求画线、贴片、调整管电压和曝光时间，准备曝光。

（6）按下高压通电开关，高压显示灯和毫安指示灯同时闪亮，开始曝光。曝光时计时器显示倒计时，当计时器显示为 0 时，曝光结束。蜂鸣器响起，红灯熄灭，高压自动切断。

（7）一次曝光时间超过设备最大预置时间 5 min 时，需休息 5 min 后，调整计时器为剩余曝光时间，按下高压通电开关继续曝光。

二、X 射线探伤机的维护

（1）X 射线机应摆放在通风干燥处，切忌置于潮湿、高温及腐蚀性环境中，以免降低绝缘性能。

（2）运输、搬动时要轻拿轻放，并采取防振措施。避免因剧烈振动造成接头松动、高压包移位、X 射线管破损等故障。

（3）保持机器表面清洁，经常擦拭机器，防止尘土、污物造成短路和接触不良。

（4）保持电缆头接触良好，如使用时间过长，导致磨损松动，接触不良，应及时更换。

（5）经常检查机头是否漏油、漏气。如窗口有气泡产生即证明机头漏油；若压力表指示低于 0.34 MPa，则机头可能漏气。发生上述情况应及时补充油、气，确保绝缘性能良好。

【射线检测新技术】

1. 计算机射线照相技术

计算机射线照相（computed radiography，CR）是指将 X 射线透过工件后的信息记录在成像板上，经扫描装置读取，再由计算机生出数字化图像的技术。整个系统由成像板、激光扫描读出器、数字图像处理和储存系统组成。

计算机射线照相的工作过程如下：

（1）用普通 X 射线机对装于暗盒内的成像板曝光，射线穿过工件到达成像板，成像板上的荧光发射物质具有保留潜在图像信息的能力，即形成潜影。

（2）成像板上的潜影是由荧光物质在较高能带俘获的电子形成光激发射荧光中心构成，在激光照射下，光激发射荧光中心的电子将返回它们的初始能级，并以发射可见光的形式输出能量。所发射的可见光强度与原来接收的射线剂量成比例。因此，可用激光扫描仪逐点逐行扫描，将存储在成像板上的射线影像转换为可见光信号。通过具有光电倍增和模数转换功能的读出器将其转换成数字信号存入计算机（图 2-16）。激光扫描读出图像的速度：对 100 mm×420 mm 的成像板，完成扫描读出过程不超过 1 min。读出器有自动排列读出和单槽读出两种。前者可在相同时间内处理更多成像板。

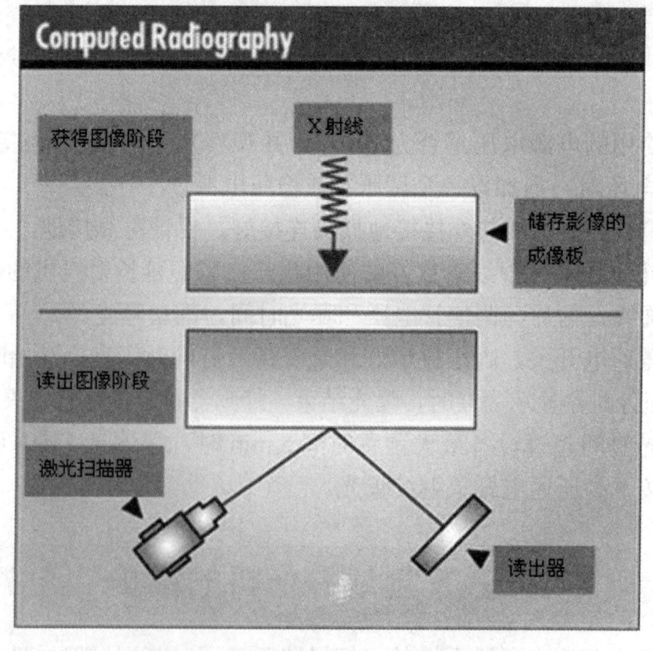

图 2-16　计算机射线照相原理示意

（3）数字信号被计算机重建为可视影像在显示器上显示，根据需要对图像进行数字处理，在完成对影像的读取后，可对成像板上的残留信号进行消影处理，为下次使用做好准备，成像板的寿命可达数千次。

CR 技术的优点和局限性如下：

（1）原有的 X 射线设备不需要更换或改造，可以直接使用。

（2）宽容度大，曝光条件易选择。对曝光不足或曝光过度的胶片可通过影像处理进行补救。

（3）可减少照相曝光量，CR 技术可对成像板获取的信息进行放大增益，从而可大幅度地减少 X 射线曝光量。

（4）CR 技术产生的数字图像存储、传输、提取、观察方便。

（5）成像板与胶片一样，有不同的规格，能够分割和弯曲。成像板可重复使用数千次，其寿命取决于机械磨损程度。虽然单板的价格高，但实际成本比胶片更低。

（6）CR 成像的空间分辨率可达到 5 线对 / mm，稍低于胶片水平。

（7）虽然比胶片照相速度快一些，但是不能直接获得图像，必须将 CR 屏放入读取器中才能得到图像。

（8）CR 成像板与胶片一样，对使用条件有一定要求，不能在潮湿的环境中和极端的温度条件下使用。

2. 数字平板直接成像

数字平板直接成像（director digital panel radigraphy，DR）是近几年才发展起来的全新的数字化成像技术。该技术与胶片或 CR 的处理过程不同，采用 X 射线图像数字读出技术，真正实现 X 射线 NDT 检测自动化。除不能进行分割和弯曲外，数字平板与胶片和 CR 有同样的应用范围，可以被放置在机械或传送带位置，检测通过的零件，也可以采用多配置进行多视域的检测。在两次照射期间，不必更换胶片和存储荧光板，仅仅需要几秒钟的数据采集，就可以观察到图像，与胶片和 CR 相比，生产能力有巨大的提高。

目前，两种数字平板技术正在市场上进行面对面的竞争：即非晶硅（a-Si）和非晶硒（a-Se）。表面上，这两种平板都采用同样的运行方式：通过面板将提取 X 射线转化成为数字图像。面板无须像胶片一样进行处理，可以以几秒钟一幅图像的速度进行数据采集，也可以以每秒 30 幅图像的速度进行实况采集。

非晶硅数字平板结构如下：具有由玻璃衬底的非晶硅阵列板，表面涂有闪烁体——碘化铯，其下方是按阵列方式排列的薄膜晶体管电路（TFT）。TFT 像素单元的大小直接影响图像的空间分辨率，每一个单元具有电荷接收电极信号储存电容与信号传输器。通过数据网线与扫描电路连接。非晶硒数字平板结构与非晶硅有所不同，其表面不用碘化铯闪烁体，而直接用硒涂层。

两种数字平板成像原理有所不同，非晶硅平板成像称为间接成像：X 射线首先撞击其板上的闪烁层，该闪烁层以与所撞击的射线能量成正比的关系发出光电子，这些光电子被下面的硅光电二极管阵列采集到，并且将它们转化成电荷，X 射线转换为光线需要中间媒体——闪烁层。而非晶硒平板成像称为直接成像：X 射线撞击硒层，硒层直接将 X 射线转化成电荷（图 2-17）。

图 2-17　数字平板技术成像原理示意

硒或硅元件按吸收射线量的多少产生正比例的正负电荷对，储存于薄膜晶体管内的电容器中，所存的电荷与其后产生的影像黑度成正比。扫描控制器读取电路将光电信号转换为数字信号，数据经处理后获得的数字化图像在影像监视器上显示。图像采集和处理包括图像的选择、图像校正、噪声处理、动态范围、灰阶重建、输出匹配等过程，在计算机控制下完全自动化。上述过程完成后，扫描控制器自动对平板内的感应介质进行恢复。上述曝光和获取图像整个过程一般仅需几秒至十几秒。

两种技术的空间分辨率都接近胶片，但是对比度范围远远超过胶片的性能。目前非晶硅和非晶硒的空间分辨率尚不如胶片。非晶硒与非晶硅相比，前者能提供更好的空间分辨率。这是因为间接系统的闪烁层产生的光线，在到达光电探测器前会出现轻微的散射，因此效果不好。对于硒板成像系统，电子是由 X 射线直接撞击平板产生的，散射很小，因此图像精度较高。当要求分辨率小于 200 μm 时应使用非晶硒板；而当允许分辨率大于 200 μm 时，可考虑使用非晶硅板。非晶硅板的另一优点是获取图像速度比非晶硒板更快，最快可达到每秒 30 幅图像，在某些场合可以替代图像增强器使用。

3. M-RT 射线检测技术

M-RT 射线检测技术是一种微小防护区安全射线检测技术。安全控制区半径约为 0.5 m，监督区半径约为 2 m，真正意义上实现了在微小区域内安全射线检测，如图 2-18 所示。

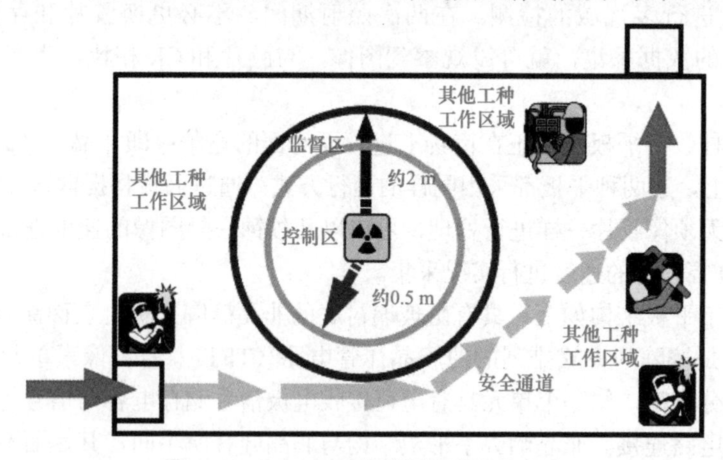

图 2-18　M-RT 射线检测技术防护示意

在高空检测作业时，微小区域内安全射线检测技术的应用可以避免常规射线检测带来的施工缺陷。避免检测人员为躲避射线而反复地在高空和地面之间上下，而且可在白天进行检测，节约了人力，保证了安全。

减少了由于设备控制操作人员离检验设备过近，射线安全操作半径过大而带来的设备停产、停车，为生产单位减少了经济损失，又为设备、生产的正常进行提供了质量保障。

在建设施工现场，紧急情况下的检测施工常有发生。微小区域内安全射线检测技术的使用既可使下道检测工序正常进行，又可保证微小区域外的正常施工，保证了施工进度的有序进行。

【任务评价】

射线机使用与维护评分标准见表 2–2。

表 2–2　射线机使用与维护评分标准

序号	考核内容	评分要素	配分	评分标准	扣分	得分
1	准备工作	检查材料、设备及工用具	3	未检查不得分		
		检查设备：机头与控制箱应为同一型号，连接插头内应无尘土、污物，机头的气压表指示应在 0.34 MPa 以上	6	未检查设备机头与控制箱是否为同一型号扣 2 分； 未检查连接插头扣 2 分； 未检查机头的气压表指示扣 2 分		
		检查电源：如电压波动过大，采取措施	5	未检查电源扣 3 分； 如电压波动过大，未采取措施扣 2 分		
2	接线测试与维护	设备安装：连接控制箱、机头和电源控制箱接地	6	未连接控制箱、机头和电源每项扣 2 分		
		控制箱接地	6	控制箱未接地不得分		
		预热机器并检查：启动控制箱上的空气开关，检查两个风扇运转情况，预热 2 min	6	未启动空气开关扣 2 分； 未检查两个风扇运转情况扣 2 分； 未预热到 2 min 扣 2 分		
		训机：对机器进行老化训练（训到透照电压）	6	未对机器进行老化训练扣 6 分		
		划线，贴片，放标记，屏蔽	16	工件未按布片位置划线扣 4 分； 未贴片扣 4 分； 未摆放定位标记、识别标记扣 4 分； 未摆像质计、屏蔽散射线扣 4 分		
		机头摆放	12	未调整机头扣 4 分； 未确定焦距扣 4 分； 未对焦扣 4 分		
		预制 kV 值及曝光时间	14	未预制 kV 值和曝光时间每项扣 7 分		
		曝光操作：启动“高压开关”按钮，对 X 胶片实施曝光	7	未启动“高压开关”按钮对 X 胶片实施曝光不得分		
		曝光结束冷却设备 10 min	3	未冷却设备不得分； 冷却设备低于或高于 10 min 扣 3 分		
4	团队合作能力	能与同学进行合作交流，并解决操作时遇到的问题	10	不能与同学进行合作交流解决操作时遇到的问题扣 10 分		
合计			100			

任务二　射线透照工艺

【知识目标】

1．熟悉射线透照参数的影响因素，改善射线照相质量。
2．了解曝光曲线的类型，能正确地使用曝光曲线。
3．熟悉常见的透照方式，能进行一次透照长度的计算。

【能力目标】

1．根据检测任务，能正确地选择透照参数。
2．能独立完成焊缝的射线透照操作。

【素养目标】

1．培养分析问题、解决问题的能力。
2．培养自我学习和自我提升能力。
3．培养沟通能力。

【任务描述】

某压力容器制造厂为化工厂生产一台转换器储罐，如图 2-19 所示。容器编号 E110，规格 ϕ1620mm×16mm×4000mm，材质为 Q345-R。环缝 B_1 为最后组焊焊缝，焊接方法为外面自动焊内部清根后焊条电弧焊，焊缝余高 3 mm。接管焊缝 B_3 规格 ϕ51 mm×5 mm、高颈法兰焊缝 B_2 规格 ϕ159 mm×8 mm，均为单面焊条电弧焊，焊缝宽度为 10 mm，焊缝余高为 2 mm。B_4 为人孔法兰，规格 ϕ480 mm×12 mm。现要求按 NB/T 47013.2—2015 标准对储罐 B_1 的焊缝进行 100% 射线检测，Ⅱ级合格。结合现有设备器材，编制最佳射线检测操作指导书。

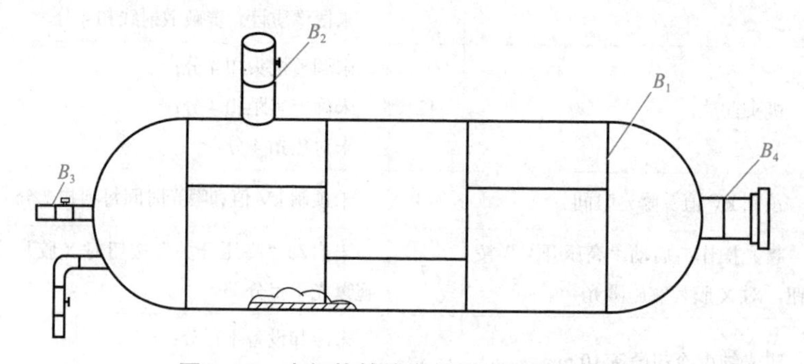

图 2-19　中间体转换器储罐及焊缝布置图

【射线检测设备和器材】

（1）周向射线机 XXH2505（焦点尺寸 1.0 mm×2.4 mm）的曝光曲线如图 2-20 所示，焦点到窗口的距离为 150 mm。

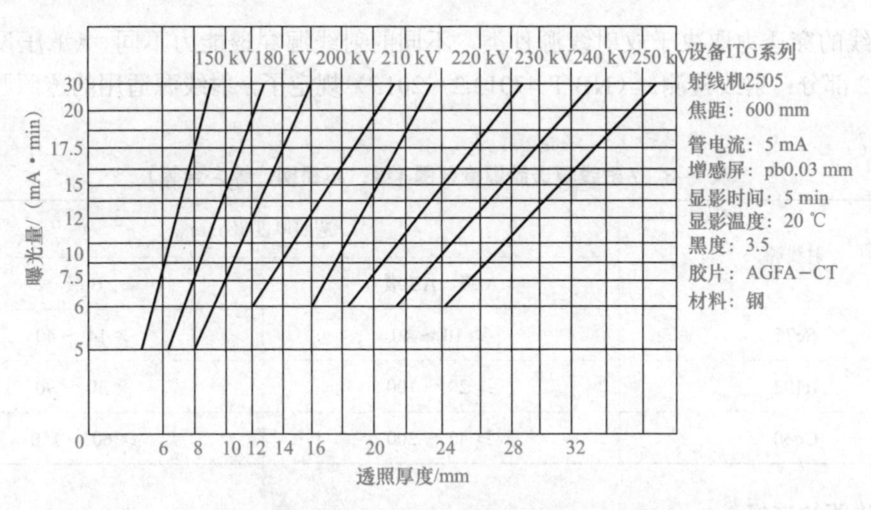

图 2-20　周向射线机 XXH2505 的曝光曲线

（2）胶片天津Ⅲ、天津Ⅴ、AGFAC4、AGFAC7。

（3）增感屏规格：360 mm×80 mm、300 mm×80 mm、240 mm×80 mm、150 mm×80 mm，增感屏 0.03 mm、0.1 mm。

（4）各种铅字、像质计齐全。

（5）辅助器材：中心指示器、卷尺、胶带、石笔、记号笔、胶皮带。

【知识准备】

一、射线透照参数的选择

1. 射线源和能量的选择

射线源和能量的选择首先需要考虑射线源的穿透能力，即保证能穿透被检工件。X射线能量取决于射线机的管电压，管电压越高，X射线穿透能力越强。射线能量的过高会使射线照相灵敏度下降。因此，选择X射线能量的原则是，在保证穿透力的前提下，尽量选择能量较低的X射线。因此，《承压设备无损检测　第2部分：射线检测》（NB/T 47013.2—2015）规定了一些材料的透照厚度选择射线能量时允许使用的最高管电压，如图 2-21 所示。

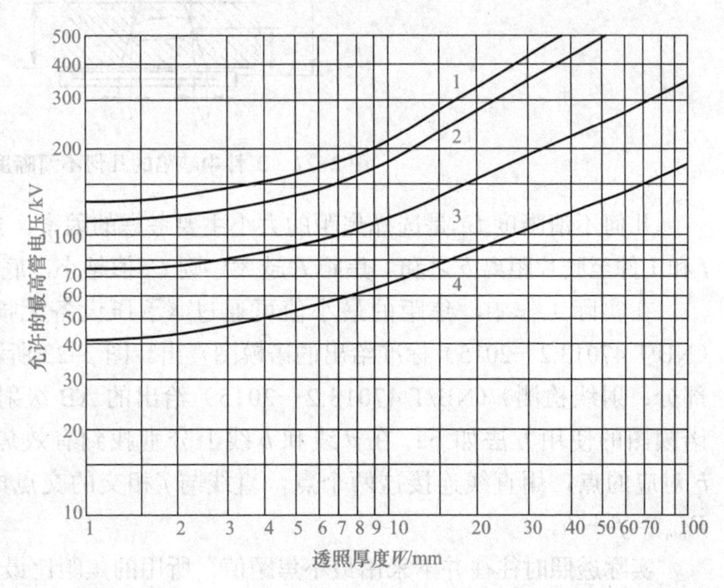

图 2-21　射线能量允许使用的最高管电压

1—铜及铜合金；2—钢；3—钛及钛合金；4—铝及铝合金

γ射线的穿透力取决于放射线源种类，不同的射线源穿透能力不同。《承压设备无损检测 第2部分：射线检测》（NB/T 47013.2—2015）规定了γ射线源适用的透照厚度范围（表2-3）。

表2-3 γ射线源透照厚度范围（钢、不锈钢、镍合金等）

射线源	透照厚度 W/mm	
	A级、AB级	B级
Se75	≥10～40	≥14～40
Ir192	≥20～100	≥20～90
Co60	≥40～200	≥60～150

2. 焦距的选择

如图2-22所示，因为X射线管焦点或γ射线源都有一定尺寸，所以透照工件时，工件中的缺陷在底片上的影像边缘会产生一定宽度的半影，此半影宽度就是几何不清晰度。几何不清晰度 U_g 值可用下式计算：

$$U_g = db_0/(F - b_0) \tag{2-2}$$

式中 d——射线源的有效焦点尺寸（mm）；

F——焦距（射线源至胶片的距离）(mm)；

b_0——缺陷至胶片距离（mm）。

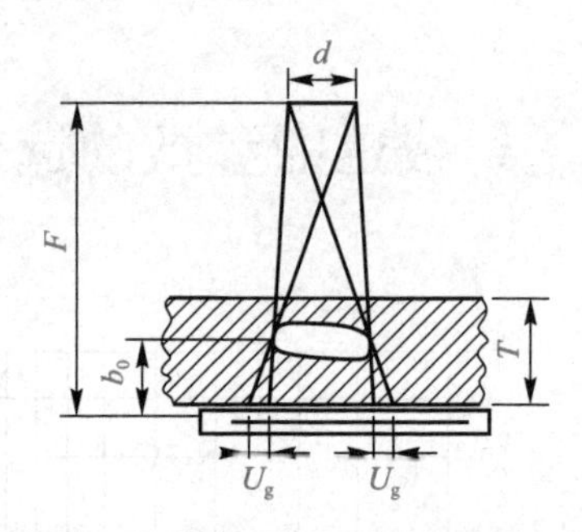

图2-22 工件中缺陷的几何不清晰度

几何不清晰度 U_g 是选择焦距的大小主要考虑的因素。焦距 F 等于射线源至工件距离 f 和工件至胶片距离 b 之和。焦距 F 越大，则 U_g 值越小，底片上的影像就越清晰。

在实际工作中，焦距的最小值可通过《承压设备无损检测 第2部分：射线检测》（NB/T 47013.2—2015）标准给出的诺模图查出。图2-23所示为《承压设备无损检测 第2部分：射线检测》（NB/T 47013.2—2015）给出的AB级射线检测技术确定 f 的诺模图。诺模图的使用方法如下：在 d 线和 b 线上分别找到有效焦点尺寸 d 和工件至胶片距离 b 对应的点，用直线连接这两个点，直线与 f 相交的交点即为 f 的最小值，焦距最小值 $F_{min} = f + b$。

实际透照时往往并不采用最小焦距值，所用的焦距比最小焦距要大得多。这是因为射线透照场的大小与焦距相关。焦距越大，匀强透照场范围越大，选用较大的焦距 F 可以得到较大的有效透照长度，较大的焦距也可以进一步提高影像清晰度。

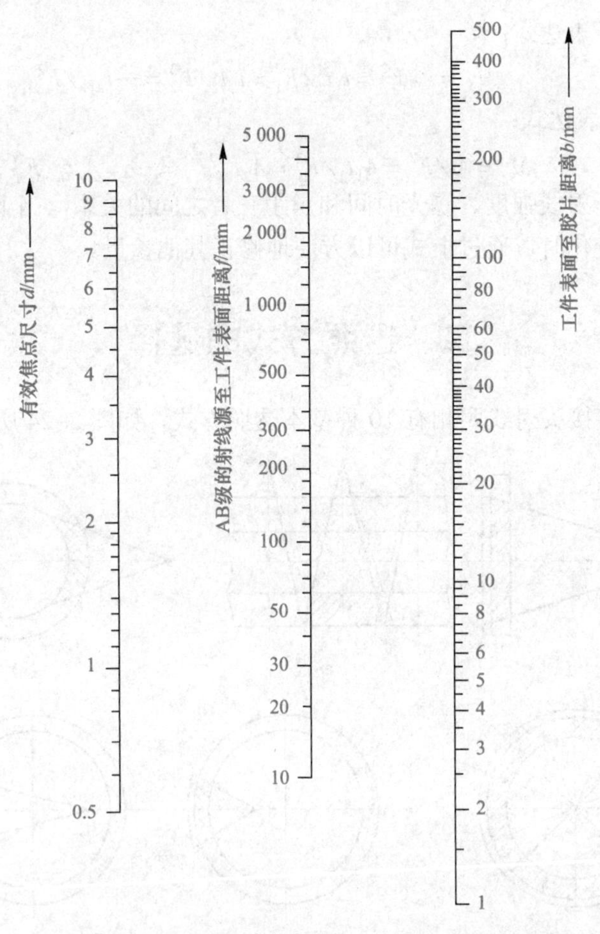

图 2-23　AB 级确定焦点至工件表面距离的诺模图

3. 曝光量

曝光量是指射线源发出的射线强度与照射时间的乘积。X 射线的曝光量是指管电流 i 与照射时间 t 的乘积；γ 射线的曝光量是指放射线源活度 A 和照射时间 t 的乘积。

曝光量对黑度和灵敏度有重要影响。透照时，可以通过控制曝光量来控制底片的黑度。曝光量也影响底片灵敏度，从而影响底片上可记录的最小细节尺寸。

《承压设备无损检测 第 2 部分：射线检测》(NB/T 47013.2—2015）推荐的曝光量的值：X 射线照相，当焦距为 700 mm 时，A 级和 AB 级射线检测技术不小于 15 mA · min；B 级射线检测技术不小于 20 mA · min。当焦距改变时可按平方反比定律进行换算。

平方反比定律是物理光学的一条基本定律。它指出：从一点源发出的辐射，射线强度 I 与传播距离 F 的平方成反比，即 I 与 F 存在以下关系：

$$\frac{I_1}{I_2}=\frac{F_2^2}{F_1^2} \tag{2-3}$$

互易定律是光化学反应的一条基本定律，它指出：决定光化学反应产物质量的条件，只与总曝光量相关，即取决于辐射强度和时间的乘积，而与这两个因素的单独作用无关。互易定律可理解为底片黑度只与总的曝光量相关。

将互易定律和平方反比定律结合起来，可以得到曝光因子的表达式。

X 射线曝光因子表达式：

$$M_X = it/F^2 = i_1t_1/F_1^2 = i_2t_2/F_2^2 = \cdots i_nt_n/F_n^2 \tag{2-4}$$

γ 射线曝光因子表达式：

$$M_\gamma = At/F^2 = A_1t_1/F_1^2 = A_2t_2/F_2^2 = \cdots = A_nt_n/F_n^2 \tag{2-5}$$

曝光因子表达了射线强度、曝光时间和焦距三者之间的关系，当上述三个参量中的其中一个或两个发生变化时，通过上式可以方便地修正其他参量。

二、透照方式的选择

常见的对接焊接接头射线照相有 10 种基本透照方式，如图 2–24 所示。

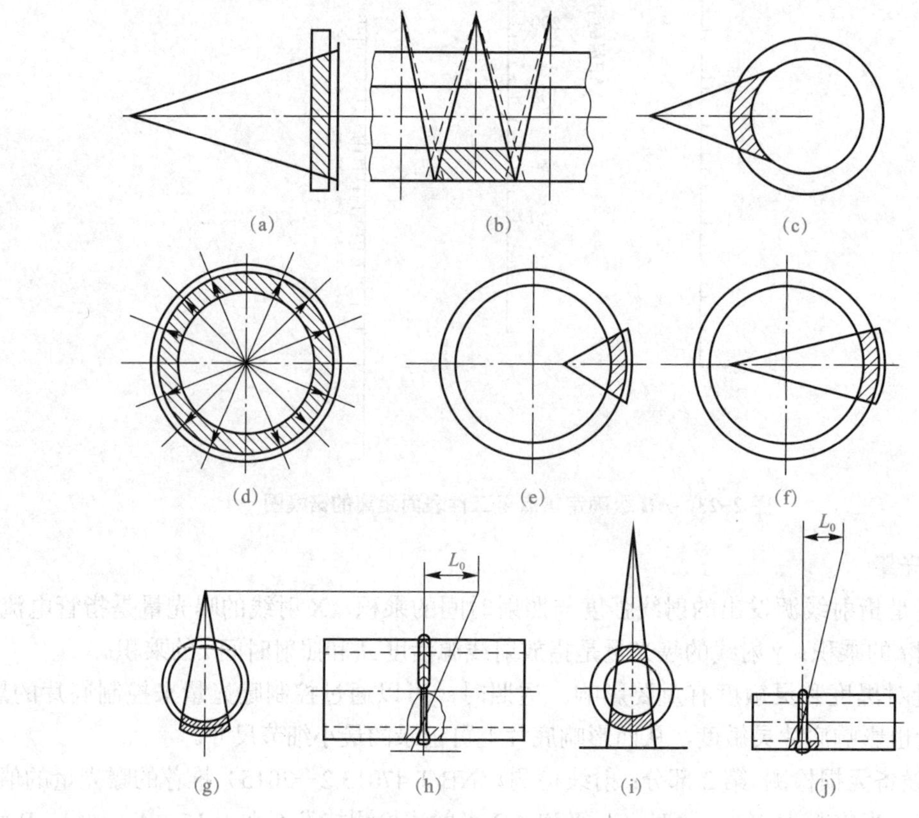

图 2–24　常用的对接焊缝透照方式

(a) 直缝单壁透照；(b) 直缝双壁透照；(c) 环缝外透；(d) 环缝内透（中心法）；
(e) 环缝内透（内透偏心法 $F < R$）；(f) 环缝内透（内透偏心法 $F > R$）；(g) 环缝双壁单影；
(h) 环缝双壁单影（直透法）；(i) 环缝双壁双影；(j) 环缝双壁双影（直透法）

选择透照方式时，应综合考虑各方面的因素，权衡择优。有关因素如下：

（1）透照灵敏度。在透照灵敏度存在明显差异的情况下，应选择有利于提高灵敏度的透照方式。例如：单壁透照的灵敏度明显高于双壁透照。

（2）缺陷检出特点。有些透照方式特别适合于检出某些种类的缺陷，可根据检出缺陷要求的实际情况选择。例如：源在外的透照方式与源在内的透照方式相比，前者对容器内壁表面裂纹有更高的检出率；双壁透照的直透法比斜透法更容易检出未焊透缺陷。

（3）透照厚度差和横向裂纹检出角。较小的透照厚度和横向裂纹检出角有利于提高底片质量和裂纹检出率。环缝透照时，在焦距和一次透照长度相同的情况下，源在内透照法比源在外透照法具有更小的透照厚度差和横裂检出角。

（4）一次透照长度。各种透照方式的一次透照长度各不相同，选择一次透照长度较大的透照方式可以提高检测速度和工作效率。

（5）操作方便性。一般说来，对容器透照，源在外的操作更方便一些。而球罐的X射线透照，上半球位置源在外透照较方便，下半球位置源在内透照较方便。

（6）试件及检测设备具体情况。透照方式的选择还与试件及检测设备情况有关。例如使用移动式X射线机只能采用源在外的透照方式。使用γ射线源或周向X射线机时，选择源在内中心透照法对环焊缝周向曝光更能发挥设备的优点。

三、一次透照长度的控制

一次透照长度是指焊缝射线照相时一次透照的有效检测长度。它对照相质量和工作效率同时产生影响。在实际工作中，一次透照长度的选取受两个方面因素的限制：一个是射线源有效照射场的范围，一次透照长度不可能大于有效照射场的尺寸；另一个是射线照相的透照厚度比（*K*）间接限制了一次透照长度的大小，透照厚度比（*K*）是一次透照长度范围内射线束穿过母材的最大厚度和最小厚度之比。以《承压设备无损检测 第2部分：射线检测》（NB/T 47013.2—2015）为例，不同级别射线检测技术和不同类型对接焊接接头的透照厚度比应符合表2–4的规定。

表2–4 允许的透照厚度比（*K*）

射线检测技术级别	A级、AB级	B级
纵向焊接接头	$K \leqslant 1.03$	$K \leqslant 1.01$
环向焊接接头	$K \leqslant 1.1$[a]	$K \leqslant 1.06$
a．对 $100\ \text{mm} < D_0 \leqslant 400\ \text{mm}$ 的环向对接焊接接头（包括曲率相同的曲面焊接接头），A级、AB级允许采用 $K \leqslant 1.2$		

环向对接焊缝透照次数确定方法按照附录B确定。

四、曝光曲线

在实际射线检测工作中，通常根据工件的材质与厚度的不同来选取相应射线能量、曝光量及焦距等透照工艺参数，这些参数一般通过查曝光曲线来选取。曝光曲线是在一定条件下绘制的透照参数（射线能量、焦距、曝光量）与透照厚度之间的关系曲线。

1. 曝光曲线的构成

对X射线照相检验，常用的曝光曲线是以透照电压为参数，给出一定焦距下曝光量对数与透照厚度之间的关系，如图2–25所示，纵坐标是曝光量，单位是毫安·分（mA·min），采用对数刻度尺。横坐标是透照厚度，常用毫米（mm）为单位，采用算术刻度尺。图2–25中的曲线是在相同的焦距下对不同的透照电压画出来的。

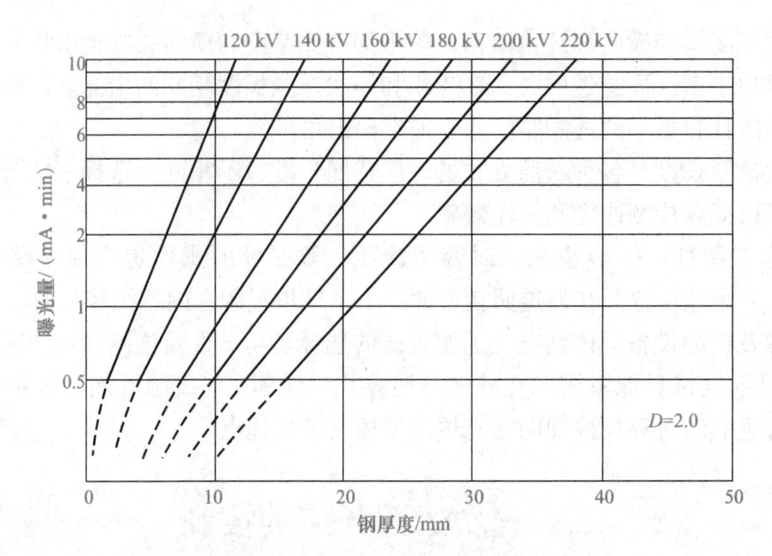

图 2-25　以透照电压为参数的曝光曲线

2. 曝光曲线的一般使用方法

从 $E-T$ 曝光线上查取透照某给定厚度所需要的曝光量，一般都采用“一点法”，即按射线束中心穿透厚度确定与某一“kV”相对应的 E。

穿透厚度按曝光曲线的基准黑度值选择。

（1）基准黑度较低的曝光曲线。曝光曲线黑度较低，如图 2-26 所示，$D=2.5$，应按焊缝部位最大穿透的厚度查曝光曲线，能保证母材部位黑度不致太高。最大穿透厚度值为 15 mm 时，查图 2-26 的 $E-T$ 曝光曲线可知，适用的曝光参数有三组：150 kV，45 mA · min；170 kV，20 mA · min；200 kV，7 mA · min。具体选择哪一组参数，应根据工件厚度是否均匀，宽容度是否满足要求，以及要求的灵敏度、工作时间、工作效率等因素，来确定是选用高能量小曝光量，还是低能量大曝光量。

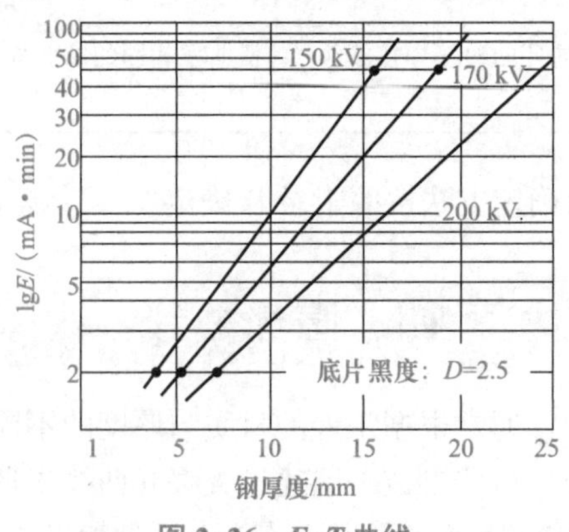

图 2-26　$E-T$ 曲线

（2）基准黑度较高的曝光曲线。曝光曲线的黑度较高时，如 $D=3.5$，应按母材部位最大穿透厚度查曝光曲线确定管电压和曝光量，使射线束中心热影响区的黑度在 3.5 以上，面搭接标记处焊缝上的黑度也会在 2.0 以上。

如透照母材厚度 12 mm 的双面焊接接头，母材部位穿透厚度为 12 mm，焊缝部位穿透厚度为 16 mm，应该用哪个数值去查表呢？这时需要注意标准允许黑度范围与曝光曲线基准黑度的关系，《承压设备无损检测 第2部分：射线检测》（NB/T 47013.2—2015）规定AB级允许黑度范围为2.0～4.5，如果曝光曲线基准黑度为3.0或更高，则以母材部位12 mm为透照厚度查表为宜，这样能保证焊缝部位黑度不致太低；如果曝光曲线基准黑度为2.5或更低，则以焊缝部位16 mm为透照厚度查表为宜，这样能保证母材部位黑度不致太高。

曝光曲线的一般使用方法

五、辐射防护

1. 射线对人体的危害

当射线作用到有机体时，射线使机体内的组织、细胞和蛋白质等起生物化学作用而变成一种细胞毒，这种细胞毒对有机体具有破坏性。

射线对人体的危害作用随着射线剂量的不同、照射部位的不同及射线对机体的作用不同而异，当人体的有机组织受少量射线照射时，其作用并不显著，有机组织能迅速恢复正常。但在受到大剂量射线照射或连续超过容许剂量射线照射时，将会在人体有机组织内引起严重病变，甚至导致死亡。

放射卫生防护标准规定，职业检测人员年最高允许剂量当量为5×10^{-2} Sv，而终生累计照射量不得超过2.5 Sv。

2. 射线的防护方法

射线检测时，通常采用的射线防护方法主要有三种，即屏蔽防护、距离防护和时间防护。

（1）屏蔽防护法。屏蔽防护法是利用各种屏蔽物体吸收射线，以减少射线对人体的伤害，这是射线防护的主要方法。一般根据X射线、γ射线与屏蔽物的相互作用来选择防护材料，屏蔽X射线和γ射线以密度大的物质为好，如贫化铀、铅、铁、重混凝土、铅玻璃等都可以用作防护材料。但从经济、方便的角度出发，也可采用普通材料，如混凝土、岩石、砖、土、水等。

（2）距离防护法。距离防护在进行野外或流动性射线检测时是非常经济有效的方法。这是因为射线的剂量率与距离的平方成反比，增加距离可显著地降低射线的剂量率。在实际检测中，究竟采用多远距离才安全，应当用剂量仪进行测量。当该处射线剂量率低于规定的最大允许剂量率时，可视为安全。

（3）时间防护法。在辐射场内的人员所受照射的累积剂量与时间成正比，因此，在照射率不变的情况下，缩短照射时间便可减少所接受的剂量，或者人们在限定的时间内工作，就可能使他们所受到的射线剂量在最高允许剂量以下，确保人身安全，从而达到防护目的。

3. 透照现场中的安全技术

在一般企业条件下，很大一部分的工作是透照固定的设备和各种结构的部件，这种透照对象中最常遇到的是锅炉、船体及起重或运输设备等的焊缝。所有上述的对象可以在工地上，也可以在车间中进行检查，而且最好在无人或很少有人的地方进行检查。如果在工作人数很多的工地上或车间内进行透照，在危险区边缘要设置警戒标志，防止外人误入。例如，用三角小红旗围起来，上写带有警告性的字样或用几块警告牌置于安全距离处，操作人员要保持安全距离，选择散射线小的方向，并尽量利用屏蔽物防护。

【任务实施】

1. 制定操作指导书

焊接接头射线检测操作指导书见表 2-5。

表 2-5　焊接接头射线检测操作指导书

工件	产品名称	转换器储罐	产品（制造）编号	E110
	材料牌号	Q345-R	规格	ϕ1 620 mm×16 mm×4 000 mm
	焊接方法	手工＋自动	工件状态	☑在制　□安装　□在用
器材	源种类	☑X　□ Ir192　□ Co60	设备型号	XXH2505
	胶片类别	C5	胶片牌号	AGFAC7
	焦点尺寸	XXH2505　1.0 m×2.4 mm	胶片规格	B1　360 mm×80 mm
	增 感 方 式	☑Pb　□ Fe	增感屏厚度	前 0.03 mm、后 0.1 mm
	像质剂类型	☑ 线型　□孔型	像质剂型号	10FEJB
	像质剂摆放	☑ 源测　□胶片侧	像质剂数量	3
	屏蔽方式	背衬铅板	标记放置	☑ 源测　☑ 胶片侧
	屏蔽物厚度	≥ 2 ～ 3 mm	检测部位	焊缝金属及相对焊缝边缘至少 5 mm 的相邻母材区域
	显影液配方	厂家推荐	显影条件	温度 20 ℃　时间 5 min
检测工艺参数	焊缝编号	B1		
	透照厚度 /mm	16		
	应识别丝号	11		
	透照方式	中心透照		
	焦距 /mm	829		
	能量 /kV	210		
	管电流 /mA	5		
	曝光时间 /min	4.6		
	焊缝总长度 /mm	5 206.1		
	片数及每片透照长度	306.2×17		
	透照次数	1		
检测技术要求	检测标准	《承压设备无损检测 第 2 部分：射线检测》（NB/T 47013.2—2015）	检测时机	外观检验合格后
	检测测比例 /%	100	合格级别	Ⅱ

续表

<table>
<tr><td>技术说明</td><td>1. 底片黑度范围：$2.0 \leqslant D \leqslant 4.5$；
2. 操作指导书验证要求：以产品的第一批底片验证；
3. 接头的几何不清晰度，$U_g = db/f$；
4. 背散射防护检查要求：对初次制定的检测工艺，以及在使用中检测条件、环境发生改变时，应进行背散射防护检查</td></tr>
<tr><td colspan="2">透照部位示意：
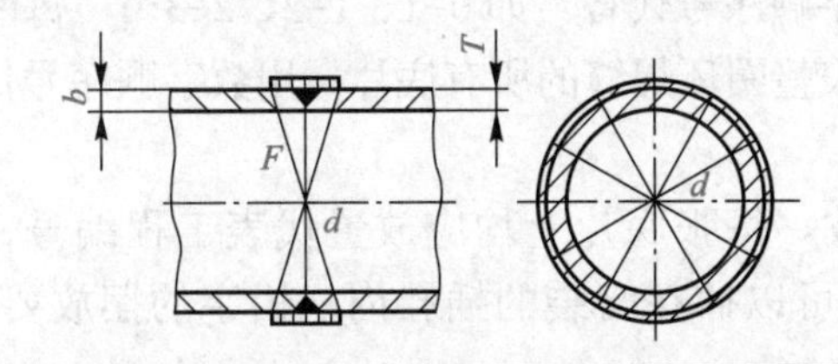
</td></tr>
<tr><td>编 制 人（资 格）：×××RⅡT×× 年 ×× 月 ××× 日</td><td>审核人（资格）××RTⅢ：×× 年 ×× 月 ×× 日</td></tr>
</table>

2. 射线透照工艺

（1）确定焦距。B_1 焊缝周向曝光，根据储罐的结构选择透照的焦距为：$F =$（1 620 + 32 + 6）/2 = 829（mm）。

（2）曝光量和射线能量的确定。

1）确定在曝光曲线的焦距下的曝光量 E_0。《承压设备无损检测 第 2 部分：射线检测》（NB/T 47013.2—2015）推荐，当焦距 $F = 700$ mm 时，A 级和 AB 射线检测技术曝光量不小于 15 mA · min；当 $F = 600$ mm 时，由曝光因子公式计算出曝光量大小如下。

$$E_0 = 15 \times 600^2/700^2 = 11\ (\text{mA} \cdot \text{min})$$

2）在曝光曲线中，按 T、E_0 确定电压。周向曝光：透照厚度 $T = 16$ mm，曝光量不小于 11 mA · min 的条件下，由图 2-20 的曝光曲线查得，$F = 600$ mm 时，电压选用 210 kV，曝光量为 12 mA · min。

3）确定透照焦距下的曝光量。现使用焦距为 829 mm，当管电压不变，由曝光因子公式计算得 E_2。

$$E_2 = E_1\ (F_2/F_1)^2 = 2.4 \times 5 \times 829^2/600^2 = 23\ (\text{mA} \cdot \text{min})$$

曝光时间 $t = 23 \div 5 = 4.6$（min）。

（3）一次透照长度 L_3 和每条焊缝最少的透照片数 N 的计算。

1）焊缝长度的确定。

B_2 的焊缝长度 $L = \pi(D_i + 2T + 2\Delta T) = 3.14 \times (1\,620 + 16 \times 2 + 3 \times 2) = 5\,206.1$（mm）。

2）采用周向曝光，一次透照长度为整条焊缝，能够使用胶片最大尺寸为 360 mm，考虑有效透照区段，要求取 $L_3 = 320$ mm。

需要胶片数 $n = 5\,206.1 \div 320 = 16.3$，取 $n = 17$ 时，$L_3 = 306.2$ mm。

3. 操作步骤

（1）试件检查及清理。工件在射线透照之前，焊缝和表面质量应经外观检查合格。

（2）画线。中心透照法一次透照长度为整条环焊缝，所以画线时只需将每张胶片的中心位置在容器外壁上标出即可。对焊缝分段时以长度 320 mm 为一段，标出中心位置，写上底片编号。

（3）像质计和各种标记的摆放。

1）像质计的摆放。选用 FE Ⅱ（10–16）型像质计，像质计应在内壁每隔 120° 放置一个，共放 3 个像质计。像质计的金属丝横跨焊缝并与焊缝方向垂直，可以放在距胶片边缘 1/4 处或任何合适的位置。

2）定位标记的摆放。中心透照法搭接标记，显示相邻胶片搭接在一起，保证整圈焊缝全覆盖即可，可用数字顺序号代替。如 0–1、1–2、2–3……每两个数字之间是胶片等分长度，有效评定区是代表整圈环焊缝的所有底片。用数字顺序号作为搭接标记，可不放置中心标记。

3）识别标记的摆放。每张底片上均应放置代表工程编号、焊缝编号、底片编号、拍片日期的铅字，铅字可以插在暗袋的插孔内。铅字的摆放要整齐，距焊缝边缘至少 5 mm。

（4）贴片。选择带磁铁的暗袋，将装有胶片的暗袋按顺序逐次贴在筒体外壁，保证有足够的搭接。贴片时要尽量使暗袋与工件贴紧，为保证贴合更紧密些，可用长胶皮带套在环焊缝上，将暗袋压在下面效果会更好。

（5）对焦。将射线机安放在支架上，调整支架高度，使设备焦点位于筒体焊缝中心。

（6）曝光。设备电源连接好后处于准备工作状态，预热 2 min，按选择的曝光条件，调节管电压为 210 kV，计时器为 4.6 min，按下高压通开关对工件进行曝光。曝光结束后，按顺序依次取下暗袋，送暗室进行处理。

环缝内透中心法射线检测

（7）记录。记录工件编号、底片编号、摄片条件，并记录像质计所在的底片号。详细绘出布片图，标明起始底片号和交叉焊缝部位的底片号，用箭头在图上画出底片号顺序方向。

【任务评价】

焊接接头射线检测评分标准见表 2–6。

表 2–6　焊接接头射线检测评分标准

序号	考核内容	评分要素	配分	评分标准	扣分	得分
1	准备工作	检查材料、设备及工用具	10	未检查不得分		
2	确定检测工艺参数	透照方式选择有五种方法：纵缝透照法、环缝内透法、双壁双影法、环缝外透法、双壁单影法	5	选择透照方式错误不得分		
		像质计的选择与放置并确定像质指数	5	像质计选择与位置错误，未确定像质指数各扣 5 分		
		焦距选择不低于标准中诺模图画定的最小距离	5	未按标准选择焦距不得分		

续表

序号	考核内容	评分要素	配分	评分标准	扣分	得分
2	确定检测工艺参数	计算一次透照长度、确定拍片数量	10	未计算一次透照长度、未确定拍片数量每项扣 4 分		
		根据曝光曲线确定射线能量	5	选择射线能量错误不得分		
		曝光量不低于 15 mA · min	5	曝光量低于 15 mA · min 不得分		
		增感屏、暗袋等辅件的选择等	5	增感屏、暗袋等选择错各扣 2 分		
3	透照	连接控制箱和机头，接通电源并可靠接地，开启电源开关预热，检查控制箱上的电指示和风扇运转情况	10	未连接控制箱和机头、未接通电源可靠接地各扣 2 分，未开启电源开关预热不得分，未检查控制箱上的电指示和风扇运转情况各扣 3 分		
		固定机头；调整焦距；对中；贴片；摆放各种标记；屏蔽散射线；将像质计放在射源侧	15	未固定机头、未调整焦距、未对中、未贴片、未摆放各种标记、未屏蔽散射线每项扣 3 分，未将像质计放在射源侧每项扣 2 分		
		根据曝光曲线确定 kV 值，预置曝光时间，对胶片进行曝光	15	kV 值确定错、预置时间错、未对胶片曝光各扣 6 分		
4	团队合作能力	能与同学进行合作交流，并解决操作时遇到的问题	10	不能与同学进行合作交流解决操作时遇到的问题扣 10 分		
合计			100			

【知识拓展】

曝光曲线的制作

1. 准备

确定制作曝光曲线的条件和准备阶梯试块及补充试块。

需确定的制作曝光曲线的条件主要包括 X 射线机型号，透照物体的材料和厚度范围，透照的主要条件（胶片、焦距、增感屏等），射线照相的质量要求（灵敏度、黑度等）。

阶梯试块应选用与被透照物体材料相同或相近的材料制作，应具有一定的平面尺寸，例如 300 mm×100 mm，每个阶梯的厚度差常取为 2 mm，阶梯应具有适当的宽度，如 20 mm。为适应透照厚度范围，常还需要制作几块补充试块，补充试块是一平板试块，其尺寸一般取为 210 mm×100 mm×5 mm。利用阶梯试块和补充试块就可以构成较大的厚度范围。

2. 透照

在选定的透照条件下，采用一系列不同的透照电压和不同的曝光量对阶梯试块进行射线照相。严格时应在每个阶梯上放置像质计，以判断射线照相灵敏度是否达到要求。

3. 暗室处理

按规定的暗室处理条件进行暗室处理，得到一系列底片。

4. 测定数据

对得到的底片测量底片黑度，从测得的数据选出在某个透照电压和某个曝光量下符合黑度要求的透照厚度数据，填入表中，编制成表 2-7 所示的数据表。对某个透照电压，应有不少于 5 个透照厚度的数据，对不同的透照电压，曝光量可以采用不同的值。

表 2-7 绘制曝光曲线数据表——透照厚度

mm

管电压 /kV	100	120	140	160	—
10 mA · min					
15 mA · min					
20 mA · min					
—					
射线机型号和编号： 胶片：　　　　焦距：　　　　增感屏： 暗室处理条件： 底片黑度：					

5. 绘制曝光曲线

利用表 2-7 的数据，采用直接描点方法即可绘制出曝光曲线。直接进行描点时，会出现数据点并不都在同一直线的情况，这时应用过大多数点的直线绘制曝光曲线图。

任务三　暗室处理

【知识目标】

1. 了解暗室的布局，熟悉暗室设备器材。
2. 熟悉暗室处理的过程。
3. 掌握显影和定影的影响因素。

【能力目标】

1. 能进行手工冲洗胶片。
2. 能进行显影液和定影的配置。

【素养目标】

1. 培养细心、严谨的工作态度。
2. 培养认真负责的劳动态度和敬业精神。
3. 培养团队合作精神。

【任务描述】

一条 ϕ2 400 mm×18 mm 的容器环焊缝，试件材料 Q235-R。采用射线中心透照法

100% 检测，依据《承压设备无损检测 第 2 部分：射线检测》（NB/T 47013.2—2015），共拍摄胶片 24 张，需要手工冲洗胶片。本任务的要求是将具有潜影的胶片经过一系列加工处理得到可见影像的底片。

【知识准备】

一、暗室布置知识

暗室应有足够的空间，不能太小、太窄。暗室应分为干区和湿区两部分，并应尽可能使两部分相隔远一些。其中，干区用于摆放胶片、暗盒、增感屏和洗片夹等器材，并用来进行切片和装片等工作。湿区用来进行冲洗过程中的显影、停显、定影、水洗和干燥等工作，如图 2–27 所示。

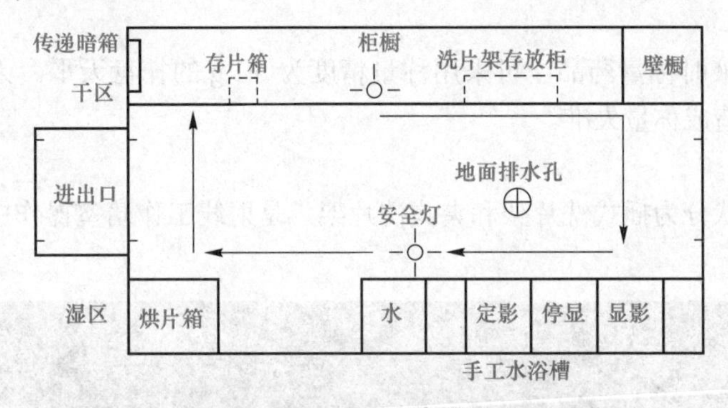

图 2–27 手工冲洗的暗室

各种器材的摆放位置应根据工作流程进行合理布局，以利于工作。

暗室应完全遮光，进出口处应设置过渡间和双重门，以保证人员出入时不漏光，为减少人员出入次数，设置传递口，用于传递胶片或底片。

暗室应有通风换气设备和给水排水系统，应有控制温度和湿度的措施。

暗室地面和工作台保持干燥和清洁，墙壁、工作台应有防水和防化学腐蚀的能力。

暗室附近如有射线源，应注意屏蔽问题。

二、暗室处理的器材

暗室处理的器材包括洗片槽、安全灯（三色灯）、温度计、天平、洗片架等。

1. 洗片槽

洗片槽用不锈钢或塑料制成，如图 2–28 所示，其深度应超过底片长度 20% 以上，使用时应将药液装满槽，并及时将槽盖好，以减少药液的氧化。

2. 安全灯（三色灯）

安全灯（三色灯）用于胶片冲洗过程中的照明。不同种类胶片具有不同的感光波长范围。工业射线胶片对可见光的蓝色部分最敏感，而对红色或橙色部分不敏感。因此，用于射线胶片处理的安全灯采用暗红色或暗橙色，如图 2–29 所示。

图 2-28　洗片槽

图 2-29　安全灯

3. 温度计

温度计用于配液和显影操作时测量药液温度，可使用量程大于 50 ℃，精度为 1 ℃或 0.5 ℃的酒精玻璃温度计，也可使用半导体温度计。

4. 天平

天平用于配液时称量药品，可采用称量精度为 0.1 g 的托盘天平。天平使用后应及时清洁，以防腐蚀造成称量失准。

5. 洗片架

洗片架按形状分为插式洗片架和夹式洗片架，是射线工作暗室操作中的常用工具，如图 2-30 所示。

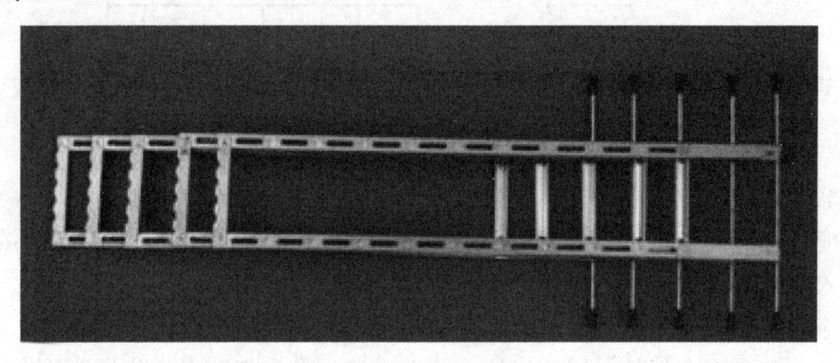

图 2-30　洗片架

三、暗室处理程序

1. 显影

胶片曝光以后在乳剂层中形成潜影，对于通常采用的曝光量，必须经过显影才能把潜影转化为可见的影像。显影就是以还原作用，从感光乳剂中感光的溴化银还原出金属银，使不可见的潜影转化为可见的影像。

（1）显影液。通常使用的显影液含有显影剂、保护剂、促进（加速）剂、抑制剂四种主要组分，另需有溶剂水。调整各个组分的比例，可以得到不同性能的显影液。

1）显影剂。是显影液的基本组分，它使已感光的卤化银还原为金属银。最常用的显影剂有米吐尔、对苯二酚、菲尼酮。

2）保护剂。在显影液中加入保护剂是为了防止显影剂氧化，延长显影液的寿命。显影液中经常采用的保护剂为无水亚硫酸钠。

3）促进（加速）剂。在显影液中加入促进（加速）剂是为了增强显影剂的显影能力和显影速度。显影液中常用的促进（加速）剂为碳酸钠、硼砂，它们都是弱碱性物质，很少使用强碱氢氧化钠。

4）抑制剂。在显影液中加入抑制剂是为了减小对未曝光卤化银微粒的显影程度，降低灰雾。经常使用的抑制剂为溴化钾。

5）溶剂水。溶解各种其他组分，构成显影液。

（2）影响显影的因素。显影过程对射线照片影像的质量具有重要影响，因此，必须严格控制显影过程。影响显影结果的因素主要是显影的温度与时间、显影操作、显影液的老化程度，见表 2-8。

表 2-8　影响显影的主要因素

影响因素	影响内容	一般要求
显影时间	显影时间延长，可以增加底片黑度和影像对比度，但也会增大灰雾度和影像的颗粒度。显影时间过短，底片影像对比度降低，也会增大影像的颗粒度	手工处理时正常的显影时间是 4 ～ 6 min
显影温度	温度过高可能使显影液中的药品分解失效，或造成显影液的过分氧化，灰雾增大、影像颗粒变粗，而且可能损害乳剂层。显影温度过低，显影液的显影能力大大降低，造成影像的对比度（反差）降低	手工处理时显影液的显影温度为 18 ～ 20 ℃
显影操作	搅动可以提高显影速度，并使显影均匀，同时也增大底片反差	胶片在显影液中时，应不断搅拌显影液
显影液活度	使用老化的显影液，显影速度将变慢，反差减小，灰雾度增大	显影液老化到一定程度后应停止使用，或者通过加入补充液的方法提高显影液的活性

2. 停显或中间水洗

从显影液中取出胶片后，显影作用并不能立即停止，这时候胶片乳剂层中还残留着显影液，它们仍在继续进行显影作用，在这种情况下容易产生显影不均匀。如果这时立即将胶片放入定影液中，则可能产生二色性灰雾，同时，由于将显影液带入定影液，还会损害定影液。二色性灰雾是极细的银粒沉淀，在反射光下呈现蓝绿色，在透射光下呈现粉红色。

常用的停显液是 1.5% ～ 5% 的醋酸水溶液。停显时间为 0.5 ～ 1 min。停显液的主要作用是中和显影液的碱。

如果不采用停显液，则应在显影之后先将胶片放入流动水中冲洗约 1 min，然后才能将胶片转入定影液。

3. 定影

经过显影之后，胶片乳剂层中感光的卤化银还原为金属银，但大部分未感光的卤化银没有发生变化，还保留在乳剂层中。定影过程的作用是将感光乳剂层中未感光也未被显影剂还原的卤化银从乳剂层中溶解掉，使显影形成的影像固定下来。

（1）定影液。定影液包含定影剂、保护剂、酸性剂、坚膜剂四个主要组分，以及溶剂水，定影的基本作用由定影剂完成。

1）定影剂。定影剂是定影液的主要组分，使用最广泛的定影剂是硫代硫酸钠（海波）。在定影过程中，硫代硫酸钠与卤化银发生反应，生成成分比较复杂的能溶于水的银的络合物。但对已还原出的金属银不起作用，从而使影像固定下来。

2）酸性剂。为了中和在停显过程未消除而进入定影液中的显影液的碱性、停止显影作用，在定影液中需加入一些酸。常用的酸性剂是冰醋酸和硼酸。

3）保护剂。为防止定影液的酸度升高，在定影液中需加入保护剂。常用的保护剂是亚硫酸钠。

4）坚膜剂。在定影过程中，胶片感光乳剂层大量吸入水分，发生膨胀，容易划伤和脱落。坚膜剂的作用就是减少划伤和防止药膜脱落。酸性定影液最常用的坚膜剂是硫酸铝钾（明矾）和硫酸铬钾（铬矾）。

（2）影响定影的因素。影响定影过程的因素主要是定影的温度与时间、定影操作、定影液活度，见表 2–9。

表 2–9　影响定影的因素

影响因素	影响内容	一般要求
定影时间	定影时间影响一些定影液对胶片感光乳剂层中未显影卤化银的溶解程度，以及被溶解的银盐从乳剂层中渗出进入定影液的多少	采用硫代硫酸钠配方的定影液，在标准条件下，所需定影时间一般不超过 15 min
定影温度	温度过高可能造成定影液药品分解失效，使乳剂层膨胀加大，容易产生划伤和脱膜	一般控制为 16 ～ 24 ℃
定影操作	搅动可以提高定影速度，使定影均匀	在定影过程中，应适当搅动定影液，一般每 2 min 搅动一次
定影液活度	使用过于老化的定影液时，必然会过分地加长定影时间，同时将会分解出硫化银，使底片变成棕黄色	定影液老化到定透时间已长到新定影液定透时间的 2 倍时，则应该认为定影液已失效，必须更换

4. 水洗与干燥

（1）水洗。水洗的目的是将胶片表面和乳剂膜内吸附的硫代硫酸钠及银盐络合物清除掉；否则硫化银会使底片发黄，影响底片影像质量。

水洗的质量决定于水洗的温度、时间、方式。温度高可缩短水洗时间，但温度过高可能会损害乳剂层，水洗温度一般控制为 16 ～ 24 ℃。水洗时间一般需要 30 min。一般应用流动水洗的方式进行水洗，使胶片总是接触新鲜清水，利于清除残留的有害物质。

（2）干燥。干燥是为了排除膨胀的乳剂层中的水分。干燥方法主要是自然干燥和烘箱干燥两种。

暗室处理技术

自然干燥是在清洁、干燥、空气流动的室内，把水洗后的胶片悬挂起来，让水分自然蒸发，使胶片干燥。烘箱干燥是把水洗后的胶片悬挂在烘箱内干燥，烘箱中通过热风，热风的温度一般不能高于 40 ℃，并应对热风进行过滤，尽量减少热风所带的杂质和灰尘。

四、自动洗片机

自动洗片机是将胶片从显影到干燥全过程进行自动处理的专用设备。胶片从进片口送入自动洗片机，采用连续冲洗方式，自动完成包括显影、定影、水洗、烘干的整个暗室处理过程，从出片口送出处理质量良好的底片。

1. 自动洗片机的特点

（1）自动洗片机能在 7 ～ 12 min 内提供干燥好的可供评定的射线照相底片，速度快。

（2）每小时可处理 360 mm×100 mm 胶片 100 ～ 200 张，效率高。

（3）通过自动洗片机处理的底片表面光洁、性能稳定可靠，像质好。

（4）操作者的劳动强度低，对操作者的技术熟练程度要求不高。

2. 自动洗片机的组成

（1）胶片传送机构。胶片传送机构是由 100 多个传动滚筒及其传动部件组成的，它可使胶片从输入口送入，按一定的速度完成胶片的整个过程，最后将底片送入收片箱。

（2）温度控制机构。温度控制机构可自动控制洗片机内的温度，通过自动电加热器及热交换器来完成，使各项温度恒定。

（3）干燥机构。采用电热器和鼓风机，或采用红外干燥装置，使水洗后的底片迅速干燥。

（4）显影液和定影液输送机构。自动洗片机配置了胶片面积扫描装置和显影液、定影液自动补充装置，使洗片机中的显影液、定影液的浓度保持不变。每次进片时，自动洗片机都能给出一个进片信号，使溶液泵自动按输入胶片的面积向机内补充一定数量的显影液和定影液。同时，机内排出相应数量的溶液，保证液体的量不变。

（5）搅拌装置。自动洗片机内设有搅拌机械对药液进行搅拌，使机内药液温度、浓度均匀，并使胶片表面不断与溶液充分接触。

【任务实施】

1. 显影

在准备好了显影液、定影液后，首先关闭荧光灯，打开双色灯中的红灯及暗室计时器。这时就可以将暗袋里已拍照的胶片取出，取出的胶片要做好标记，胶片放入显影液之前，应在清水中预浸一下，使胶片表面润湿，避免进入显影液后胶片表面附有气泡造成显影不均匀。然后放进显影药液。一次性放入显影液中的胶片不宜过多，以不重叠为宜。常温下，显影时间在 3 ～ 5 min。显影之初和显影过程中要将胶片上下移动，以保证显影液新鲜性。显影夹之间要保持一定距离，防止胶片相粘。

2. 停显

停显液常用弱酸配制而成，作用是中和残留的碱性显影液。操作时，将显影后的胶片放入停显液中不间断地摆动，使酸碱中和产生的气泡从表面排出。停显时间为 30 ～ 60 s 即可。停显温度最好与显影温度相近，停显温度过高，可能会产生“网纹”等缺陷。

3. 定影

（1）定影温度的控制。定影操作时应将温度控制为 16 ～ 24 ℃。

（2）搅拌。在整个定影过程中要不断搅动定影液，并经常翻动胶片，这样既可以提高定影速度，又可使定影均匀。一般在最初 1 min 要不停地搅拌，以后每 1 ～ 2 min 搅动一次，搅拌要充分，尽量使每张胶片都能补充到定影液。

（3）定影时间的控制。在定影过程中，胶片乳剂膜的乳黄色消失，变为透明的现象称为通透。从胶片放入定影液直至通透的这段时间称为通透时间。通透的出现标志着胶片乳剂层中未显影的卤化银已被定影剂溶解，但要使被溶解的银盐从乳剂中渗出并进入定影液，还需一段时间，通常定影时间为通透时间的 2 倍即可定影充分。

4. 水洗

水洗时最好用流动的清水，控制温度为 16 ～ 24 ℃，水洗时间不少于 30 min，如果无法采用流动水，冲洗时要常换水且需要增加水洗时间。

5. 干燥

为防止底片产生水迹，干燥前要进行润湿处理。润湿液可用 0.1% 左右浓度的洗涤剂水溶液配制而成。将胶片放入润湿液浸润约 1 min 拿出进行干燥，即可有效防止底片产生水迹。

【任务评价】

暗室处理评分标准见表 2-10。

表 2-10　暗室处理评分标准

序号	考核内容	评分要素	配分	评分标准	扣分	得分
1	准备工作	检查材料及设备； 检查电源及冲洗设备齐全可靠	5	未检查不得分		
		配置显影液、定影液	15	未配置显影液、定影液不得分		
2	冲洗胶片	定时：调节定时钟，预置显影时间	5	未调节定时钟、预置定影时间不得分		
		从暗袋中拿出胶片：从暗袋中将胶片和增感屏一起抽出，然后取出胶片放在洗片夹中，拿取胶片时不得抽拉，避免胶片与增感屏摩擦，要沿胶片边角抓取，以免胶片上留下指痕，同时胶片在暗灯下暴露时间不要太长	10	未从暗袋中将胶片和增感屏一块抽出扣 3 分；未将胶片取出扣 3 分；拿取胶片时抽拉扣 3 分；未沿胶片边角抓取扣 3 分；胶片在暗室灯下曝光时间过长扣 3 分		
		显影操作：将胶片浸入显影液，同时开启定时钟，显影时间不超过 5 min，每分钟翻动（抖动）2 ～ 3 次	10	未将胶片浸入显影液中扣 3 分；未开启定时钟扣 3 分；显影时间超过 5 min 扣 3 分；每分钟未翻动胶片扣 3 分		
		停显操作：显影结束，将胶片放入停显液中，停显 30 s	10	未将胶片放入停显液或未停显 30 s 不得分		
		定影操作：将胶片从停显液中取出，浸入定影液，定影时间为 15 min，定影时应适当翻动或抖动底片	15	未将胶片浸入定影液中不得分；定影时间未达到 15 min 扣 5 分；定影时未适当翻动或抖动底片扣 5 分		

续表

序号	考核内容	评分要素	配分	评分标准	扣分	得分
2	冲洗胶片	底片冲洗：将定透的底片放入干净流动的水中冲洗浸泡，时间宜为 30 min	8	未将定透的底片放入干净流动的清水中冲洗浸泡不得分；时间不合适扣 5 分		
		底片干燥：将底片自然晾干时，场所要通风良好、无灰尘	12	场所通风不好，有灰尘各扣 2 分；底片有指印、划伤、水渍等伪缺陷发现一处扣 3 分，扣完为止		
4	团队合作能力	能与同学进行合作交流，并解决操作时遇到的问题	10	不能与同学进行合作交流解决操作时遇到的问题扣 10 分		
		合计	100			

【知识拓展】

1. 显影液的配制

常用的显影液配方见表 2–11，以柯达 D19b 米吐尔显影配方为例配制显影液。

表 2–11　米吐尔显影配方

参数	天津	柯达 D19b	阿克发	富士
50 ℃温水 /mL	750	750	750	750
米吐尔 /g	4	2.2	3.5	4
无水亚硫酸钠 /g	65	72	60	60
对苯二酚 /g	10	8.8	9	10
无水碳酸钠 /g	45	48	40	53
溴化钾 /g	5	4	3.5	2.5
加水至 /mL	1 000	1 000	1 000	1 000
显影温度 /℃	20	20	18	20
显影时间 /min	4 ～ 8	5	5 ～ 7	5

（1）称量药品。准备一些大小相同的白纸，每称量一种药品时更换一张，既能防止药品混合，又能保持天平的洁净。按配方中各种药品所需质量，将药品分别称量摆放好。

（2）准备温水。显影液配制时，适宜的水温为 30 ～ 50 ℃，水温太高会促使某些药品氧化，水温太低又会使某些药品不易溶解。水温用温度计测量。D19b 显影液配液温度为 50 ℃，准备 50 ℃左右的温水 750 mL。

（3）溶解药品。先将米吐尔放入水中搅拌，使其溶解。待米吐尔充分溶解后，放入无水亚硫酸钠，然后依次将对苯二酚、无水碳酸钠、溴化钾放入溶液。加放药品时注意：待前一种药品溶解后方可投入下一种药品。配液时应不停地搅动，以加速溶解，但搅拌不可过于剧烈，且应朝着一个方向进行，以免发生显影剂氧化现象。待全部药品溶解后加水至 1 000 mL，显影液就配好了。

2. 定影液的配制

常用的定影液配方见表 2-12，以柯达 F5 定影液配方为例配制定影液。

表 2-12　常用定影液配方

参数	天津	柯达 F5	柯达 ATF-6 快速定影配方
65 ℃温水 /mL	600	600	600
硫化硫酸钠 /g	240	240	—
硫化硫酸铵 /g	—	—	200
无水亚硫酸钠 /g	15	15	15
冰醋酸 /mL	15	15	15.4
硼酸 /g	7.5	7.5	7.5
硫酸铝钾 /g	15	15	15
加水至 /mL	1 000	1 000	1 000

（1）称量药品。用天平量出配方中所需的各种药品，药品用量应严格按配方中的规定。

（2）准备温水。定影液配制时，适宜的水温为 60 ～ 70 ℃，因为硫代硫酸钠溶解时会大量吸热。F5 型定影液采用 65 ℃的温水配制，水量为 600 mL 左右。

（3）溶解药品。在配制定影液时，亚硫酸钠必须在加酸之前溶解，以防硫代硫酸钠分解。硫酸铝钾必须在加酸之后溶解，以防水解产生氢氧化铝沉淀。

首先将硫代硫酸钠放入温水搅拌溶解，然后将无水亚硫酸钠投入水中，待其充分溶解后，再依次加入冰醋酸、硼酸，最后投入硫酸铝钾。每种药品加入前，一定要等前一种药品充分溶解，且不可随意颠倒顺序。配液时应朝着一个方向不停地搅拌溶液。待全部药品溶解后加水至 1 000 mL，定影液就配好了。

3. 配液注意事项

（1）一般应用蒸馏水或去离子水，所用的水应不含杂质，配制时水的温度应控制在配方指定的范围，一般为 40 ～ 50 ℃，水温过高药品将分解失效，水温过低药品溶解太慢。

（2）准确称量药品的质量，按照配方规定的顺序顺次加入各种药品，后一种药品必须在前一种药品完全溶解后才能再加入。否则可能发生不良后果，如过分氧化，急剧沉淀，甚至使配制完全失败。

（3）溶解药品的过程应进行适当搅拌，促进溶解，但搅拌不能过大，以免造成大量空气溶入水中，导致显影液过分氧化。如果采用了强碱性（如氢氧化钠）或化学性质活泼的药品，应注意其特性，正确使用，避免发生意外事故。

（4）配制显影液的容器应是玻璃、不锈钢、搪瓷等制品，不能采用铜、铁等制作的容器，以免配制显影液的药品与容器发生反应。

（5）配制好的显影液应贮存在密闭、避光的容器中，不能长时间暴露在空气中，造成显影液不断被氧化。贮存显影液的温度一般应控制为 4 ～ 27 ℃。新配制的显影液一般应放置 24 h 后再投入使用。

任务四　射线照相底片的评定

【知识目标】

1．了解评片的基本要求。

2．掌握底片质量的要求。

3．掌握常见焊接缺陷的影像特征。

【能力目标】

1．能识别焊接缺陷的影像，对缺陷进行定性。

2．熟知被检工件质量等级评定的标准，并能用评定标准进行工件的质量等级评定。

【素养目标】

1．培养细心、严谨的工作态度。

2．培养分析问题、解决问题的能力。

3．培养操作规范意识。

【任务描述】

某管线，规格为 ϕ45 mm×3.5 mm，按《承压设备无损检测　第 2 部分：射线检测》（NB/T 47013.2—2015）AB 级像质要求，射线检测抽查比例为 50%、Ⅱ级合格。有现场监理，检测焊口由现场监理指定。经检测共得到底片 15 张。本任务的要求是对被检焊缝的底片影像进行分析和识别，对照有关标准，评出焊接接头的质量等级。

【知识准备】

一、评片工作的基本要求

缺陷是否能够通过射线照相而被检出，取决于若干环节。首先，必须使缺陷在底片上留下足以识别的影像，这涉及照相质量方面的问题。其次，是与观片设备和环境条件有关。最后，评片人员对观察到的影像应能做出正确的分析与判断，这取决于评片人员的知识、经验、技术水平和责任心。

1．环境和设备条件要求

（1）环境。评片一般应在专用的评片室内进行。评片室应整洁、安静，温度适宜，光线应暗且柔和。观片灯两侧应有适当台面供放置底片及记录。黑度计、直尺等常用仪器和工具应靠近放置，取用方便。

（2）观片灯。其主要性能应符合《无损检测工业射线照相观片灯最低要求》（GB/T 19802—2005）的有关规定，应有足够的光强度，能满足评片要求。在亮度方面又规定底片评定范围内的亮度应符合下列要求：确保透过黑度 $D \leqslant 2.5$ 的底片后可见光度应为 30 cd/m^2；透过黑度 $D > 2.5$ 的底片后可见光度应为 10 cd/m^2；亮度应可调，性能稳定，安全可靠，无噪点。观片时用遮光板应能保证底片边缘不产生亮光而影响评片。

（3）各种工具用品。评片需用的工具物品如下：

1）放大镜：用于观察影像细节，放大倍数一般为 2 ～ 5 倍，不超过 10 倍。

2）遮光板：观察底片局部区域或细节时，遮挡周围区域的透射光，避免多余光线进入评片人眼中。

3）评片尺：最好是透明塑料尺。

4）手套：避免评片人手指与底片直接接触，产生污痕。

5）文件：提供数据或用于记录的各种规范、标准、图表。

2. 人员条件要求

评片人员应经过系统的专业培训，并通过法定部门考核确认其具有承担此项工作的能力与资格；应具有良好的视力；同时，应具有良好的职业道德，高度的工作责任心。

3. 底片质量要求

（1）灵敏度检查。灵敏度是射线照相底片质量的重要指标之一，必须符合有关标准的要求。对底片的灵敏度检查内容包括底片上是否有像质计影像，像质计型号、规格、摆放位置是否正确，能够观察到的金属丝像质指数是多少，是否达到了标准规定的要求等。

（2）黑度检查。黑度是底片质量的一个重要指标，它直接关系底片的射线照相灵敏度和底片记录细小缺陷的能力。为保证底片具有足够的对比度，黑度不能太小，但因受到观片灯亮度的限制，底片黑度也不能过大。《承压设备无损检测 第 2 部分：射线检测》（NB/T 47013.2—2015）规定：底片评定范围内的黑度 D 应符合下列规定：A 级为 $1.5 \leqslant D \leqslant 4.5$；AB 级为 $2.0 \leqslant D \leqslant 4.5$；B 级为 $2.3 \leqslant D \leqslant 4.5$。

底片黑度测定要求：按标准规定，其下限黑度是指底片两端搭接标记处的焊缝余高中心位置的黑度，其上限黑度是指底片中部焊缝两侧热影响区（母材）位置的黑度。只有当有效评定区内各点的黑度均在规定的范围内方为合格。

（3）标记检查。底片上标记的种类和数量应符合有关标准和工艺规定。常用的标记种类有工件编号、焊缝编号、部位编号、中心定位标记、搭接标记。另外，有时还需使用返修标记，像质计放在胶片侧的区别标记及人员代号、透照日期等。

标记应放在适当位置，距焊缝边缘应不少于 5 mm。所有标记的影像不应重叠，且不应干扰有效评定范围内的影像。

（4）背散射检查。背散射检查即“B”标记检查。照相时，在暗盒背面贴附一个“B”铅字标记，观片时若发现在较黑背景上出现“B”字较淡影像，说明背散射严重，应采取防护措施重新拍照；若不出现“B”字或在较淡背景上出现较黑“B”字，则说明底片未受背散射影响，符合要求。黑“B”字是由于铅字标记本身引起射线散射产生了附加增感，不能作为底片质量判废的依据。

（5）伪缺陷检查。伪缺陷是指由于透照操作或暗室操作不当，或由于胶片、增感屏质量不好，而在底片上留下的非缺陷影像。常见的伪缺陷影像包括划痕、折痕、水迹、静电感光、指纹、霉点、药膜脱落、污染等。伪缺陷容易与真缺陷影像混淆，影响评片的正确性，造成漏检和误判，所以底片上有效评定区域内不允许有伪缺陷影像。

二、评片基本知识

1. 观片的基本操作

（1）通览底片。通览底片的目的是获得焊接接头质量总体印象，找出需要分析研究的可疑影像。通览底片时必须注意，评定区域不仅仅是焊缝，还包括焊缝两侧的热影响区，对这两部分区域，都应仔细观察。由于余高的影响，焊缝和热影响区的黑度差异往往较大，有时需要调节观片灯亮度，在不同的光强下分别观察。

（2）影像细节观察。影像细节观察是为了做出正确的分析判断。因细节的尺寸和对比度极小，识别和分辨是比较困难的，为尽可能看清细节，常采用下列方法。

1）调节观片灯亮度，寻找最适合观察的透过光强。

2）用纸框等物体遮挡住细节部位邻近区域的透过光线。

3）使用放大镜进行观察。

4）移动底片，不断改变观察距离和角度。

2. 焊接缺陷影像分析

焊接缺陷的影像特征基本取决于焊缝中缺陷的形态、分布、走向和位置，因射线投照角变化而造成的影像畸变或影像模糊也应予以充分考虑；对缺陷特性和成因的充分了解和经验，有助于正确判断缺陷。必要时，应改变射线检测方案重新拍片，也可对可疑影像进行解剖分析，这样可以减少误判和漏判。

缺陷影像的判定，应依据以下三个基本原则：

（1）影像的黑度（或亮度）分布规律。如气孔的黑度变化不大，属平滑过渡型；而夹渣的黑度变化不确定，属随机型。

（2）影像的形态和周界。如裂纹的影像为条状，且必有尖端；而未焊透或条状夹渣虽然也是条状的，但一般不可能有尖端。未焊透的两边周围往往是平直的，夹渣的周围往往是弧形不规则的，而气孔的形态大多是规则的。

（3）影像所处的部位。若未熔合则只产生于焊接坡口的熔合面上，因此大多出现在焊缝轴线的两侧；而未焊透则出现在焊缝轴线上。

焊接缺陷显示特征见表 2–13。

表 2–13　焊接缺陷显示特征

焊接缺陷		射线照相法底片
种类	名称	
裂纹	横向裂纹	与焊缝方向垂直的黑色条纹有尖端（图 2–31）
	纵向裂纹	与焊缝方向一致的黑色条纹，两头尖细（图 2–32）
	弧坑裂纹	弧坑中纵、横向及星形黑色条纹，有尖端（图 2–33）

续表

焊接缺陷		射线照相法底片
种类	名称	
未熔合和未焊透	未熔合	坡口边缘、焊道之间及焊缝根部等处的伴有气孔或夹渣的连续或断续黑色影像（图 2-34）
	未焊透	焊缝根部钝边或轴线方向未熔化的直线黑色影像（图 2-35）
夹渣	条状夹渣	黑度值较均匀的呈长条黑色不规则影像（图 2-36）
圆形缺陷	夹钨	白色块状（图 2-37）
	点状夹渣	黑色点状
	球形气孔	黑度值中心较大、边缘较小且均匀过渡的圆形黑色影像（图 2-38）
	均布及局部密集气孔	均匀分布及局部密集的黑色点状影像
	链状气孔	与焊缝方向平行的成串、呈直线状的黑色影像（图 2-39）
	柱状气孔	黑度很大且均匀的黑色圆形显示
	斜针状气孔（螺孔、虫形孔）	单个或呈人字形分布的带尾黑色影像
	表面气孔	黑度值不太高的圆形影像
	弧坑缩孔	焊道末端的凹陷，为黑色显示
形状缺陷	咬边	位于焊缝边缘与焊缝走向一致的黑色条纹
	缩沟	单面焊，背部焊道两侧的黑色影像
	焊缝超高	焊缝正中的灰白色突起
	下塌	单面焊，背部焊道正中的灰白色影像
	焊瘤	焊缝边缘的灰白色突起
	错边	焊缝一侧与另一侧的黑色的黑度值不同，有一明显界限
	下垂	焊缝表面的凹槽，黑度值较高的一个区域
	烧穿	单面焊，背部焊道由于熔池塌陷形成孔洞，在底片上为黑色影像
	缩根	单面焊，背部焊道正中的沟槽，呈黑色影像
其他缺陷	电弧擦伤	母材上的黑色影像
	飞溅	灰白色圆点
	表面撕裂	黑色条纹
	磨痕	黑色影像
	凿痕	黑色影像

图 2-31　横向裂纹影像

图 2-32　纵向裂纹影像

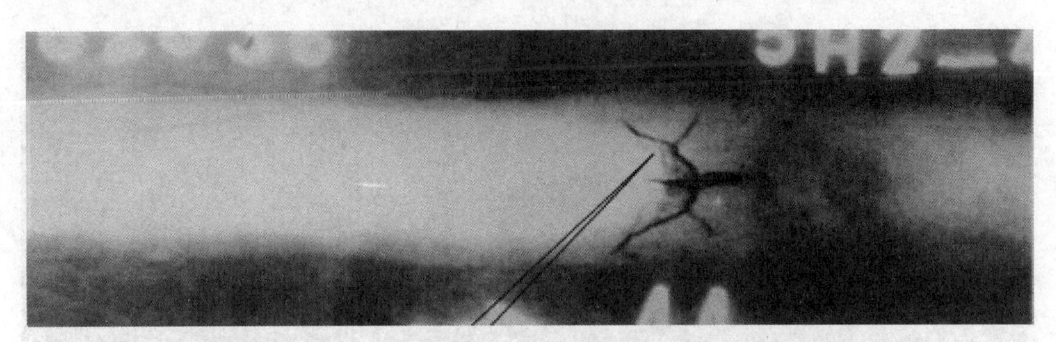

图 2-33　弧坑裂纹影像

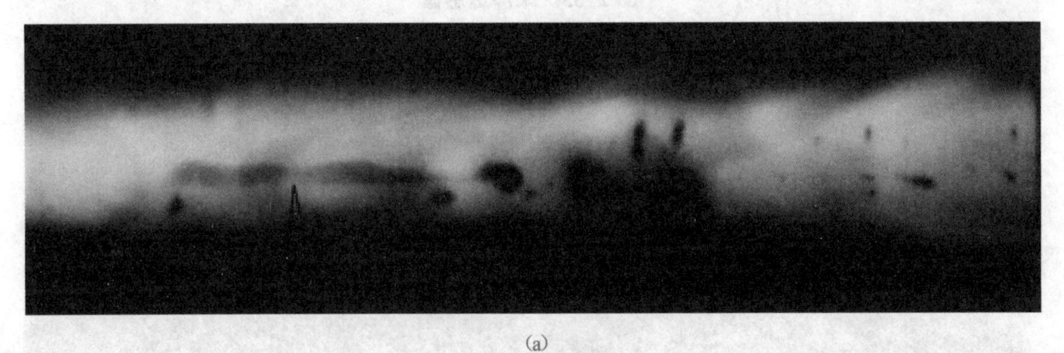

(a)

图 2-34　未熔合影像

(a) 根部未熔合影像

(b)

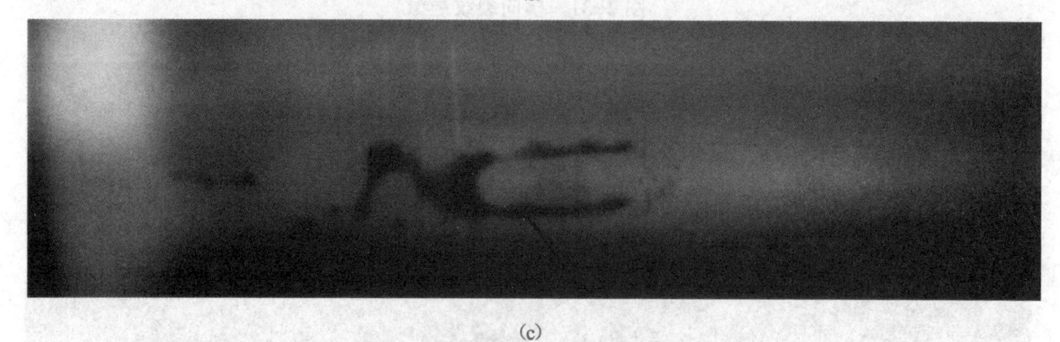

(c)

图 2-34　未熔合影像（续）

(b) 坡口未熔合影像；(c) 层间未熔合影像

图 2-35　未焊透影像

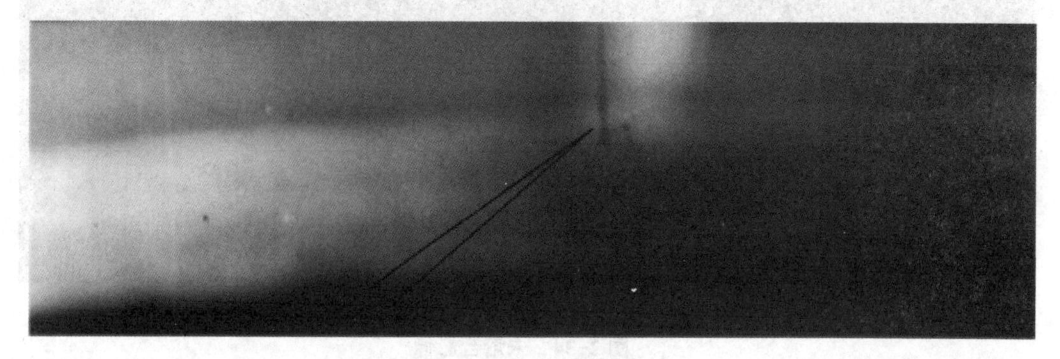

图 2-36　条状夹渣影像

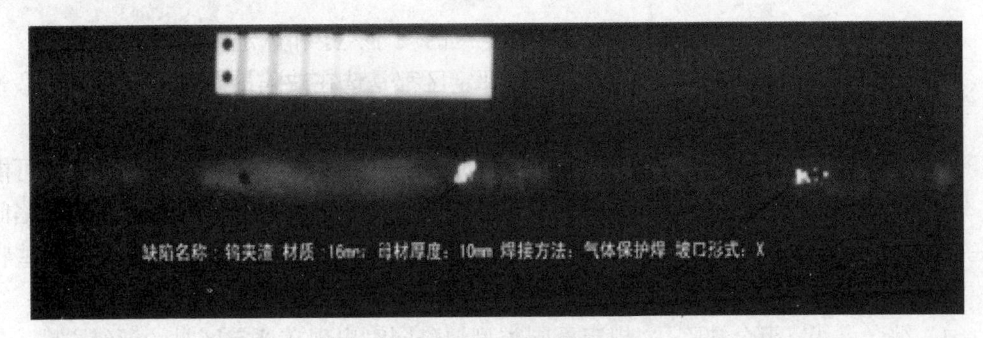

图 2-37 夹钨影像

图 2-38 球形气孔影像

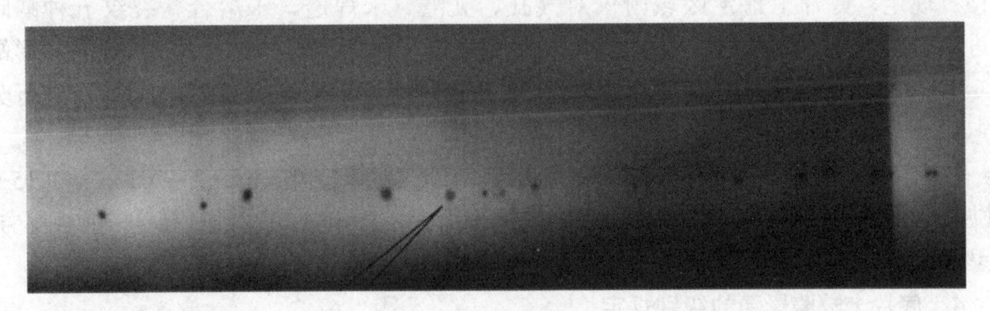

图 2-39 链状气孔影像

三、焊接接头的质量等级评定

结合《承压设备无损检测 第 2 部分：射线检测》（NB/T 47013.2—2015），讲述承压设备熔化焊对接接头质量分级的有关规定。

1. 质量分级的规定

质量分级的规定包括质量验收标准对质量级别的设立和各质量级别的具体要求。关于各质量级别的具体要求一般包括以下四个方面：

（1）缺陷类型。一般将缺陷分为允许性缺陷和不允许性缺陷，即规定了各质量级别允许存在的缺陷和不允许存在的缺陷。对不允许存在的缺陷，不讨论其尺寸大小和数量等；对允许存在的缺陷，则按照缺陷的类型、尺寸、数量和位置等做进一步规定。

（2）缺陷评定区。对允许存在的缺陷，评定质量级别时所规定的评定缺陷允许程度的区域，一般是一个面积单元或长度单元，以这个单元中缺陷的数据对质量级别做出评定。

质量验收标准中对评定区的规定包括评定区的尺寸大小和评定区选取的原则。

不同类型缺陷的评定区可能不同，一般评定区都是选在缺陷最严重的区域。分段透照时，必须注意将各段连接起来考虑，才能正确地选定评定区。

（3）缺陷允许程度。缺陷允许程度一般都包括允许的缺陷尺寸（在不同位置可能不同）、允许的缺陷数量（在评定区内和整个工件上）、允许的缺陷密集程度（常为缺陷间距和在评定区内允许的最多数量），有时还会包括缺陷允许的位置，如缺陷与工件某些特定部位的距离等。

（4）综合评级（组合缺陷）。规定不同类型缺陷同时出现在评定区时的评级方法。

2. 质量分级评定的基本步骤

（1）考虑缺陷类型，判断是否存在不允许存在的缺陷，以便直接确定质量级别。

（2）对允许存在的缺陷，首先确定是否存在尺寸超过质量级别规定的情况。

（3）确定可能的评定区（有时不进行具体计算难以确定缺陷最严重的部位），对可能的评定区按缺陷类型分别进行质量分级。

（4）考虑应进行的综合评级。

（5）最后，根据以上所得到的结果，来判定质量级别。

3. 底片上缺陷影像的定性、定量规定

（1）定性规定：根据《承压设备无损检测 第2部分：射线检测》（NB/T 47013.2—2015）规定，底片上评定区域内仅对气孔、夹渣、未焊透、未熔合、裂纹五种缺陷影像进行定性、定位和定级。并对气孔、夹渣又按其长、宽尺寸比（L/W）分为圆形缺陷（$L/W \leqslant 3$）和条状缺陷（$L/W > 3$）。并依据缺陷的危害安全程度对缺陷性质进行分级限定。

（2）定量规定：《承压设备无损检测 第2部分：射线检测》（NB/T 47013.2—2015）仅对缺陷影像的单个长度、直径及其总量进行分级限定，未对缺陷自身高度（沿板厚方向）即黑度大小进行限定。

4. 底片上缺陷影像的级别规定

《承压设备无损检测 第2部分：射线检测》（NB/T 47013.2—2015）依据缺陷对安全性能危害程度将其缺陷性质和数量分为以下四个等级。

（1）Ⅰ级焊接接头中不允许存在裂纹，未熔合、未焊透、条形缺陷。

（2）Ⅱ级和Ⅲ级焊接接头中不允许存在裂纹、未熔合和未焊透。

（3）焊接接头中缺陷超过Ⅲ级者评为Ⅳ级片。

（4）当各类缺陷评定的质量级别不同时，以质量最差的级别作为焊接接头的质量级别。

5. 缺陷影像的评级方法

（1）圆形缺陷的等级评定。

1）圆形缺陷的评定区：按母材公称厚度分三种评定区，见表2-14。

表2-14 缺陷评定区

mm

母材公称厚度 T	≤25	>25～100	>100
评定区尺寸	10×10	10×20	10×30

2）评片区选择原则。

①评片区应选缺陷最严重部位。

②评片区框线的长边应与焊缝轴线平行。

3）评片区内缺陷的计量方法。

①与框线相割计入全部量，与框线外切的不计。

②将计入框内的圆形缺陷按标准表 2–15 换算成“缺陷点数”，大小以长径计算。

表 2–15　缺陷点数换算表　　mm

缺陷长径 /mm	≤ 1	＞ 1 ～ 2	＞ 2 ～ 3	＞ 3 ～ 4	＞ 4 ～ 6	＞ 6 ～ 8	＞ 8
缺陷点数	1	2	3	6	10	15	25

③不计点数的圆形缺陷尺寸，见表 2–16。

表 2–16　不计点数的圆形缺陷尺寸

母材公称厚度 T/mm	缺陷长径 /mm
$T \leqslant 25$	≤ 0.5
$25 < T \leqslant 50$	≤ 0.7
$T > 50$	≤ 1.4% T

4）圆形缺陷评级方法：依据换算出的缺陷点数对照标准表 2–17 确定级别。

表 2–17　各级允许的圆形缺陷最多点数

评定区 /（mm×mm）	10×10		10×20			10×30
母材公称厚度 T/mm	≤ 10	＞ 10 ～ 15	＞ 15 ～ 25	＞ 25 ～ 50	＞ 50 ～ 100	＞ 100
Ⅰ级	1	2	3	4	5	6
Ⅱ级	3	6	9	12	15	18
Ⅲ级	6	12	18	24	30	36
Ⅳ级	缺陷点数大于Ⅲ级或缺陷长径大于 T/2					
注：当母材公称厚度不同时，取较薄板的厚度						

5）由于材质或结构等原因，进行返修可能会产生不利后果的焊接接头，经合同各方同意，各级别的圆形缺陷点数可放宽 1 ～ 2 点。

6）对致密性要求高的焊接接头，制造方底片评定人员应考虑将圆形缺陷的黑度作为评级的依据，将黑度大的圆形缺陷定义为深孔缺陷，当焊接接头存在深孔缺陷时，焊接接头质量评为Ⅳ级。

7）当缺陷的尺寸小于表 2–16 的规定时，分级评定时不计该缺陷的点数。质量等级为Ⅰ级的焊接接头和母材公称厚度 $T \leqslant 5$ mm 的Ⅱ级焊接接头，不计点数的缺陷在圆形缺陷评定区内不得多于 10 个，超过时焊接接头质量等级应降低一级。

（2）条状缺陷的等级评定。

1）单个条状缺陷的等级评定。单个条形缺陷评级规定示意如图 2–40 所示。

①单个条状缺陷长度的测定。当两个或两个以上条形缺陷在一直线（无宽度范围）上，且相邻条形缺陷的间距（指较小的条形缺陷与左右相邻两条形缺陷的间距）≤较短条形缺陷的长度时，应作为一个条形缺陷处理，其间距也应计入条形缺陷的长度。

②单个条形缺陷长度 L（mm）占母材公称厚度 T（mm）的比值规定。

Ⅱ级：$12 < T \leqslant 60$　　$L \leqslant T/3$

Ⅲ级：$9 < T \leqslant 45$　　$T/3 < L \leqslant 2T/3$

Ⅳ级：$L > 2$　　$T/3$

③单个条形缺陷最小允许量（对薄板而言）规定。

Ⅱ级：$T \leqslant 12$　　$L_{min} = 4$

Ⅲ级：$T \leqslant 9$　　$L_{min} = 6$

④单个条形缺陷最大允许量（对厚板而言）规定。

Ⅱ级：$T \geqslant 60$　　$L_{max} = 0$

Ⅲ级：$T \geqslant 45$　　$L_{max} = 30$

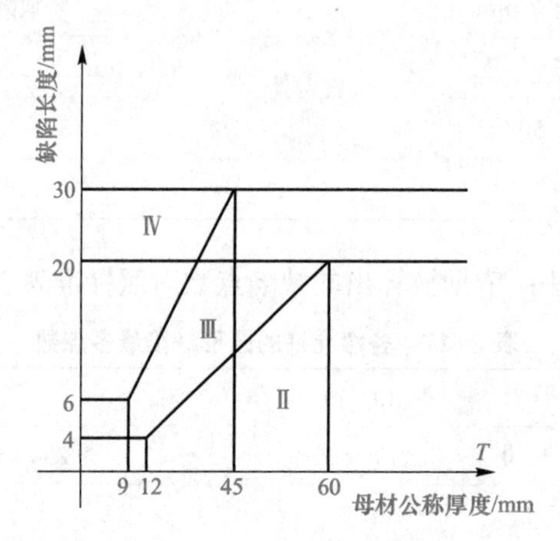

图 2-40　单个条形缺陷评级规定示意

2）条形缺陷组的评级。

①组的构成。在与焊缝方向（轴线方向）平行的条形缺陷评定区内，其相邻间距均不超过 $6L_{max}$（Ⅱ级）、$3L_{max}$（Ⅲ级）时，才能成为一组。（L_{max} 为该组条形缺陷中最长缺陷本身的“长度”）。

②条形缺陷组评定区见表 2-18。

表 2-18　条形缺陷组评定区

mm

母材公称厚度 T	$T \leqslant 25$	$25 < T \leqslant 100$	$T > 100$
宽度	4	6	8
长度	Ⅱ级为 $12T$，Ⅲ级为 $6T$		
注：当母材公称厚度不同时，取薄板的厚度值			

③条形缺陷组的评定方法。

A．对条形缺陷组中最大的单个条形缺陷进行评定、定级。

B．对条形缺陷组总量进行评定、定级。

a．Ⅱ级可能性分析：相邻缺陷间距均≤ $6L_{max}$，评定范围 $12T$ 内，$L_{总}$≤ T，最小可为 4 mm。

b．Ⅲ级可能性分析：相邻缺陷间距均≤ $3L_{max}$，评定范围 $6T$ 内，$L_{总}$≤ T，最小可为 6 mm；$L_{总}$＞ T 时为Ⅳ级。

评定范围（焊缝长）不足 $6T$ 或 $12T$ 长时，应按长度比例折算，即：

$12T$（$6T$）：焊缝长＝ T : L_X 或 L_X ＝焊缝长 /12（6）。

式中　L_X——为折算后允许组夹渣总量，且 L_X 不小于单个条状缺陷长度的允量。

C．A、B 中严重者为最终级别。

3）若一张底片上有多个条形缺陷组，每个组均应分别评级。

（3）综合评级。在圆形缺陷评定区内同时存在圆形缺陷和条形缺陷时应进行综合评级。方法是对圆形缺陷和条形缺陷分别评定级别，将两者之和减一作为综合评级的级别（最终级别）。

四、射线照相检验记录与报告

评片人员应对射线照相检验结果及有关事项进行详细记录并出具报告，其主要内容如下：

（1）产品情况：工程名称、试件名程、规格尺寸、材质、设计制造规范、检测比例部位、执行标准、验收、合格级别。

（2）透照工艺条件：射源种类、胶片型号、增感方式、透照布置、有效透照长度、曝光参数（管电压、管电流、焦距、时间）、显影条件（温度、时间）。

（3）底片评定结果：底片编号、像质情况（黑度、像质指数、标记、伪缺陷）。

（4）缺陷情况（缺陷性质、尺寸、数量、位置）、焊缝级别、返修情况、最终结论。

（5）评片人签字、日期。

（6）照相位置布片图。

【任务实施】

一、准备工作

（1）检查所用仪器、工具、材料。

（2）检查评片室的光照度，评片室内的光线应暗淡，但不全暗，室内照明用光不得在底片表面产生反射。

二、底片评定

（1）在底片有效评定区内，测量黑度最大值（中）和最小值（端），其黑度范围为 1.5 ～ 4.0 则满足现行标准的要求。

（2）测量底片黑度和观察底片像质指数，识别标记，定位标记的摆放位置和数量，有无化学污染，机械划伤、水渍、指痕等伪缺陷。

（3）通览底片时的影像分析要点。

1）辨认焊接方法。小径管焊口多采用手工焊，由根部成型情况判断是否用氩弧焊打底。

2）辨认焊接位置。根据焊缝波纹判断水平固定、垂直固定或是滚动焊；如果是水平固定，找出起弧的仰焊位置和收弧的平焊位置。

3）确定有效评定范围。根据黑度和灵敏度情况判断检出范围是否达到90%。

4）辨明投影位置。焊缝根部投影位于椭圆影像的内侧；根据影像放大或畸变情况及清晰程度有时可分辨出上焊缝和下焊缝。

（4）缺陷定性时的影像分析要点。

1）常见缺陷。裂纹、根部未熔合、未焊透、夹渣、气孔、焊穿、内凹、内咬边。

2）常见形状缺陷。焊瘤、弧坑、咬边。

3）影像位置。一般裂纹、未熔合、未焊透、线状气孔、内凹、内咬边、烧穿都发生在焊缝根部，底片上的位置处于椭圆内侧；内凹一般在仰焊位置；根部焊瘤、焊漏、弧坑在平焊位置。

4）观察影像的主要特征和细节特征。注意未焊透与内凹的区别，烧穿、弧坑与气孔的区别，线状气孔与裂纹的区别。

（5）缺陷定量。缺陷的定量底片评定记录见表2-19。

表2-19　底片评定记录

产品名称			部件名称				制造编号			
序号	焊缝编号	底片编号	相交焊缝接头	底片黑度 D	应识别钢丝号	板厚/mm	一次透照长度/mm	缺陷性质及数量	评定级别	底片质量问题	拍片日期
1	B_1	2-2	$\phi45$	3.5	14	3.5	71	未发现缺陷	Ⅰ		1.15
2	B_1	3-1	$\phi45$	3.5	14	3.5	71	未发现缺陷	Ⅰ		1.15
3	B_1	3-2	$\phi45$	3.5	14	3.5	71	未发现缺陷	Ⅰ		1.15
4	B_1	4-1	$\phi45$	3.5	14	3.5	71	未发现缺陷	Ⅰ		1.15
5	B_1	4-2	$\phi45$	3.5	14	3.5	71	未发现缺陷	Ⅰ		1.15
6	B_2	1-1	$\phi45$	3.5	14	3.5	71	未发现缺陷	Ⅰ		1.15
7	B_2	1-2	$\phi45$	3.5	14	3.5	71	未发现缺陷	Ⅰ		1.15
8	B_2	2-1	$\phi45$	3.5	14	3.5	71	未发现缺陷	Ⅰ		1.15
9	B_2	2-2	$\phi45$	3.5	14	3.5	71	未发现缺陷	Ⅰ		1.15
10	B_2	3-1	$\phi45$	3.5	14	3.5	71	圆缺2点	Ⅱ		1.15
11	B_2	3-2	$\phi45$	3.5	14	3.5	71	未发现缺陷	Ⅰ		1.15
12	B_2	4-1	$\phi45$	3.5	14	3.5	71	未发现缺陷	Ⅰ		1.15
13	B_2	4-2	$\phi45$	3.5	14	3.5	71	未发现缺陷	Ⅰ		1.15

续表

产品名称			部件名称					制造编号		
序号	焊缝编号	底片编号	相交焊缝接头	底片黑度 *D*	应识别钢丝号	板厚 / mm	一次透照长度 /mm	缺陷性质及数量	评定级别	底片质量问题	拍片日期
14	B_3	1–1	$\phi45$	3.5	14	3.5	71	未发现缺陷	Ⅰ		1.15
15	B_3	1–2	$\phi45$	3.5	14	3.5	71	未发现缺陷	Ⅰ		1.15
检测人： 资格：Ⅱ 资格证号： 年 月 日				初评人： 资格：Ⅱ 资格证号： 年 月 日				复评人： 资格：Ⅱ 资格证号： 年 月 日			

【任务评价】

射线底片评定评分标准见表 2–20。

表 2–20 射线底片评定评分标准

序号	考核内容	评分要素	配分	评分标准	扣分	得分
1	准备工作	检查所用仪器、工具、材料	3	未检查不得分		
		检查评片室的光照度，评片室内的光线应暗淡，但不全暗，室内照明用光不得在底片表面产生反射	3	未检查光照度扣 2 分；室内照明用光在底片表面产生反射扣 1 分		
		检查所有评片器具是否齐全完好、清洁、干燥，包括评片桌、观片灯、黑度计、一年内校定的黑度片、评片尺、记录纸、有关标准	10	未检查评片桌、观片灯、黑度计、一年内校定的黑度片、评片尺、记录纸少一项扣 1 分，扣完为止		
		用标准黑度片检查校对黑度计，校准后的黑度计读数误差不大于 0.05	4	未校对黑度计扣 2 分、黑度计读数误差大于 0.05 扣 1 分		
2	射线底片评定	在底片有效评定区内，测量黑度最大值（中）和最小值（端），其黑度范围为 1.5 ～ 4.0 满足现行标准的要求	5	测量黑度范围不为 1.5 ～ 4.0，且测量不准确，每张片扣 1.5 分		
		测量底片黑度和观察底片像质指数，识别标记、定位标记的摆放位置和数量，有无化学污染，机械划伤、水渍、指痕等伪缺陷	15	未测量底片黑度和观察底片像质指数，识别标记、定位标记摆放位置和数量不准确，未找出化学污染，机械划伤、水渍、指痕等伪缺陷，每张片扣 1.5 分		
		应先从危害性缺陷，如裂纹、未熔合、未焊透等开始进行辨认	20	未先从危害性缺陷开始辨认，漏检一张扣 1 分		
		对缺陷定性	15	未定性或定性错误，每张片扣 2 分		
		缺陷定量	15	缺陷定量错误，每张片扣 2 分		
4	团队合作能力	能与同学进行合作交流，并解决操作时遇到的问题	10	不能与同学进行合作交流解决操作时遇到的问题扣 10 分		
		合计	100			

【射线检测事故案例】

射线检测底片评定

1. 背景

某长输管线工程，规格 ϕ508 mm×9 mm，射线 100% 检测，标准为《石油天然气钢质管道无损检测》(SY/T 4109—2020)，Ⅱ级合格。

2. 问题描述

抽查共 10 道焊口，其中有 2 道焊口底片评定情况如下：

A 片口：为中心透照片，底片规格为 1 650 mm×80 mm，底片质量良好，发现 600 mm 处有气孔，评定框中 ϕ2 mm×3 mm，计 6 点，另有一条孔，与评定框相割，长 5 mm，宽约 1.2 mm。原评级为Ⅱ＋Ⅱ－Ⅰ＝Ⅲ级。

B 片口：为连头口，双壁单影透照，连续铅尺定位，每道口拍六片，底片规格 360 mm×80 mm，一号片 252 ～ 260 mm 位置有条渣 8 mm，二号片分别在 300 ～ 310 mm、420 ～ 430 mm 处各有条渣 9 mm，三号片 530 ～ 540 mm 位置有根部未焊透 10 mm，三片均评为Ⅱ级，整道焊口Ⅱ级合格。

3. 问题分析

（1）A 片综合评级错误，根据《石油天然气钢质管道无损检测》（SY/T 4109—2020），不能对同属于圆形缺陷评定区内的缺欠进行综合评级，应判为Ⅱ级，现场评片人员是依据自身经验或其他标准的要求进行评定，属错判。

（2）B 片属于错判，根据《石油天然气钢质管道无损检测》（SY/T 4109—2020）中对于综合评级的要求，"任何连续 300 mm 的焊缝长度中，Ⅱ级对接接头内条状夹渣、未熔合（根部未熔合和夹层未熔合）及未焊透（根部未焊透或中间未焊透）的累计长度不超过 35 mm"，而在此焊口中，自 252 ～ 540 mm，只有 288 mm 长的焊缝，应当将四个缺欠计算总长，即 8 ＋ 9 ＋ 9 ＋ 10 ＝ 36（mm），总长评定为Ⅲ级。

4. 问题处理

（1）对于 A 号口，属于过严，没有造成管线的客观质量下降，经批评改正后，评片人员端正认识，正确评片即可。

（2）对于 B 号口，由于属于将不合格的焊口放行了，必须重新返修（因 100% 检测，所以没有必要进行扩探），如实有困难，应上报监理，业主各方签署备忘存档。

综合训练

一、判断题（在题后括号内，正确的画√，错误的画 ×）

1. X 射线、γ 射线是电磁辐射。（　　）
2. X 射线与 γ 射线只要波长相同，就具有相同的性质。（　　）
3. 加在 X 光管两端的电压越低，则电子的速度就越大，辐射出的射线能量就越高。（　　）
4. 射线通过物质时，会与物质发生相互作用而强度减弱，导致强度减弱的原因可分为吸收与散射。（　　）

5. 射线照相法用底片作为记录介质，可以直接得到缺陷的图像，且可以长期保存。通过观察底片能够比较准确地判断出缺陷的性质、数量、尺寸和位置。（　　）

6. 金属增感屏受X射线或γ射线照射激发出二次电子产生二次射线，使胶片增感。常用的金属材料是铅，它的粒度细，增感系数小，所得底片的清晰度高。（　　）

7. 像质计是用来检查透照技术和胶片处理质量的，衡量该质量的数值是识别丝号，它等于底片上能识别出的最细钢丝的线编号。（　　）

8. 透照厚度比 K 定义为一次透照长度范围内射线束穿过母材的最大厚度与最小厚度之比。（　　）

9. X射线检测时，AB级射线检测技术曝光量的推荐值应不小于15 mA · min。（　　）

10. X射线检测必须选用较低的管电压。（　　）

11. 由曝光因子的公式可知，焦距增加一倍，则曝光量是原值的4倍。（　　）

12. A级、AB级纵向对接焊接接头的 K 值应 $\leqslant 1.01$。（　　）

13. 对于某一种胶片，其曝光量与相应的底片黑度之间关系的曲线称曝光曲线。（　　）

14. 显影时间过长，会导致影像灰雾度过大。（　　）

15. 显影液是碱性的，定影液是酸性的。（　　）

16. 把显影后的胶片直接放入定影液，易产生不均匀的条纹，易使定影液失效。（　　）

17. 为检查背散射，在暗盒背面贴附一个“B”铅字，若在较黑背景上出现“B”的较淡影像，就说明背散射防护不良，应予重照；如在较淡背景上出现“B”的较黑影像，则不作为底片判废的依据。（　　）

18. 为检查底片的灵敏度，每张底片上都必须有像质计。（　　）

19. 长宽比小于或等于3的缺陷定义为圆形缺陷。长宽比大于3的缺陷的定义为条形缺陷。（　　）

20. 钢制承压设备对接焊接接头中，在圆形缺陷评定区内同时存在圆形缺陷和条形缺陷时，应进行综合评级。（　　）

二、选择题

1. X射线的穿透能力取决于（　　）。

   A. 管电流　　B. 管电压　　C. 曝光时间　　D. 焦距

2. γ射线的穿透力取决于（　　）。

   A. 射源尺寸　　B. 射源种类　　C. 曝光时间　　D. 源活度

3. X射线与γ射线不同的是（　　）。

   A. γ射线的穿透力比X射线弱　　B. X射线的波长比γ射线短
   C. X射线与γ射线的产生机理不同　　D. 以上都对

4. 射线照相的原理主要是利用了X射线与γ射线的（　　）。

   A. 穿透力强　　B. 能使胶片感光　　C. 直线传播　　D. 以上都是

5. X射线机的基本组成部分包括（　　）。

   A. X射线管和高压部分　　B. 冷却部分
   C. 保护部分和控制部分　　D. 以上都是

6. 与X射线探伤机相比，γ射线探伤机的优点是（　　）。

A. 设备简单　B. 体积小　C. 不需外部电源　D. 以上都是

7. 射线照相胶片上影像生成的主要部位在（　　）。

A. 片基　B. 结合层　C. 感光乳剂层　D. 保护层

8. 黑度计用于测量（　　）。

A. X射线的强度　B. 底片的黑度　C. 材料的密度　D. 辐射剂量

9. 铅箔增感屏的增感机理是（　　）。

A. 射线照射时激发出荧光，使胶片增感

B. 吸收波长较短的射线，通过波长较长的射线使胶片增感

C. 吸收散射线，使胶片增感

D. 受射线照射时激发出二次电子和二次射线，使胶片增感

10. 使用铅增感屏的目的是（　　）。

A. 保护胶片不被划伤　B. 减少散射线、缩短曝光时间

C. 增加曝光时间　D. 改善透照条件

11. 按标准规定，像质计一般应放置在（　　）。

A. 射线源一侧的工件表面上，被检焊缝区的一端（被检区长度的1/4左右部位）

B. 金属丝应横跨焊缝，细钢丝置于外侧

C. 当一张胶片上同时透照多条对接焊接接头时，像质计应放置在透照区最边缘的焊缝处

D. 以上都是

12. 在曝光因子的公式中，管电流、曝光时间和焦距三者的关系是（　　）。

A. 管电流不变，时间与焦距的平方成反比

B. 管电流不变，时间与焦距的平方成正比

C. 焦距不变，管电流与曝光时间成正比

D. 曝光时间不变，管电流与焦距成正比

13. 对射线检测技术等级中的AB级而言，纵向对接焊接接头透照厚度比K应满足（　　）。

A. ≤1.06　B. ≤1.1　C. ≤1.2　D. ≤1.03

14. 显影液属于（　　），定影液属于（　　）。

A. 酸性　B. 盐性　C. 碱性　D. 中性

15. 手工暗室处理，一般经过的步骤是（　　）。

A. 显影　B. 停显和定影　C. 水冲洗和干燥　D. 以上都是

16. 显影液中的显影剂通常采用（　　）。

A. 亚硫酸钠　B. 米吐尔、菲尼酮、对苯二酚

C. 溴化钾　D. 以上都是

17. 显影液中的抑制剂通常采用（　　）。

A. 亚硫酸钠　B. 溴化钾　C. 菲尼酮　D. 碳酸钠

18. 显影液中保护剂是（　　）。

A. 亚硫酸钠　B. 溴化钾　C. 菲尼酮　D. 碳酸钠

19. 显影液中的促进（加速）剂是（　　）。

A. 无水碳酸钠　B. 硼砂　C. 氢氧化钠　D. 以上都是

20. 在显影过程中上下移动胶片或搅动显影液，其主要目的是（　　）。

A. 保护胶片，使其免受过大的压力　B. 使胶片表面的显影液更新

C. 防止产生网状皱纹　D. 以上都是

21. 底片质量必须满足（　　）。

A. 有效评定区的黑度和像质计灵敏度符合相应射线检测技术等级的要求

B. 影像识别标记齐全，位置正确，且不掩盖对接焊缝接头影像

C. 在有效评定区内，不得有影响准确评定的伪像

D. 以上都是

22. 圆形缺陷是在规定的评定区内折算成点数来评级的，其具体要求是（　　）。

A. 评定区框线的长边要与焊缝平行

B. 框线内必须完整包含最严重区域内的主要缺陷

C. 与框线外切的不计点数，相割的计算在内

D. 以上都是

三、问答题

1. 简述 X 射线和 γ 射线的性质？
2. 射线胶片由哪几部分构成？
3. 金属增感屏有哪些作用？
4. 什么是像质计？ 像质计有哪几种类型？
5. 选择透照方式要考虑哪些因素？
6. 什么是曝光曲线？
7. 显影液主要由哪几种成分组成？各种成分的作用是什么？
8. 为什么显影之后必须进行停显处理？
9. 定影液主要由哪几种成分组成？各种成分的作用是什么？
10. 对底片质量的基本要求是什么？

03 项目三　超声检测

超声检测是利用超声波在弹性介质中传播时产生衰减，遇到界面产生反射、折射等特性来检测材料缺陷的一种无损检测方法。超声波检测不但检测厚度大，而且灵敏度高，速度快，成本低，能对缺陷准确定位和对缺陷定当量，超声波对人体无害。但也存在如检测不直观、难以确定缺陷的性质、评定结果在很大程度上受操作者技术水平和经验影响等缺点。随着超声检测新技术的研发，数字化、自动化、三维成像、相控阵等新技术的应用，用超声检测来评价被检物的质量，将会变得越来越可靠。

任务一　超声检测的设备和器材

【知识目标】

1．熟悉超声波的一般特性。
2．掌握超声波入射到界面的传播和波形转换。
3．了解常用超声检测设备的性能特点。
4．熟悉探头的种类和参数，熟悉试块的类型和作用。

【能力目标】

1．根据检测任务要求，结合 NB/T 47013—2015 检测标准，确定探头的类型及 *K* 值。
2．能够进行仪器和探头的性能测试。

【素养目标】

1．提升信息素养。
2．培养分析问题、解决问题的能力。
3．培养操作规范意识。

【任务描述】

本次任务主要是了解和熟悉超声检测中所使用的设备，掌握超声检测仪的使用方法，并根据不同的检测工艺，正确选择探头、试块和耦合剂。

【知识准备】

一、超声波的一般特性

1．超声波

超声波是频率高于 20 kHz 的机械波，是机械振动在介质中的传播。产生机械波的必要条件有两个：一要有做机械振动的波源；二要有能传播机械振动的弹性介质。

描述机械波的物理量主要有周期、频率、波长和波速。

（1）周期。在波动过程中，任意一个质点完成一个完整波的传播过程所需的时间称为周期，常用 T 来表示，单位常用秒（s）。

（2）频率。波动过程中，任意给定在 1 s 内所通过的完整波的个数，称为波动频率，用 f 表示，单位为赫兹（Hz）。波动频率在数值上等于振动频率，机械波在传播过程中，其周期和频率是不变的。

（3）波长。同一波线上相邻两振动相位相同的质点间的距离，称为波长，用 λ 表示，常用单位为毫米（mm）。波源或介质任一质点完成一次全振动，波正好前进一个波长的距离。两个相邻的波峰（或两个相邻波谷）之间的距离正好是一个波长。

（4）波速。波速是指在单位时间内波在介质中所传播的距离，用 C 表示，常用单位为米 / 秒（m/s）。

波长、波速、频率、周期之间的关系为

$$\lambda = \frac{C}{f} = CT \tag{3-1}$$

由上式可知，波长与波速成正比，与频率成反比。当频率一定时，波速越大，波长就越长；当波速一定时，频率越低，波长就越长。

2. 超声波的波形

根据波动中质点的振动方向与波传播方向的关系，可将波动分为多种波形。在超声检测中主要应用的波形有纵波、横波和表面波。

（1）纵波。介质质点的振动方向与波的传播方向相平行的波，称为纵波，如图 3-1 所示。纵波用字母“L”表示，它能在固体、液体和气体介质中传播。纵波的产生和接收都比较容易实现，在应用其他波形时，常采用纵波声源，再经波形转换后得到所需的波形。

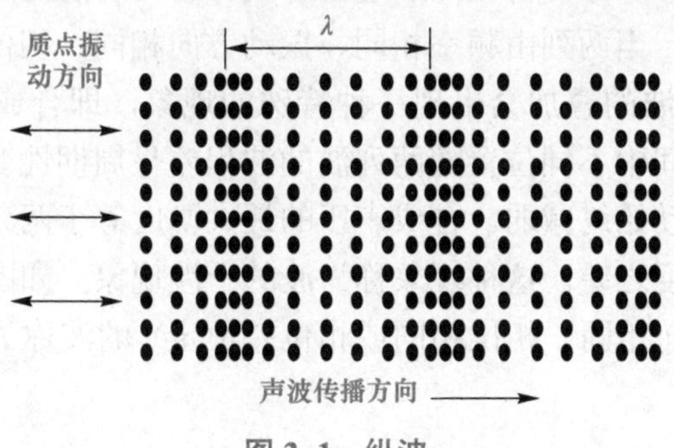

图 3-1　纵波

（2）横波。介质质点的振动方向与波的传播方向相互垂直的波，称为横波，如图 3-2 所示。横波用字母“S”表示，当介质质点受到交变的切应力作用时，介质产生切变形变，从而形成横波。因为只有固体才能承受切应力，液体和气体不能承受切应力，所以只有固体能传播横波，而液体和气体不能传播横波。

（3）表面波。当介质表面受到交变应力时，产生沿介质表面传播的波，称为表面波，如图 3-3 所示。表面波用字母“R”表示，表面波质点沿椭圆轨迹振动，是纵向振动和横向振动的合成，椭圆的长轴垂直于波的传播方向，短轴平行于波的传播方向。表面波只能在固体中传播，不能在液体和气体中传播。当传播深度超过两倍波长时，质点的振动能量下降很快，它只能发现距工件表面两倍波长深度范围内的缺陷。

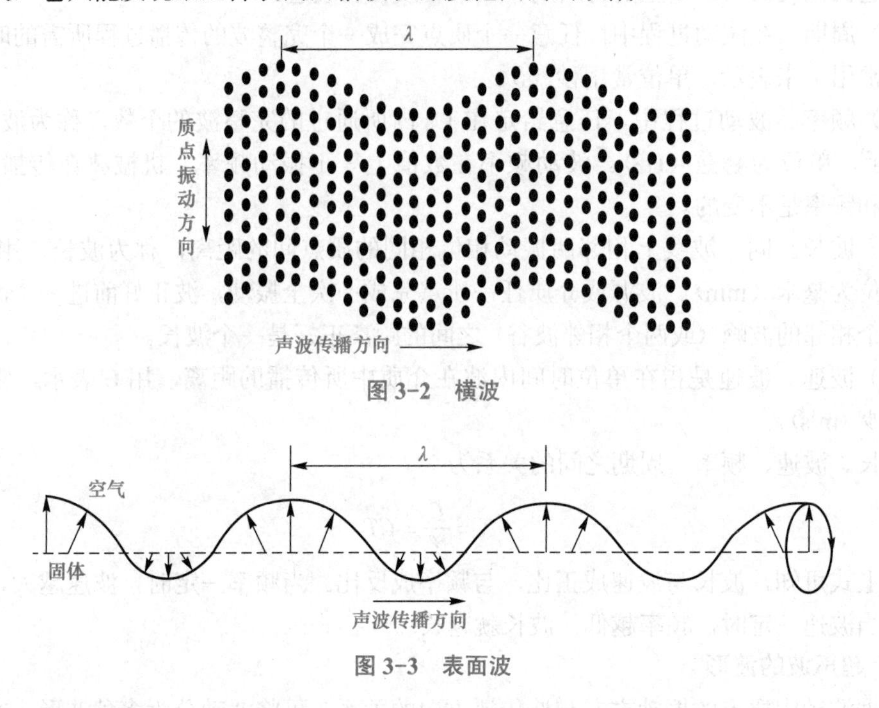

图 3-2　横波

图 3-3　表面波

3. 波的叠加、干涉和衍射

（1）波的叠加原理。当几列波同时在同一介质中传播时，如果在某些点相遇，每列波能保持各自的传播规律而不互相干扰。在波的重叠区域里各点的振动物理量等于各列波在该点引起的物理量的矢量和。即相遇后各列声波仍保持各自原有的频率、波长、幅度、传播方向等特性继续前进，好像各自在传播过程中没有遇到其他波一样。

（2）波的干涉现象。当两列由频率相同、振动方向相同、相位相同或相位差恒定的波源发出的波相遇时，声波的叠加会出现一种特殊的现象，即合成声波的频率与两列波相同；合成声压幅度在空间中不同位置随两列波的波程差呈周期性变化，某些位置振动始终加强，而另一些位置振动始终减弱。合成声压的最大幅度等于两列波声压幅度之和，最小幅度等于两列波声压幅度之差。这种现象称为波的干涉现象，如图 3-4 所示。产生干涉现象（频率相同、振动方向相同、相位相同或相位差恒定）的波称为相干波，产生相干波的波源称为相干波源。

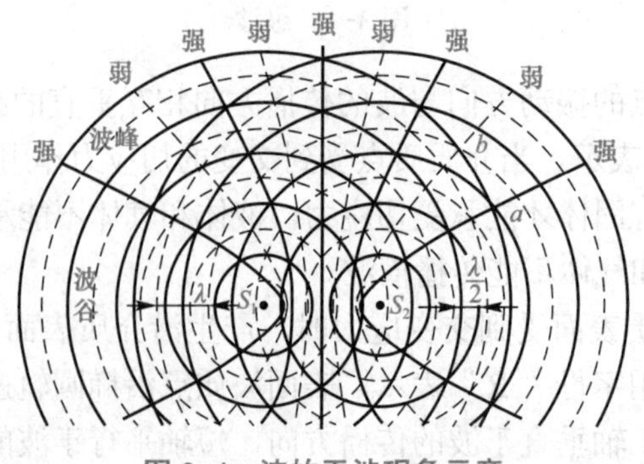

图 3-4　波的干涉现象示意

波的叠加原理是波的干涉现象的基础，波的干涉是波动的重要特征。在超声检测时，在近场区，由于超声波在声源附近产生干涉现象，该区域声压出现极大值和极小值点。

（3）波的衍射现象。如图 3–5 所示，超声波在介质中传播时，若遇到缺陷 AB，据惠更斯原理，缺陷边缘 A、B 可以看作发射子波的波源，使波的传播方向改变，从而使缺陷背后的声影缩小，反射波降低。

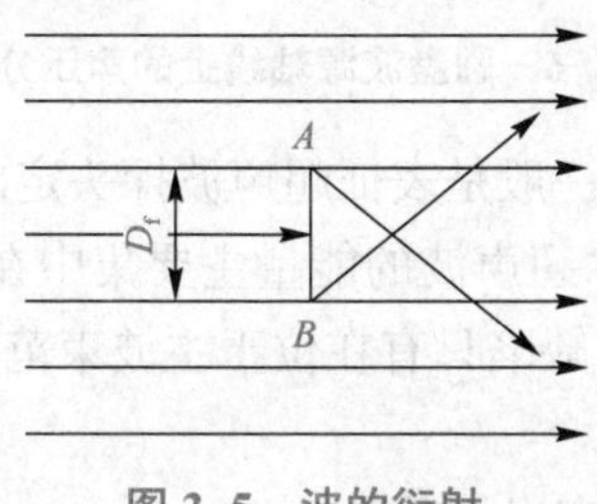

图 3–5　波的衍射

波的绕射与障碍物尺寸 D_f 及波长 λ 的相对大小有关。当 $D_f \ll \lambda$ 时，波的绕射强、反射弱，缺陷回波很低，容易漏检。当 $D_f \gg \lambda$ 时，波的绕射弱、反射强，声波接近全反射。故超声波波长越短，能发现的障碍物尺寸越小。例如，同材料的横波比纵波检测分辨力高，但对材料的穿透能力差。波的绕射对检测既有利又不利。在粗晶材料低频检测时，利用波的绕射，使超声波对晶粒产生绕射从而顺利地在介质中传播，这对检测有利，但同时波的绕射使一些小缺陷反射波显著下降，以致造成漏检，这对检测不利。

二、超声波的声场

超声检测时的声源通常是有限尺寸的探头晶片，晶片发射的声波形成一个沿有限范围向定方向传播的超声束。随着声波在介质中逐渐向远处传播，由于衍射的作用，声束范围逐渐扩大，称为声束扩散。这种扩散导致声场中声强（或声压）随距声源距离的增大而逐渐减弱。

对于圆形晶片非聚焦探头，描述声场的两个主要参数是近场区长度和扩散角。近场区是指波源附近由于波的干涉而出现的一系列声压极大极小的区域。近场区长度是波源轴线上最后一个声压极大值至波源的距离，用字母 N 表示。N 的大小与波长 λ 和晶片直径 D_S 有关：

$$N = \frac{D_S^2}{4\lambda} \tag{3-2}$$

式中　λ——波长（mm）。

D_S——波源晶片直径（mm）。

在近场区检测定量是不利的，处于声压极小值处的较大缺陷回波可能较低，而处于声压极大值处的较小缺陷回波可能较高，这样就容易引起误判，甚至漏检，因此应尽可能避免在近场区检测定量。

波源轴线上的至波源的距离 $x > N$ 的区域称为远场区，声束以一定的角度扩散，声压随距离的增大单调下降，如图 3–6 所示。

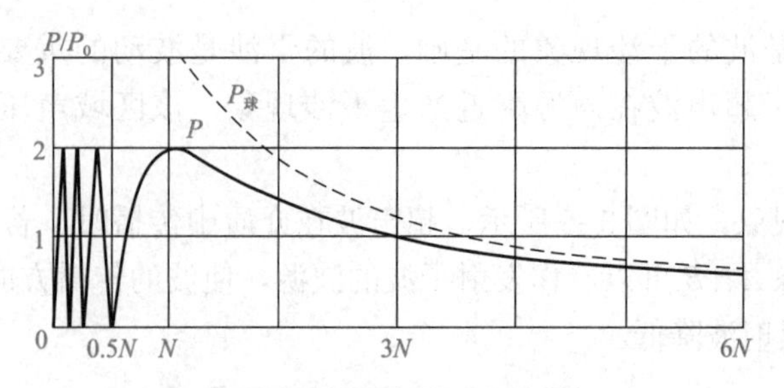

图 3-6　圆盘波源轴线上的声压分布

在超声检测中，声束指向性一般是表征超声波探头定向辐射超声波的性质，指向性的优劣一般用半扩散角 θ_0 来表示。超声波的能量主要集中在半扩散角 $2\theta_0$ 以内的锥形区域，此区域称为主波束（或主声束），缺陷只有在位于主波束范围时，才容易被发现，如图 3-7 所示。

圆盘波源辐射的纵波声场声束半扩散角为

$$\theta_0 = \arcsin\ (1.22\lambda/D_S) \tag{3-3}$$

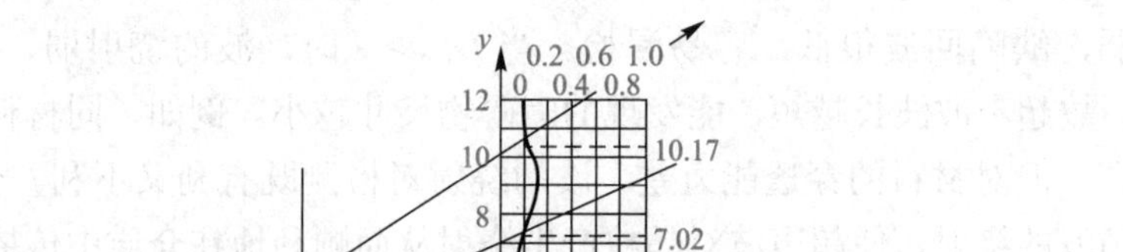
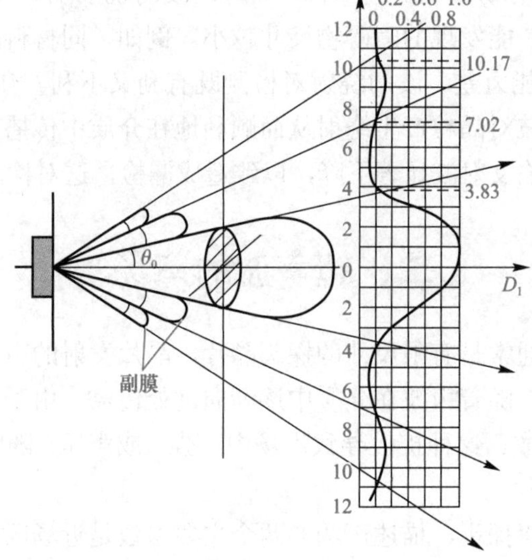

图 3-7　圆盘波源声束指向性图

三、超声波的衰减特性

超声波在介质中传播时，其声能随着传播距离的增加而逐渐减弱的现象称为超声波的衰减。在超声波检测中，引起超声波衰减的原因主要有以下几个方面。

1. 扩散衰减

超声波在传播过程中，由于声束的扩散，超声波的声强随距离增加而逐渐减弱的现象，称为扩散衰减。

2. 散射衰减

超声波在介质中传播时，遇到声阻抗不同的界面产生散乱反射引起衰减的现象，称为散射衰减。晶粒粗大，散射衰减严重，引起草状回波（图 3-8），信噪比下降，严重时淹没缺陷波。

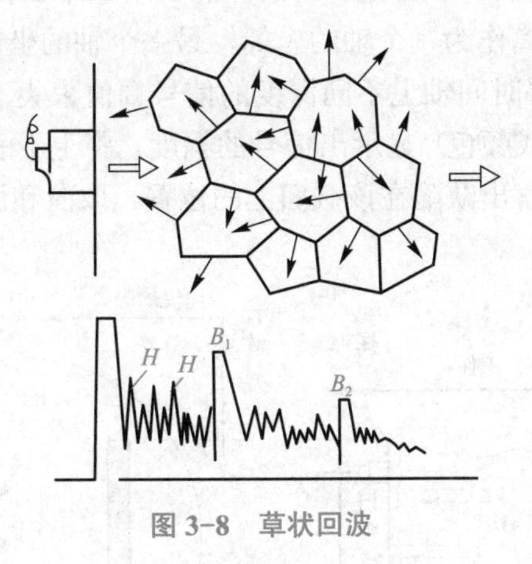

图 3-8 草状回波

3. 吸收衰减

超声波在介质中传播时，由于介质中质点间的内摩擦和热传导引起超声波的衰减，称为吸收衰减。

四、超声检测仪

超声检测仪是超声检测的主体设备，其主要功能是产生超声频率电振荡，激励探头发射超声波。同时，它又对探头接收到的回波信号进行放大处理，并通过一定方式显示出来。

1. 超声检测仪的分类

（1）按照超声波的连续性分类。按照超声波的连续性，可将超声检测仪分为脉冲波检测仪、连续波检测仪和调频波检测仪三种。后两种检测仪，由于检测灵敏度低，缺陷测定有较大局限性，在焊接接头检测中很少采用。

（2）按缺陷的显示方式分类。

1）A 型显示超声检测仪。A 型显示是一种波形显示，是将超声信号的幅度与传播时间的关系以直角坐标的形式显示出来，如图 3-9 所示，横坐标代表声波的传播时间，纵坐标代表信号幅度。如果超声波在均质材料中传播时，声速是恒定的，则可将横坐标的传播时间转变为传播距离，从而可通过横坐标确定缺陷的位置，由纵坐标的回波幅度可以估算缺陷当量尺寸。

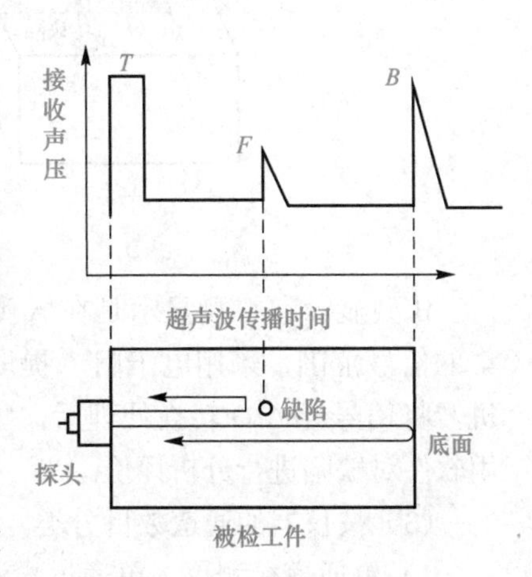

图 3-9 A 型显示原理

T—始波；*F*—缺陷波；*B*—底波

从图 3-9 中可以看出，脉冲 T 表示超声检测时的始脉冲或始波，是发射脉冲直接进入接收电路后，在屏幕上的起始位置显示出来的脉冲信号。脉冲 *F* 为被检工件中的缺陷反射回波被探头接收到时，在屏幕上的相应位置所出现的缺陷波。脉冲 *B* 是超声传播到被检工件底面反射回波被探头接收到时，在屏幕上出现的底面回波，称为底波。

2）B 型显示超声检测仪。B 型显示是试件的一个二维截面图显示，将探头放在试件表面沿一条线扫查时的距离作为一个轴的坐标，另一个轴的坐标是声传播时间（或距离）。如图 3-10 所示。检测时将时间轴上不同深度的信号幅值采集下来，在每个探头移动位置沿时间轴用不同的亮度（或颜色）显示出信号的幅度。将上下表面回波也包含在时间轴显示范围内，可以从图中观察出缺陷在该截面上的位置、取向和深度，以及通过亮度或颜色获取缺陷信号幅度的信息。

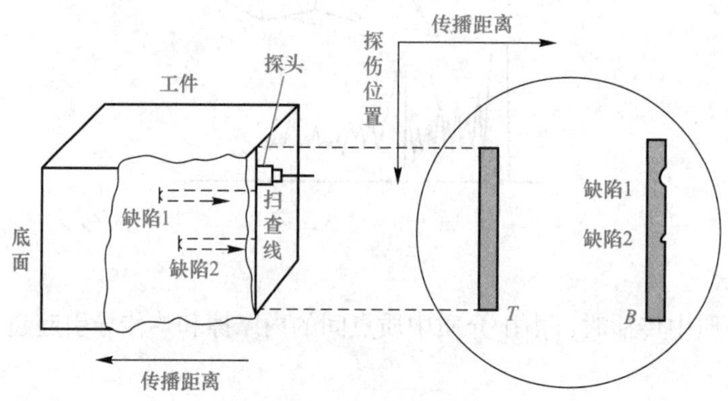

图 3-10　B 型显示原理

3）C 型显示超声检测仪。C 型显示是一种图像显示，是工件的一个平面投影图，如图 3-11 所示，检测仪显示屏上横坐标和纵坐标都是靠机械扫描来代表探头在工件表面的位置。探头接收信号幅度以光点辉度表示，因而当探头在工件表面移动时，显示屏上便显示出工件内部缺陷的平面图像，但不能显示缺陷的深度。

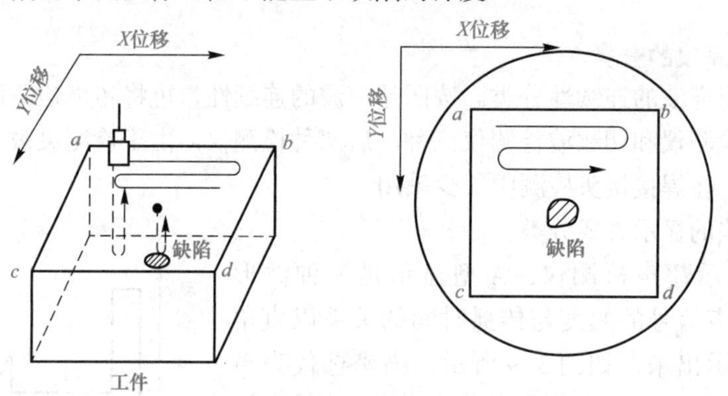

图 3-11　C 型显示原理

B 型显示和 C 型显示是在 A 型显示的基础上实现的，在 A 型显示图上，确定好需采集的信号范围，采用电子门[①]提取出所需信号。目前，B 型显示和 C 型显示多采用计算机，将信号经 A/D 转换处理后，显示在计算机屏幕上的图像与数据可以存储，可进一步用软件对缺陷进行分析评价。

（3）按仪器的通道数目分类。

1）单通道检测仪。单通道检测仪由一个或一对探头单独工作，是目前超声波检测中

① 是通过衰减器、高频放大器、检波器和视频放大器对信号接收的电路。

应用最广泛的仪器。

2）多通道检测仪。多通道检测仪多个或多对探头交替工作，每一个通道相当于一台单通道检测仪，适用于自动化检测。

2. 模拟式超声检测仪

（1）A 型脉冲反射式模拟超声检测仪的主要组成。A 型脉冲反射式模拟超声检测仪的主要组成部分：同步电路、扫描电路、发射电路、接收放大电路、显示电路和电源电路等。电路图如图 3-12 所示。

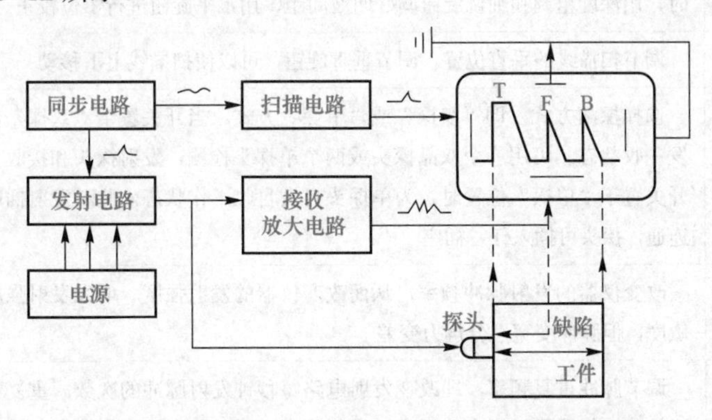

图 3-12 A 型脉冲反射式模拟超声检测仪电路原理图

（2）A 型脉冲反射式模拟式超声检测仪的工作原理。同步电路产生的触发脉冲同时加至扫描电路和发射电路，扫描电路受触发开始工作，产生锯齿波扫描电压，加至示波管水平偏转板，使电子束发生水平偏转，在荧光屏上产生一条水平扫描线。同时，发射电路受触发产生高频脉冲，施加至探头，激励压电晶片振动，产生超声波，超声波在工件中传播时，遇到缺陷或底面产生反射，反射回的超声波返回探头时，又被探头中的压电晶片将振动转变为电信号，经接收电路放大和检波，加至示波管垂直偏转板上，使电子束发生垂直偏转，在水平扫描线的相应位置上产生缺陷回波和底波。

（3）模拟式超声检测仪主要开关旋钮的作用及调整。检测仪面板上有许多开关和旋钮，用于调节检测仪的功能和工作状态。图 3-13 所示是 CTS-22 型检测仪的面板示意，下面以这种仪器为例，说明各主要开关的作用及其调整方法。其各旋钮的作用及调整方法见表 3-1。

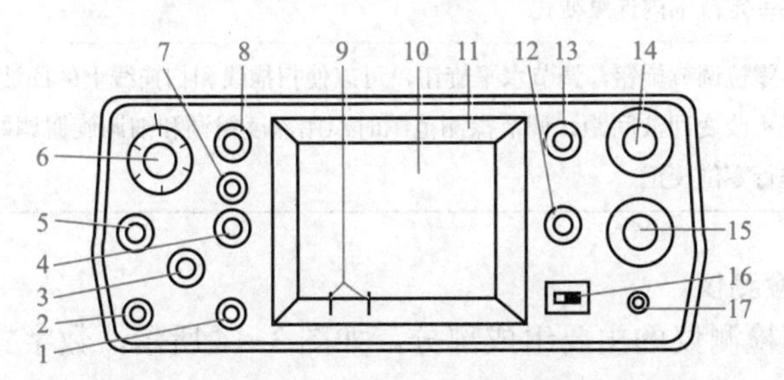

图 3-13 CTS-22 型超声检测仪面板示意

1—发射插座；2—接收插座；3—工作方式选择；4—发射强度；5—粗调衰减器；6—细调衰减器；7—抑制；8—增益；9—定位游标；10—示波管；11—遮光罩；12—聚焦；13—深度范围；14—深度细调；15—脉冲移位；16—电源电压指示器；17—电源开关

表 3-1　超声检测仪各旋钮的功能

名称		功能
显示部分	辉度旋钮	用于调节波形的亮度，当波形亮度过高或过低时，可调节辉度旋钮，使亮度适中，一般辉度调整后应重新调节聚焦和辅助聚焦等旋钮
	聚焦旋钮	调节电子束的聚焦程度，使荧光屏波形清晰
	水平旋钮	使扫描线和扫描线上的回波一起左右移动一段距离，但不改变回波间距。调节探测范围时，用深度粗调和细调旋钮调好回波间距，用水平旋钮进行零位校正
	垂直旋钮	调节扫描线的垂直位置。调节垂直旋钮，可以使扫描线上下移动
发射部分	工作方式选择旋钮	选择探测方式，即“双探”或“单探”方式。当开关置于“双探”位置时，为双探头一发一收状态，可用一个双晶探头或两个单探头检测，发射探头和接收探头连接到插座。当开关置于“单探”位置时，为单探头自发自收工作状态，此时发射插座和接收插座从内部连通，探头可插入任一插座
	发射强度旋钮	改变仪器的发射脉冲频率，从而改变仪器的发射强度。增大发射强度时，可提高仪器灵敏度，但脉冲变宽，分辨力变差
	重复频度旋钮	调节脉冲重复频率，即改变发射电路每秒钟发射脉冲的次数。重复频率低时，荧光屏图形较暗，仪器灵敏度有所提高；重复频率高时，荧光屏图形较亮。重复频率要视被检工件厚度进行调节，厚度大的应使用较低的重复频率，厚度小的可使用较高的重复频率
接收部分	衰减器旋钮	调节检测灵敏度和测量回波振幅。调节灵敏度时，衰减器读数大，灵敏度低；衰减器读数小，灵敏度高。测量回波振幅时，衰减器读数大，回波幅度高；衰减器读数小，回波幅度低
	增益微调旋钮	改变接收放大器的放大倍数，进而连续改变检测仪的灵敏度
	频率选择旋钮	可选择接收电路的频率响应
	检波方式旋钮	可选择非检波、全检测、正检测和负检波
	抑制旋钮	使幅度较小的一部分噪声电信号不在显示屏上出现
时基线部分	深度粗调旋钮	粗调荧光屏扫描线所代表的探测范围。调节深度范围旋钮，可较大幅度地改变时间扫描线的扫描速度，从而使荧光屏上回波间距大幅度地压缩或扩展
	深度微调旋钮	精确调整探测范围，调节细调旋钮，可连续改变扫描速度，从而使荧光屏上的回波间距在一定范围内连续变化
	延迟旋钮	零位调节旋钮，调节水平旋钮，可以使扫描线和扫描线上的回波一起左右移动一段距离，但不改变回波间距。调节探测范围时，用深度粗调和细调旋钮调好回波间距，用水平旋钮进行零位校正

3. 数字式超声检测仪

（1）数字式超声检测仪的主要组成部分。如图 3–14 所示，数字式超声检测仪主要由电源、发射电路、接收电路、微处理器、A/D 转换器、显示器等组成。

数字式超声检测仪的发射电路与模拟式超声波检测仪是相同的，接收放大电路的衰减器和高频放大电路与模拟式超声波检测仪相同。但信号经放大到一定程度后，则由模 / 数转换器将其变为数字信号，由微处理器进行处理后，在显示器上显示出来。数字式超声检测仪显示的是二维点阵，由微处理器通过程序来控制显示器实现逐点扫描。

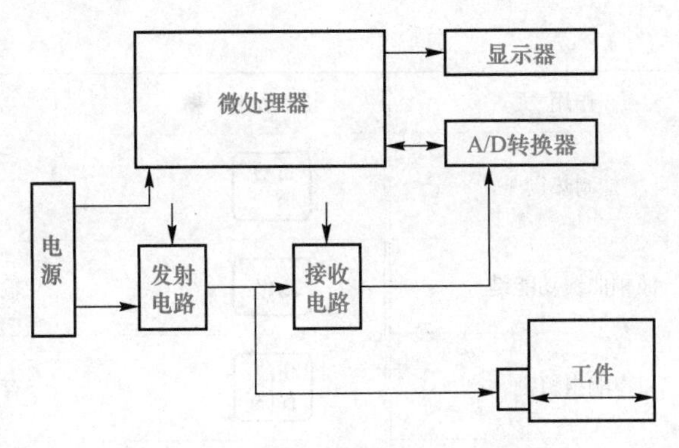

图 3-14　数字式超声检测仪电路框图

（2）仪器的功能。数字式仪器可提供模拟式仪器具有的所有功能。在模拟式仪器中，操作者直接拨动旋钮对仪器的电路进行调整，而在数字式仪器中，是通过人机对话，以按键或菜单的方式，将控制数据输入给微处理器，然后由微处理器发出信号控制各电路的工作。微处理器还可按照预先设定的程序，自动对仪器进行调整。另外，数字式超声检测仪可自动按存储的参数重新对仪器进行调整。检测波形的数字化使得仪器可进一步提供波形的记录与存储、波形参数的自动计算与显示（波高、距离等）、距离 – 波幅曲线的自动生成、时基线比例的自动调整及频谱分析等附加功能。

（3）仪器主要部件名称。某数字式超声检测仪各键钮的功能如图 3-15、表 3-2 所示。

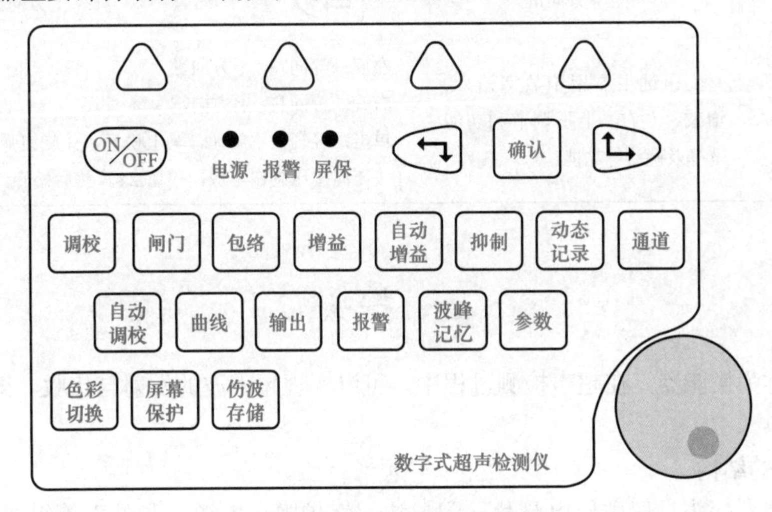

图 3-15　键盘各键位的示意

表 3-2　数字式超声检测仪各键钮的作用

键钮图标	作用	键钮图标	作用
ON/OFF	电源开 / 关键	调校	调校类功能键
包络	包络功能键	闸门	闸门功能系统键
增益	增益热键	自动调校	探头零点自动校准热键

续表

键钮图标	作用	键钮图标	作用
抑制	抑制热键	自动增益	自动增益键
曲线	波幅曲线功能键	输出	输出数据功能键
报警	声响报警键	伤波存储	存储伤波数据键
波峰记忆	波峰记忆键	确认	波形冻结 / 输入命令、数据认可键
通道	50 组检测参数选择键	色彩切换	显示屏彩色切换键 （注：HS611e 无此功能键）
参数	进入 / 退出参数列表显示键	屏幕保护	关闭屏幕显示，进入节电状态
动态记录	动态回波记录键	△	子功能菜单 / 操作功能键
↵	左 / 下方向键	↳	右 / 上方向键
数码飞梭旋钮	旋钮键主要用于数字输入、增减、左右、上下调节和功能选择及确认等功能。	左旋：等同左 / 下方向键 右旋：等同右 / 上方向键 单击：轻轻按下旋钮，马上松开，让旋钮弹起 按压：按压旋钮不放，停留 2 s，然后松开	

五、探头

探头又称为换能器，在超声检测过程中，可以实现超声波的发射与接收，即实现电 / 声能量相互转换。

1. 探头的结构

压电换能器探头一般由压电晶片、阻尼块、保护膜、电缆线和外壳等组成。

（1）压电晶片。压电晶片的作用是发射和接收超声波，实现电声能量转换。常用的晶片的形状有圆形、方形或矩形，晶片的两面需敷上银层（或金层、铂层）作为电极，以使晶片上的电压能均匀分布。

（2）阻尼块。阻尼块是由环氧树脂和钨粉等按一定比例配成的阻尼材料，将其黏附在晶片或楔块后面。阻尼块可以增大晶片的振动阻尼，缩短晶片持续振动时间，有利于晶片对反射波信号的接收。阻尼块除可以起到增大阻尼的作用外，还可以吸收晶片向其背面发射的超声波，同时对晶片也起到支承作用。

（3）保护膜。保护膜的作用是保护压电晶片不被磨损或损坏。

（4）斜楔。斜楔是斜探头中为了使超声波以一定的角度倾斜入射到检测面而装在晶片前面的楔块。为了保证晶片发射的超声波按设定的倾斜角度入射到斜楔与工件的界面，使超声波在界面处产生所需要的波形转换。斜楔在实现波形转换的同时，也对晶片起到了保护作用，所以，有了斜楔块的斜探头，不需要再加保护膜。

（5）电缆线。探头与检测仪间的连接需采用高频同轴电缆，这种电缆可消除外来电波对探头的激励脉冲及回波脉冲的影响，并防止这种高频脉冲以电波形式向外辐射。

（6）外壳。外壳的作用在于将各部分组合在一起，并对其进行保护。

2. 探头的主要种类

根据探头的结构特点和用途，可将探头分为多种类型。

（1）直探头。声束垂直于被探工件表面入射的探头称为直探头，可发用于发射和接收纵波。直探头如图 3-16 所示。

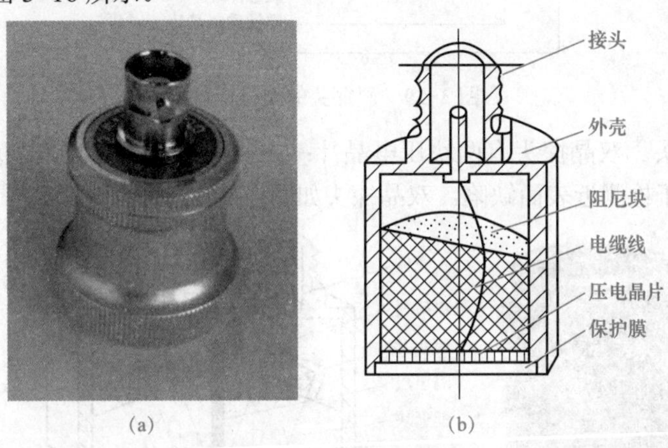

图 3-16　纵波单晶直探头

(a) 实物图；(b) 结构图

纵波单晶直探头的主要参数是工作频率、晶片材料和晶片尺寸。直探头的型号标注举例如图 3-17 所示。

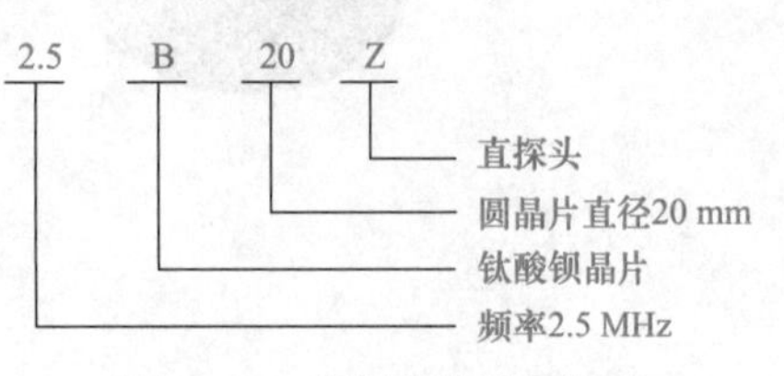

图 3-17　直探头的型号标注

（2）横波斜探头。横波斜探头是入射角在第一临界角与第二临界角之间，折射波为纯横波的探头。横波斜探头适宜于探测与检测面成一定角度的缺陷，主要用于焊接接头、管材、锻件的检测。横波斜探头如图 3-18 所示。

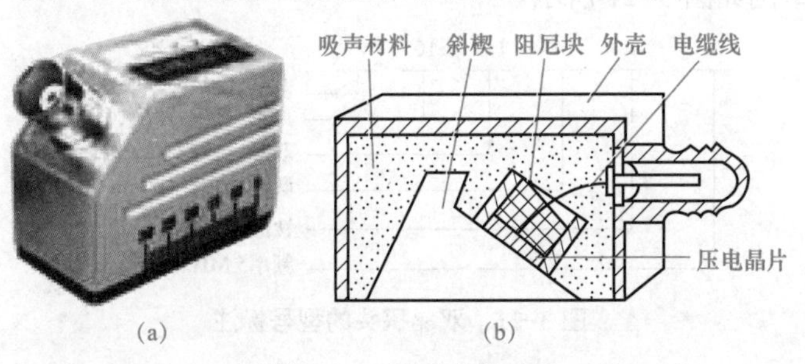

图 3-18　横波斜探头

(a) 实物图；(b) 结构图

斜探头的主要参数有工作频率、晶片尺寸、入射角、晶片材料等。其中，横波探头的角度有以下三种标称方式。

1）以纵波入射角标称。在探头上直接标明楔块形成的入射角。常用的入射角有30°、45°、50°、55°等。

2）以钢中横波折射角标称。在探头上直接标明横波折射角，常用的横波折射角有45°、50°、60°、70°等。

3）以钢中横波折射角的正切值 K 标称。在探头上直接标明 K 值，常用的 K 值有1.0、1.5、2.0、2.5、3等。

斜探头的型号标注举例如图3-19所示。

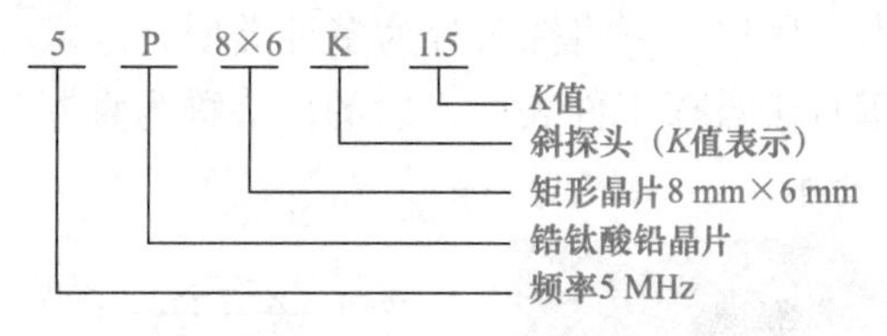

图3-19 斜探头的型号标注

（3）双晶探头。双晶探头有两块压电晶片：一块用于发射声波，一块用于接收声波。双晶探头主要用于检测近表面缺陷。双晶探头如图3-20所示。

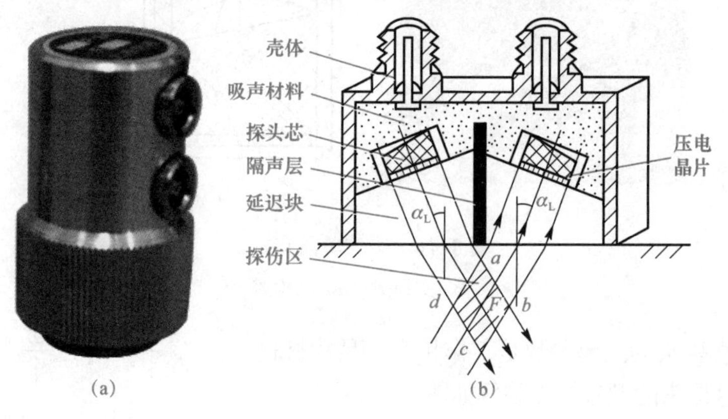

图3-20 双晶探头

(a) 实物图；(b) 结构图

双晶探头的主要参数有工作频率、晶片尺寸、晶片材料、声束会聚区的范围等。双晶探头的型号标注举例如图3-21所示。

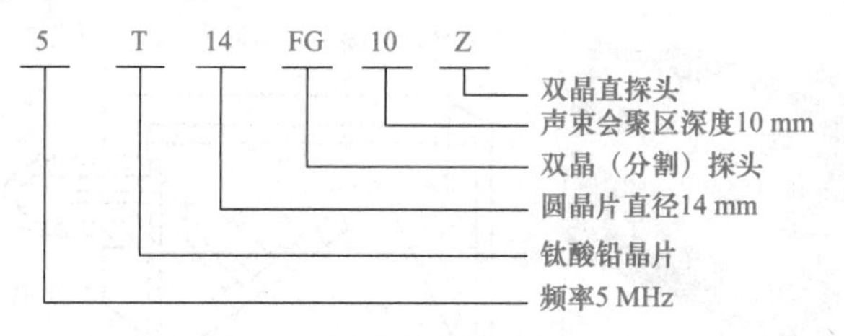

图3-21 双晶探头的型号标注

六、试块

试块是按一定用途设计制作的具有简单几何形状人工反射体的试件。超声检测的试块通常分为标准试块和对比试块两大类。超声检测时以试块作为比较的依据，用试块作为调节仪器和定量缺陷的参考依据。焊接接头检测时常用的试块主要有以下几类：

1. 标准试块

CSK-ⅠA 试块是承压设备无损检测标准《承压设备无损检测 第3部分：超声检测》（NB/T 47013.3—2015）中规定的标准试块，其结构及主要尺寸如图3-22所示。

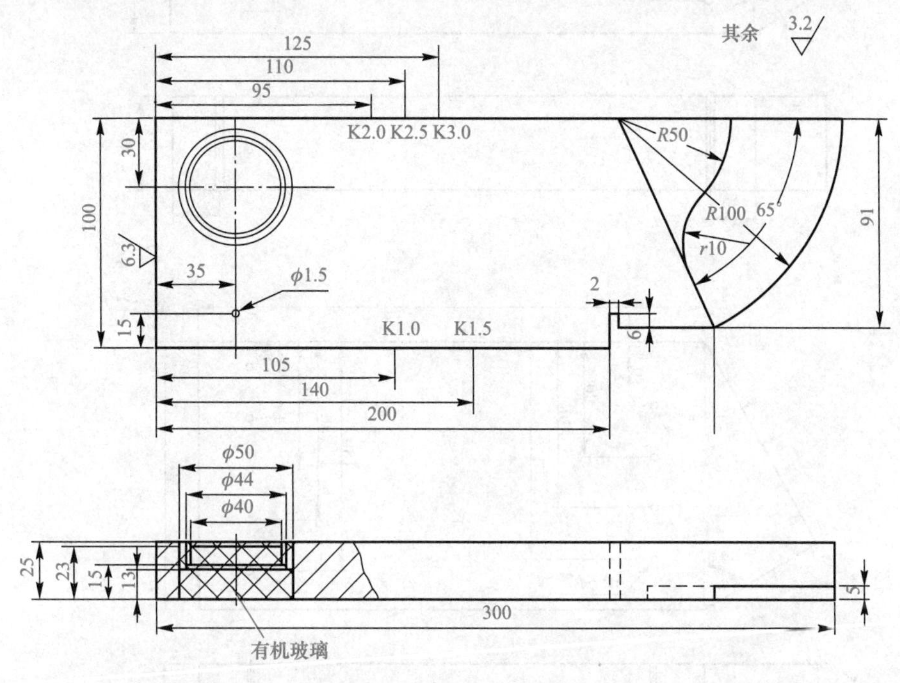

图3-22 CSK-ⅠA 试块

CSK-ⅠA 试块的主要用于测定斜探头的入射点，调整探测范围和扫描速度、测定仪器探头及系统的性能等。

2. 对比试块

《承压设备无损检测 第3部分：超声检测》（NB/T 47013.3—2015）中常用对比试块有CSK-ⅡA 试块、CSK-ⅢA 试块、CSK-ⅣA 试块，主要用于测定横波距离-波幅曲线、斜探头的 K 值和调整横波扫描速度和灵敏度等。CSK-ⅡA 试块、CSK-ⅢA 试块、CSK-ⅣA 试块的规格、形状如图3-23～图3-25所示。

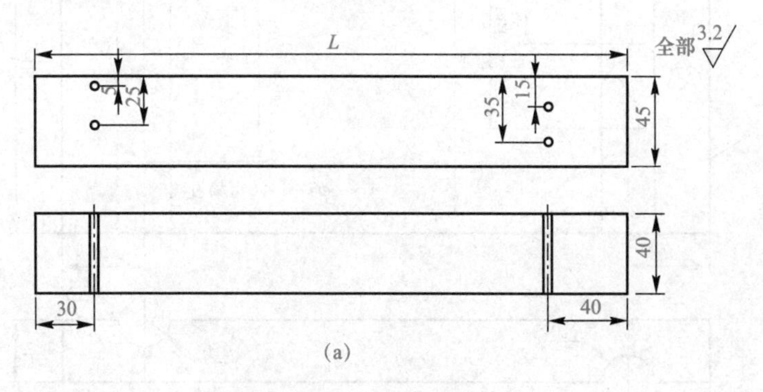

图3-23 CSK-ⅡA 试块

(a) CSK-ⅡA-1 试块

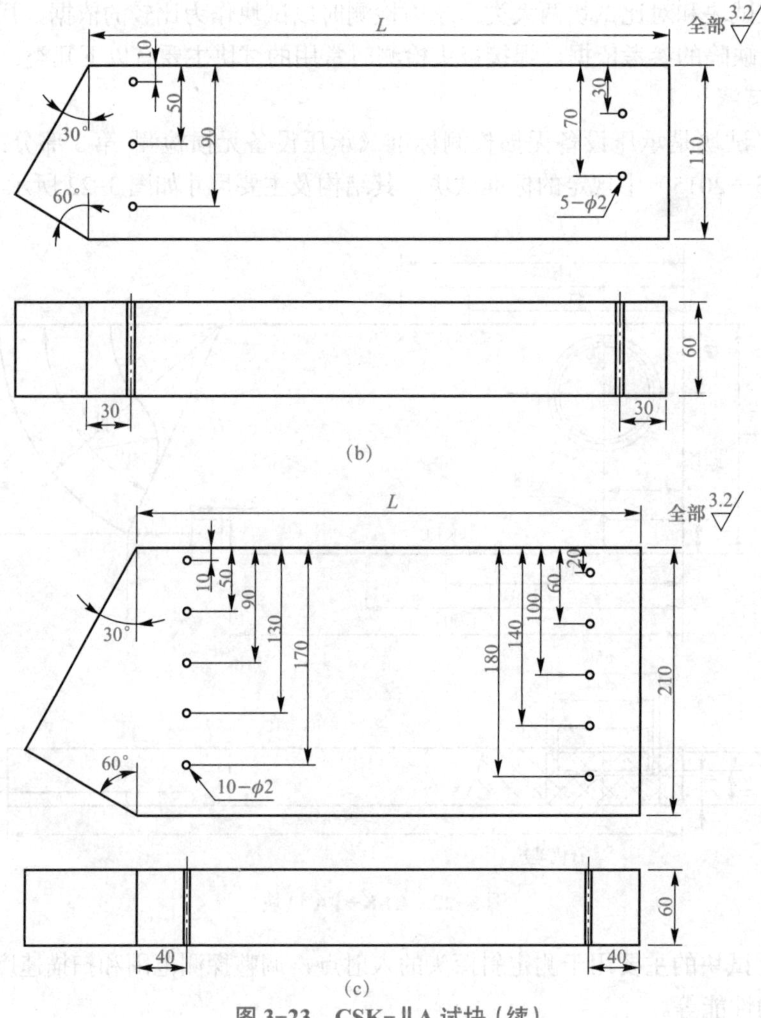

图 3-23　CSK-ⅡA 试块（续）

(b) CSK-ⅡA-2 模块；(c) CSK-ⅡA 试块

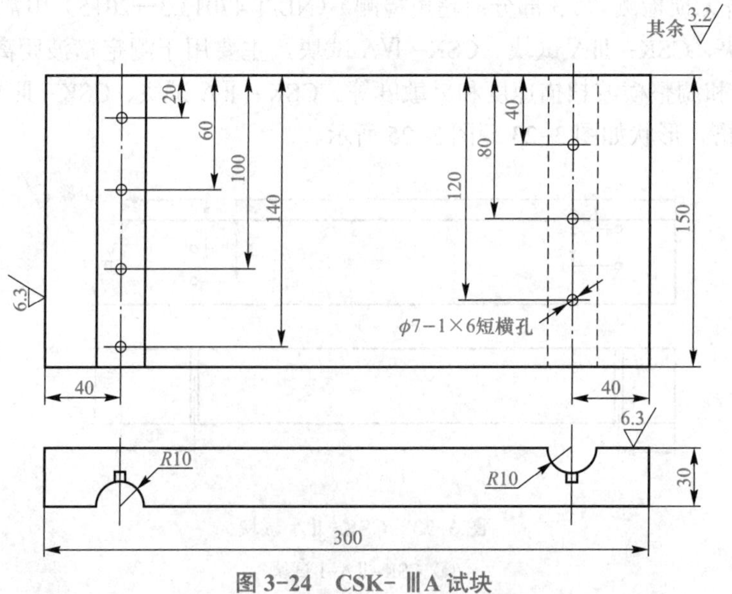

图 3-24　CSK-ⅢA 试块

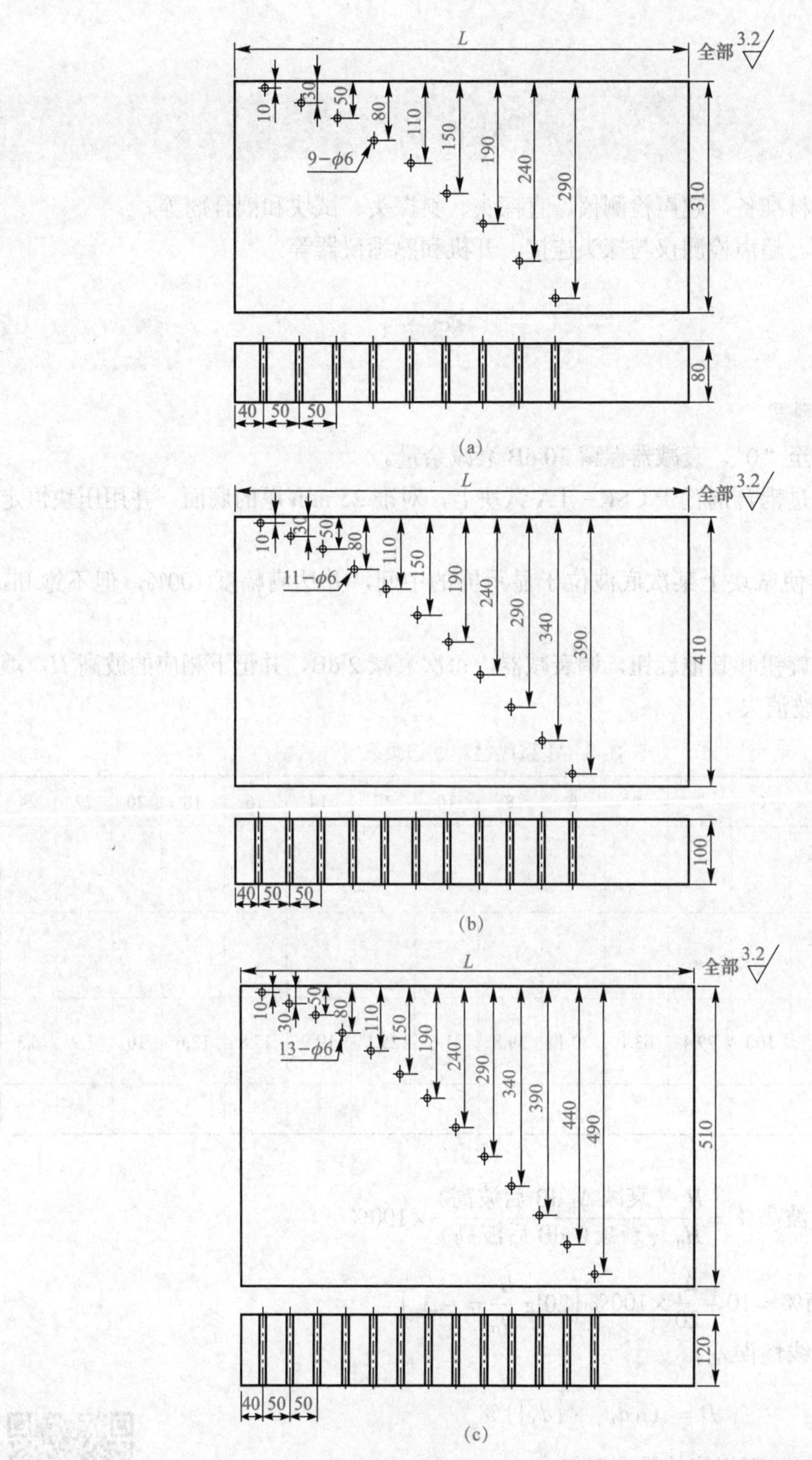

图 3-25　CSK-ⅣA 试块

(a) CSK-ⅣA-1 试块；(b) CSK-ⅣA-2 试块；(c) CSK-ⅣA-3 试块

【任务实施】

一、工作准备

（1）设备及器材准备。超声检测仪、直探头、斜探头、试块和耦合剂等。

（2）设备连接。超声检测仪与探头连接、开机和熟悉仪器等。

二、工作程序

1. 垂直线性测试

（1）抑制旋钮至“0”，衰减器保留 30 dB 衰减余量。

（2）直探头通过耦合剂置于 CSK-ⅠA 试块上，对准 25 mm 厚的底面，并用压块恒定压力。

（3）调节仪器使试块上某次底波位于显示屏的中间，并达满幅度 100%，但不饱和，作为“0”dB。

（4）固定增益旋钮和其他旋钮，调衰减器，每次衰减 2 dB，并记下相应的波高 H，填入表 3-3，直到底波消失。

表 3-3 垂直线性测试记录表

衰减量 Δ/dB			0	2	4	6	8	10	12	14	16	18	20	22	24
回波高度	实测	绝对波高 H_i													
		相对波高 /%													
	理想相对波高 /%		100	79.4	63.1	50.1	39.8	31.6	25.1	19.9	15.8	12.6	10	7.9	6.3
偏差 /%															

注：$$实测相对波高\% = \frac{H_i（衰减\ \Delta_i\ dB\ 后波高）}{H_0（衰减\ 0\ dB\ 后波高）} \times 100\%$$

$$理想相对波高\% = 10^{-\frac{\Delta_i}{20}} \times 100\% \left(20\lg\frac{H_i}{H_0} = -\Delta_i\right)$$

（5）计算垂直线性误差。

$$D = (|d_1| + |d_2|)\%$$

式中 d_1——实测值与理想值的最大正偏差；

d_2——实测值与理想值的最大负偏差。

垂直线性和动态范围的测试

2. 动态范围的测试

动态范围的测量通常采用直探头，将试块上反射体的回波高度调节到垂直刻度的 100%，用衰减器将回波幅度由 100% 下降到刚能辨认的最小值时，该调节量即为仪器的动态范围。注意这时抑制旋钮为“0”。

3. 水平线性测试

水平线性测试可利用任何表面光滑、厚度适当，并具有两个相互平行的大平面的试块，用纵波直探头获得多次反射回波，并将规定次数的两个回波调整到两端的规定刻度线对齐，观察其他的回波位置与水平刻度线相重合的情况。

利用直探头和 CSK-ⅠA 试块测试仪器水平线性的方法如下：

（1）将直探头置于 CSK-ⅠA 试块上，对准 25 mm 厚的大平底面，如图 3-26(a) 所示。

（2）调微调、水平或脉冲移位等旋钮，使显示屏上出现五次底波 $B_1 \sim B_5$，且使 B_1 前沿对准 2.0，B_5 前沿对准 10.0，如图 3-26（b）所示。

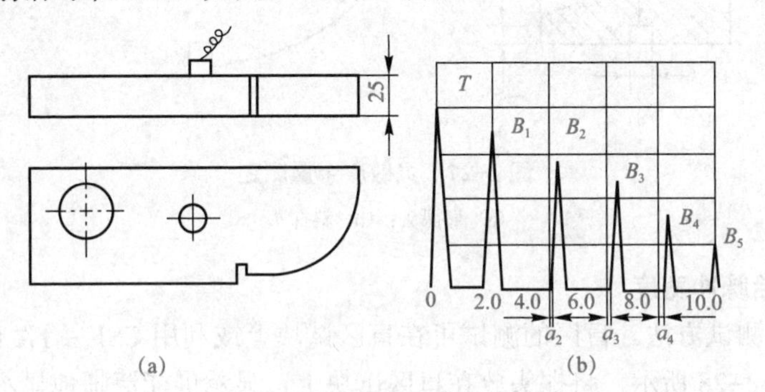

图 3-26　水平线性测试

(a) 探头对性底面；(b) 底波对推数字

（3）记录 B_2、B_3、B_4 与水平刻度值 4.0、6.0、8.0 的偏差值 a_2、a_3、a_4。

（4）计算水平线性误差

$$\delta = \frac{|a_{\max}|}{0.8b} \times 100\%$$

式中　$a_{\max}$——a_2、a_3、a_4 中最大者；

　　　b——显示屏水平满刻度值。

4. 灵敏度余量的测试

水平线性的测试

（1）仪器与直探头的灵敏度余量测试方法。

1）仪器增益旋钮至最大，抑制旋钮至“0”，发射强度旋钮至“强”，连接探头，并使探头悬空，调衰减器使电噪声电平≤ 10%，记下此时的衰减器的读数 N_1 dB。

2）将将探头对准图 3-27（a）所示的 200 mm 声程处的 ϕ2 mm 平底孔，调衰减器使 ϕ2 mm 平底孔回波高度为 50%，记下此时的衰减器读数 N_2 dB。则仪器与探头的灵敏度余量 N 为：

$$N = N_2 - N_1\ (\text{dB})$$

（2）仪器与斜探头的灵敏度余量测试方法。

1）仪器增益旋钮至最大，抑制旋钮至“0”，发射强度旋钮至“强”，连接探头，并使探头悬空，调衰减器使电噪声电平≤ 10%，记下此时的衰减器

直探头灵敏度余量的测定

的读数 N_1 dB。

2）将探头置于 CSK-ⅠA（或ⅡW）试块上，如图 3-27（b）所示，记下使 $R100$ 圆弧面的第一次反波最高达 50% 时的衰减器读数 N_2 dB。则仪器与斜探头的灵敏度余量 N 为

$$N = N_2 - N_1 \text{（dB）}$$

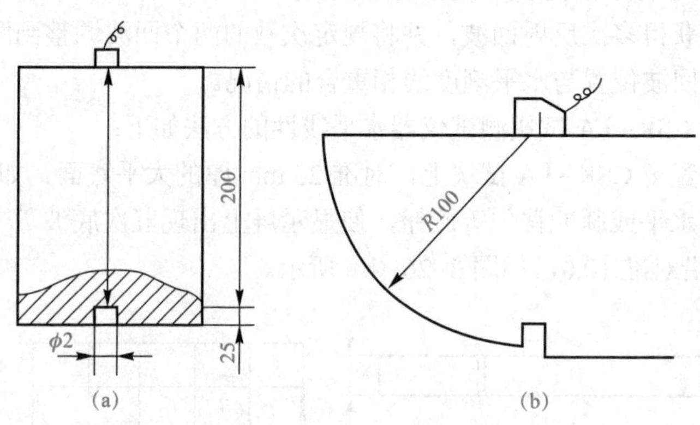

图 3-27　灵敏度余量测定

(a) 直探头；(b) 斜探头

5. 盲区与始脉冲宽度

（1）盲区的测试方法。盲区的测试可在盲区试块上或利用 CSK- ⅠA 试块测试，用盲区试块测试如图 3-28 所示，将探头放在盲区试块上，显示屏能清晰地显示出 ϕ1 mm 平底孔独立反射波的最小距离，即为所谓的盲区。

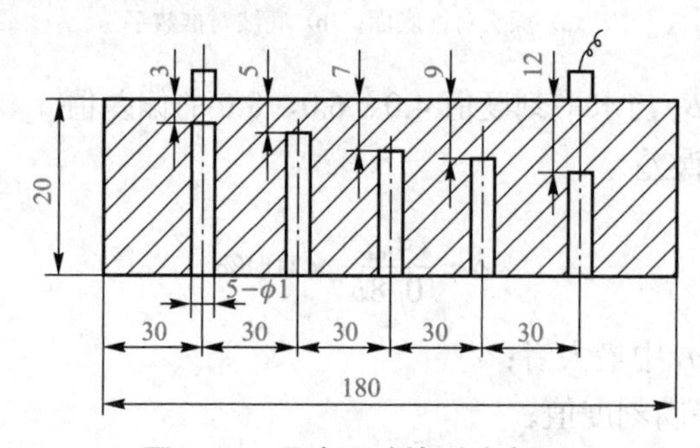

图 3-28　用盲区试块测试盲区

没有盲区试块时，如图 3-29 所示，利用 CSK-ⅠA 试块来估算盲区的范围。

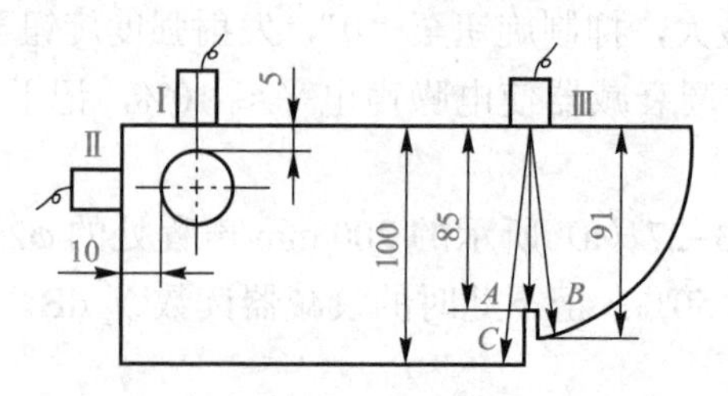

图 3-29　用 CSK-ⅠA 试块测试盲区

盲区的测试

若将探头置于Ⅰ处时，有独立反射波，则盲区小于或等于 5 mm；若Ⅰ处无独立反射波，Ⅱ处有反独立反射波，则盲区为 5 ～ 10 mm；若Ⅱ处仍无独立反射波，则盲区大于 10 mm。一般要求盲区小于 7 mm。

（2）始脉冲宽度的测试方法。按规定调好灵敏度并校准“0”点，那么如图 3-30 所示，显示屏上始脉冲宽达 20% 高处至水平刻度“0”点的距离 W，即为始脉冲宽度。

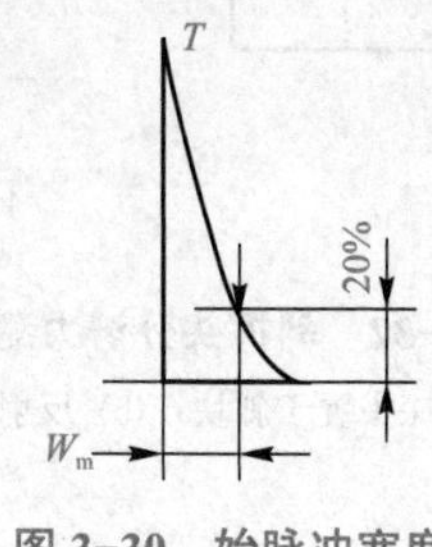

图 3-30　始脉冲宽度

6. 分辨力的测试

（1）仪器与直探头的分辨力的测定方法。

1）抑制至“0”，探头置于如图 3-31 所示的 CSK-ⅠA 试块Ⅲ处，左右移动探头，使示波屏上出现 85、91、100 三个反射波 A、B、C。

2）当 A、B、C 不能分开时，如图 3-31（a）所示，则分辨力 F 按下式进行计算：

$$F=(91-85)\ \frac{a}{a-b}=\frac{6a}{a-b}\ (\mathrm{mm})$$

3）当 A、B、C 能分开时，如图 3-31（b）所示，则分辨力 F 按下式进行计算：

$$F=(91-85)\ \frac{c}{a}=\frac{6c}{a}$$

一般要求分辨力 $F\leqslant 6$ mm。

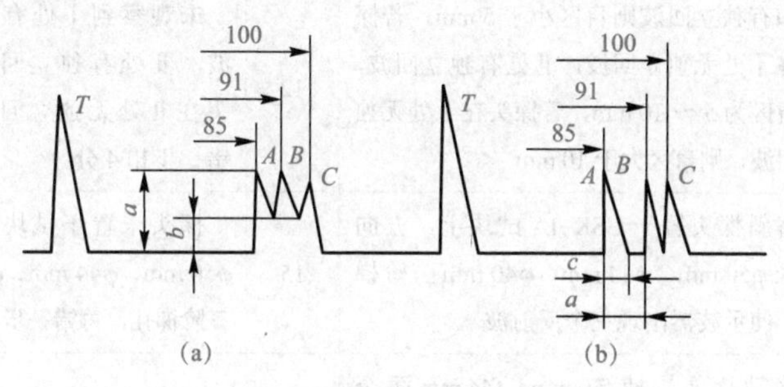

图 3-31　直探头分辨力测试

（a）A、B、C 不能分开；（b）A、B、C 能分开

（2）仪器与斜探头分辨力测定方法。

1）斜探头置于图 3-32（a）所示的 CSK-ⅠA 试块上，对准 ϕ50 mm、ϕ44 mm、ϕ40 mm 三阶梯孔，使显示屏上出现三个反射波。

2）平行移动探头并调节仪器，使 ϕ50 mm、ϕ44 mm 反射波等高，如图 3-32（b）所示。其波峰为 h_1、波谷为 h_2，则分辨力为

直探头远场分辨力的测定

$$X=20\lg\frac{h_1}{h_2}\ (\mathrm{dB})$$

实际测试时，用衰减器将 h_1 衰减到 h_2，其衰减量 ΔN 为分辨力，即 $X=\Delta N$ dB。

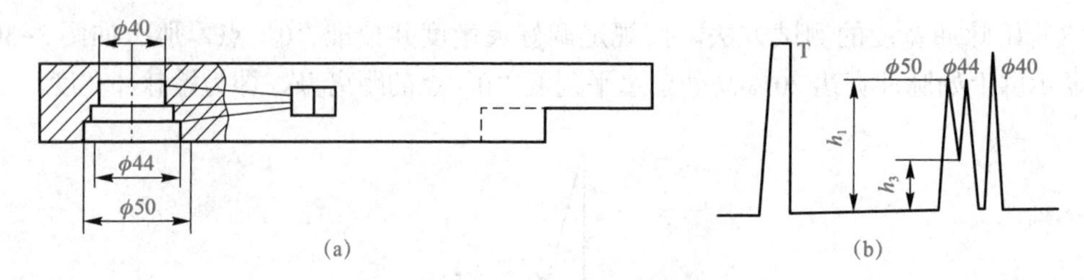

图 3-32　斜探头分辨力测定

(a) 探头置于斜块；(b) 反射波

斜探头远场分辨力的测定

【任务评价】

超声仪器和探头的性能测试评分标准见表 3-4。

表 3-4　超声仪器和探头的性能测试评分标准

序号	考核内容	评分要素	配分	评分标准	扣分	得分
1	准备工作	检查所用仪器、工具、材料	3	未检查不得分		
		检查电池电压，预热观察始脉冲、时间轴，调节时基线，并与水平刻度线重合	9	未检查电池电压、未观察始脉冲、未调节时基线，各扣 3 分		
2	盲区测试（直探头）	“抑制”旋钮置 0，其他旋钮位置适当，将探头置于图 I 处	15	“抑制”旋钮未置 0，其他旋钮位置不适当，探头未置于图 I 处，每错一步扣 5 分		
		如有独立回波则盲区小于 5 mm，若探头在 I 处无独立回波，Ⅱ处有独立回波，则盲区为 5 ～ 10 mm，若探头在Ⅱ处无独立回波，则盲区大于 10 mm	12	未观察到 I 处有独立回波，Ⅱ处有独立回波，探头在Ⅱ处无独立回波，每错一步扣 4 分		
3	分辨力测试（斜探头）	将斜探头置于 CSK-IA 试块上，方向对准 ϕ50 mm、ϕ44 mm、ϕ40 mm 三阶梯孔，使示波器出现三个反射波	15	探头未置于试块上对准 ϕ50 mm、ϕ44 mm、ϕ40 mm 三阶梯孔，每错一步扣 5 分		
		移动探头。使 f50 mm、f44 mm 两个孔的回波高度相等（为满幅度的 20% ～ 30%）。调节“衰减器”，使两波的波谷上升到原来的波峰的高度，“衰减器”减少的 DdB 即为该超声波探伤系统的分辨力	10	未移动探头，未调节“衰减器”，每错一步扣 5 分		
4	灵敏度余量测试（斜探头）	调整“增益”至最大，“抑制”至 0；发射强度至强，连接探头并悬空，记下电噪声电平≤ 10% 的衰减器读数 N_1	18	“增益”未调至最大，“抑制”未置 0，发射强度未至强，每错一步扣 6 分		
		将斜探头置于 CSK-IA 试块，固定“增益”，调“衰减器”使 R100 曲面回波的第一次反射波高达 50%，记录这时“衰减器”读数 N_2；估算灵敏度余量 $\Delta N = N_2 - N_1$	18	探头未置于试块上，未固定“增益”，未调“衰减器”，每错一步扣 6 分		

续表

序号	考核内容	评分要素	配分	评分标准	扣分	得分
5	安全文明操作	按国家有关安全规定执行操作	—	每违反一项规定从总分中扣5分；严重违规取消考核		
6	考核时限	在规定时间内完成	—	每超时1min从总分中扣5分，超时3min停止操作考核		
合计			100			

任务二　板材的超声检测

【知识目标】

1．了解钢板常见的缺陷类型。

2．掌握板材的超声检测方法。

【能力目标】

1．能根据被检件确定检测条件、扫描速度和灵敏度的设定、进行缺陷的定位与定量，并根据检测结果进行板材质量级别的评定。

2．独立完成典型板材超声检测的操作及出具检测报告。

【素养目标】

1．培养分析问题、解决问题的能力。

2．培养操作规范意识。

3．培养自我学习和自我提升能力。

【任务描述】

有一批钢板，用于制作三类容器，材料为Q235-R，主要技术参数如下：

设计压力为1.8 MPa，设计温度为50 ℃，规格为2 400 mm×1 200 mm×40 mm，炉批号为WG2011210的钢板，要求抽查20%进行超声检测，执行《承压设备无损检测　第3部分：超声检测》(NB/T 47013.3—2015）标准，Ⅱ级合格。

【知识准备】

一、钢板加工及常见缺陷

普通板材是由板坯轧制而成的，板坯则可用浇铸法或由坯料轧制或锻造制成。普通钢板包括碳素钢、低合金钢及奥氏体不锈钢板等。若按厚度分类，可分为薄板和厚板，《厚钢板超声检测方法》（GB/T 2970—2016）将板厚在 6 mm 以下的板材称为薄板，厚度大于 6 mm 的板材称为厚板。板材中常见的缺陷有分层、折叠、裂纹、白点等，其中折叠、重皮、裂纹是产生在钢板表面的缺陷，折叠和重皮较常见，裂纹较少见。白点多出现在厚度大于 40 mm 的钢板中，分层、非金属夹杂物是产生在钢板内部的缺陷。分层、非金属夹杂物也是钢板中常见缺陷，分层缺陷大都呈平面状，平行于钢板表面。较小的分层、非金属夹杂物类缺陷存在于钢板中一般是允许的，但分层、非金属夹杂物类的缺陷存在于板材焊接坡口处会使板材在焊接时产生缺陷。因此，从焊接角度考虑对板材坡口处的要求较为严格。

二、板材常用的检测方法

对中厚钢板一般采用纵波垂直入射法进行检测。当采用垂直入射法检测时，耦合方式有直接接触法和水浸法，采用的探头是聚集或非聚集的单晶直探头、双晶直探头。

1. 纵波垂直入射直接接触法检测

直接接触法检测是使探头通过薄层耦合剂与工件接触进行检测的方法。当探头位于钢板中的完好位置时，示波屏上只有始波和多次底波，且多次底波间的距离相等，无缺陷波出现。如图 3-33（a）所示。当工件中存在小缺陷时，示波屏上缺陷回波与底波共存，底波有所下降，如图 3-33（b）所示。当工件中存在大缺陷时，示波屏上出现缺陷回波的多次反射，底波明显降低或消失，如图 3-33（c）所示。

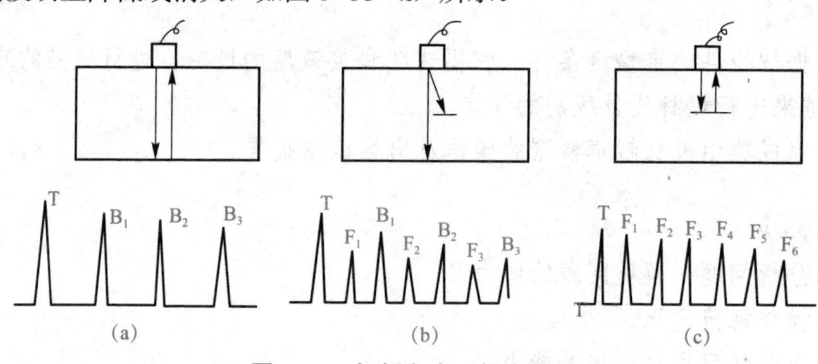

图 3-33　钢板多次反射法检测

（a）无缺陷；（b）小缺陷；（c）大缺陷

当钢板厚度较薄且存在小缺陷时，各次底波之前的缺陷回波开始几次逐渐升高，然后逐渐降低，如图 3-34 所示。这种现象的产生是不同反射路径的声波互相叠加造成的，因而称为叠加效应。图 3-34 中的 F_1 只有一条路径，F_2 比 F_1 多三条路径，F_3 比 F_1 多五条路径。路径多，叠加的能量多，缺陷回波高，但路径增多，衰减也增大，当衰减的影响比叠加效应的影响大时，缺陷回波开始降低，这就是缺陷回波升高到一定程度后又逐渐降低的原因。

在钢板检测中，若出现叠加效应，一般根据 F_1 来评价缺陷，当板材厚度＜ 20 mm 时，为了减少近场区的影响，以 F_2 评价缺陷。

当板材面积很大时，由于探头有效声束宽度有限，因此检测效率较低。当检测表面粗糙时，大面积的检测使探头磨损严重，耦合情况不稳定，影响检测结果的可靠性。所以，直接接触法检测更适合于小面积检测或抽查等情况下使用。

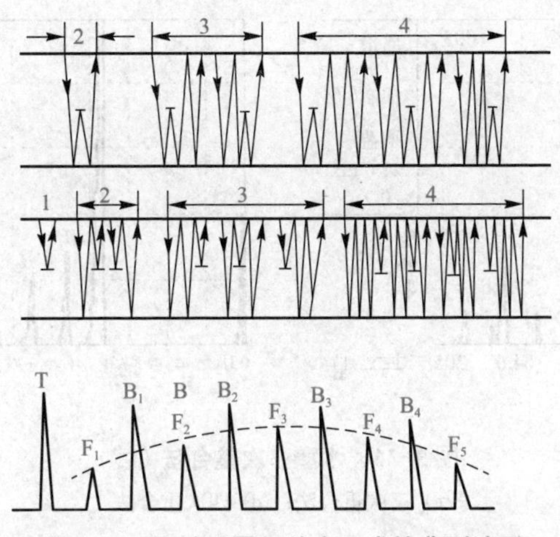

图 3-34　小缺陷叠加效应形成的典型波形

2. 纵波垂直入射水浸法检测

水浸法中探头与钢板不直接接触，而是通过一层水来耦合。局部液浸法钢板检测如图 3-35 所示。

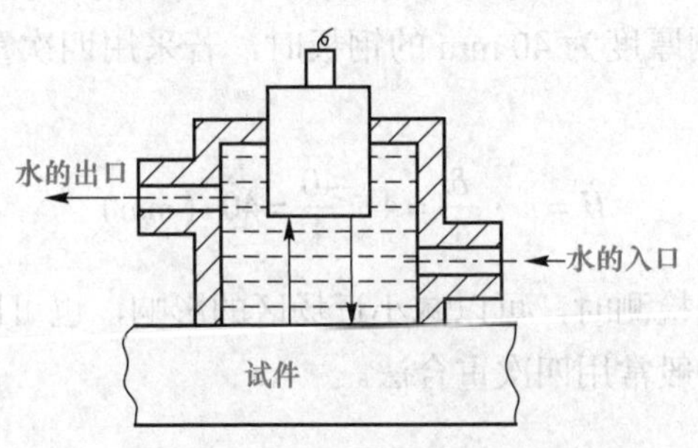

图 3-35　局部液浸法示意

水 / 钢界面（钢板上表面）多次回波与钢板底面多次回波互相干扰，不利于检测。可通过调整水层厚度，使水 / 钢界面回波分别与钢板多次底波重合，这时示波屏上波形就会变得清晰，利于检测，这种方法称为多次重合法，如图 3-36 所示。当界面各次回波分别与钢板反射波一一重合时称为一次重合法。当界面各次回波分别与第 2 次、第 3 次、第 4 次钢板底波重合时称为二次重合法、三次重合法、四次重合法，以此类推。

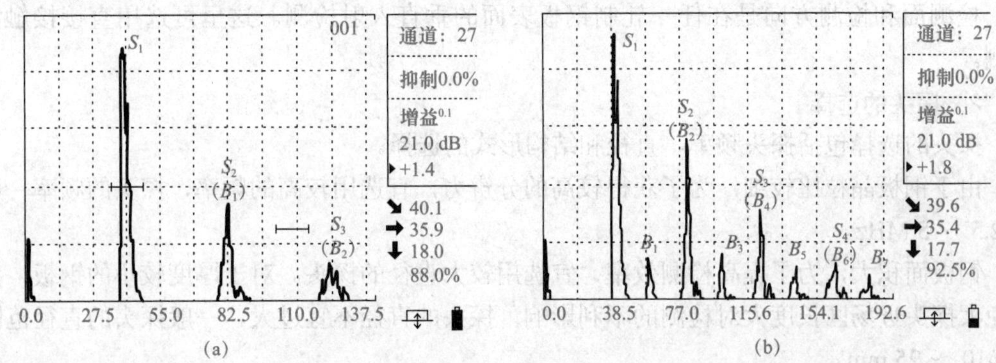

图 3-36　水浸多次重合法

（a）一次重合法；（b）二次重合法

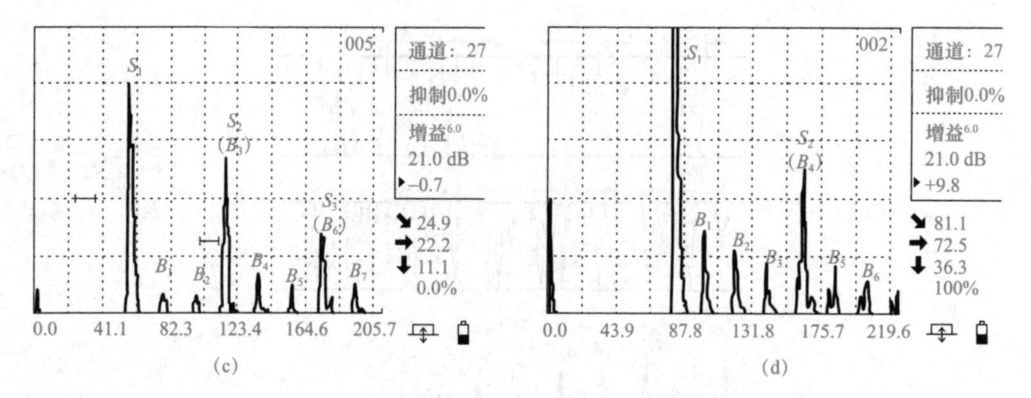

图 3-36　水浸多次重合法（续）

(c) 三次重合法；(d) 四次重合法

根据钢和水中的声速，可得各次重合法水层厚度 H 与钢板厚度 δ 的关系：

$$H = n \cdot \frac{c_{水}}{c_{钢}} \delta \approx n \cdot \frac{\delta}{4} \tag{3-4}$$

式中　n——重合波次数，如 $n=1$ 为一次重合法，$n=2$ 为二次重合法。

例如，用水浸法检测厚度为 40 mm 的钢板时，若采用四次重合法检测，则其水层厚度为：

$$H = n \cdot \frac{\delta}{4} = 4 \times \frac{40}{4} = 40 \text{（mm）}$$

应用水浸多次重合法检测时，可以减小近场区的影响，也可以根据多次底波衰减情况来判断缺陷严重程度。一般常用四次重合法。

【任务实施】

一、板材检测工艺

1. 检测方法的选择

根据检测标准，钢板检测应采用纵波直探头法进行检测，可采用水浸法和直接接触法，检测面和检测方向是在任一轧制钢板表面的垂直入射检测。这里可选用直接接触法检测。

2. 探头的选择

探头的选择包括探头频率、直径和结构形式的选择。

由于钢板晶粒比较细，为了获得较高的分辨力，宜选用较高的频率，探头的频率一般为 2.5 ～ 5 MHz。

钢板面积大，为了提高检测效率，宜选用较大直径的探头。对于厚度较小的钢板，为避免大探头近场区长度大对检测的不利影响，探头的直径不宜过大，一般探头的直径范围为 ϕ10 ～ 25 mm。

探头的结构形式主要根据板厚来确定，当板厚大于 20 mm 时，可选用单晶直探头。板厚较薄（6 ～ 20 mm）时，为减小盲区，可选用双晶直探头。

为了提高检测效率，钢板生产厂一般选择多探头多通道检测。

承压设备用板材超声检测一般可根据表 3–5 选用探头。

表 3–5　承压设备用板材超声检测探头选用

板厚 /mm	采用探头	公称频率 /MHz	探头晶片尺寸
6 ～ 20	双晶直探头	5	晶片面积不小于 150 mm^2
＞20 ～ 40	单晶直探头	5	ϕ14 ～ 20 mm
＞40 ～ 250	单晶直探头	2.5	ϕ20 ～ 25 mm

本检测任务的板材厚度为 40 mm，可选用单晶直探头进行检测，探头的型号为 2.5P20Z。

3. 扫查方式的选择

根据钢板用途和要求不同，采用的主要扫查方式分为全面扫查、列线扫查、边缘扫查和格子扫查几种。

（1）全面扫查。如图 3–37（a）所示，对钢板做 100% 的扫查，为避免缺陷漏检，每相邻两次扫查应有 10% 的重复扫查面，探头移动方向垂直于钢板压延方向。全面扫查用于要求较高的钢板检测。

（2）列线扫查。如图 3–37（b）所示，在钢板上画出等距离的平行列线，探头沿列线扫查，一般列线间距不大于 100 mm，并垂直于压延方向。在钢板剖口预定线两侧各 50 mm（当板厚超过 100 mm 时，以板厚的一半为准）内应做 100% 扫查。

（3）边缘扫查。在钢板边缘的一定范围内做全面扫查，例如某钢板四周各 50 mm 内做全面扫查，如图 3–37（c）所示。

（4）格子扫查。如图 3–37（d）所示，在钢板边缘 50 mm 内做全面扫查，其余按 200 mm×200 mm 的格子线扫查。

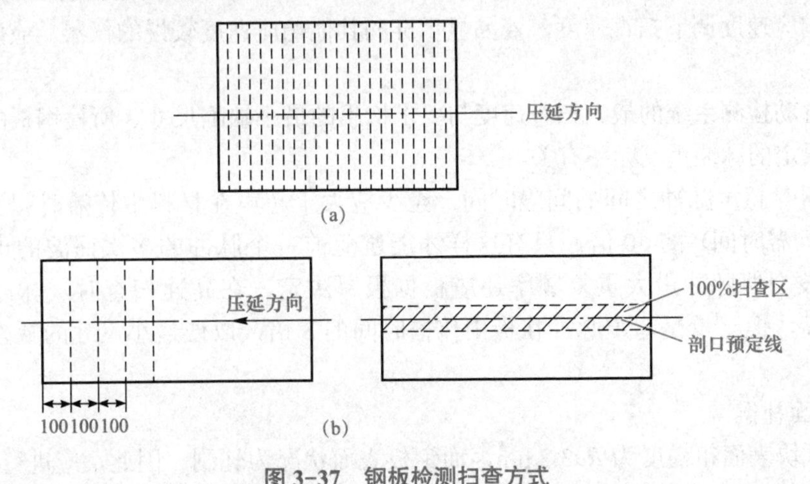

图 3–37　钢板检测扫查方式

(a) 全面扫查；(b) 间隔 100 mm 列线扫查

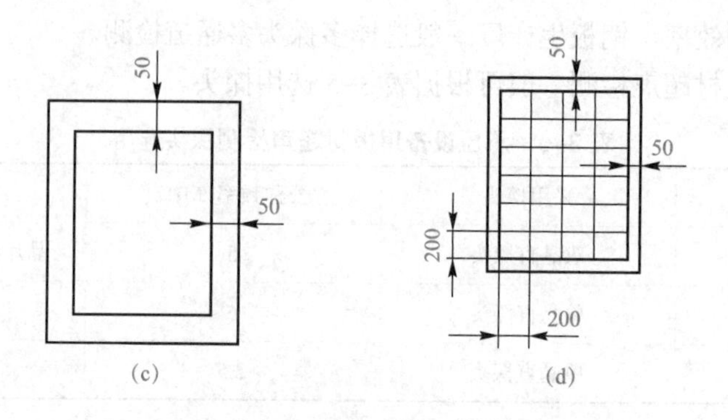

图 3-37　钢板检测扫查方式（续）
(c) 边缘扫查；(d) 200 mm×200 mm 格子扫查

《承压设备无损检测 第 3 部分：超声检测》（NB/T 47013.3—2015）规定：探头沿垂直于钢板压延方向，间距不大于 100 mm 的平行线进行扫查。在钢板剖口预定线两侧各 50 mm（当板厚超过 100 mm 时，以板厚的一半为准）内应做 100% 扫查。

4. 试块的选用及灵敏度的设定

板材检测使用的标准试块有 CBⅠ阶梯试块、CBⅡ平底孔试块。其中 CBⅠ阶梯试块用于板厚小于等于 20 mm 钢板检测，CBⅡ平底孔试块适用于板厚大于 20 mm 的钢板检测。当板厚不小于 3 倍近场区时，且板材上、下两个表面平行也可取钢板无缺陷完好部位的第一次底波来校准灵敏度，其结果与平底孔试块校准灵敏度的要求相一致。

本检测任务可选用平底孔试块 CBⅡ-1 调节检测灵敏度。按《承压设备无损检测 第 3 部分：超声检测》（NB/T 47013.3—2015）规定，板厚大于 20 mm 时，应将 CBⅡ试块中 ϕ5 mm 平底孔第一次反射波高调整到满刻度的 50% 作为基准灵敏度。

5. 扫查速度的选择

为了防止漏检，手工检测时扫查速度应在 0.2 m/s 以内，要根据所使用仪器的脉冲重复频率和响应速度调节扫查速度，液晶显示屏和其他响应速度较慢的仪器，应使用较小的扫查速度。

水浸自动检测系统的最大扫查速度与要求检出的最小缺陷尺寸、所检钢板的板厚和超声检测仪限定的脉冲重复频率有关。

在检测时超声脉冲之间的间隔时间，至少应大于超声在材料中传播时间（脉冲在材料中往返所需时间）的 60 倍，只有这样才能避免前一个脉冲的多次回波的干扰，避免形成幻象波。但脉冲最大重复频率还应根据板厚决定。在高速扫查时，脉冲重复频率应该足够高，但至少是超声脉冲在板中传播时间的 3 倍，以便最小尺寸的缺陷信号能够显示。

6. 表面补偿

标准试块表面粗糙度为 *Ra*3.2 μm，而钢板表面状况为轧制，因此，应进行表面补偿，根据经验，可补偿 4 dB。

7. 扫描速度的设定

采用直探头检测时，利用纵波的声程来调节扫描速度。钢板检测时的检测范围一般根据板厚来确定，用接触法检测板厚 30 mm 以下的钢板时，应能看到 B_{10}，检测范围调至

300 mm 左右。板厚在 30 ～ 80 mm 时，应能看到 B_5，检测范围为 400 mm 左右。板厚大于 80 mm 时，可适当减少底波的次数，但检测范围仍要保证在 400 mm 左右。本检测任务的板厚为 40 mm，应能看到 B_5，检测范围为 200 mm 左右，可将扫描速度调节为 1 ： 2。

二、操作步骤

1．探伤面的准备

清除影响超声检测的氧化皮、锈蚀和油污。可用钢丝刷清除钢板表面的氧化皮、锈蚀等，用有机溶剂清理钢板表面的油污。

2．扫描速度的调节

利用无缺陷处的钢板底面回波调节扫描速度，将探头对准 $T=40$ mm 的钢板，找到其底面回波 B_1、B_2，调整微调和脉调移位旋钮，使底波 B_1、B_2 分别对准 20 和 40，这时扫描速度调为 1 ： 2。

3．灵敏度的调节

将探头对准 CB Ⅱ -1 试块中距检测面 15 mm 处的 $\phi 5$ mm 平底孔，找到最高反射回波，将回波高度调为满刻度的 50%，作为基准检测灵敏度。

4．扫查检测

将探头放置在钢板上间距不大于 100 mm 列线扫查，坡口预定线周边 50 mm 宽度范围内进行 100% 扫查，探头移动间距小于晶片尺寸，并保证有 15% 的重叠，探头的移动速度不大于 150 mm/s。

5．缺陷的识别与测定

（1）缺陷识别。在钢板检测中应根据缺陷回波和底波来判别钢板中的缺陷情况，满足下列条件之一的均作为缺陷予以标识和记录。

1）缺陷第一次反射波 $F_1 \geqslant 50\%$。

2）第一次底波 $B_1 < 100\%$，第一次缺陷反射波 F_1 与第一次底波 B_1 之比 $F_1/B_1 \geqslant 50\%$。

3）第一次底波 $B_1 < 50\%$。

（2）缺陷的测定。检测中达到要求记录水平的缺陷应测定其位置、大小，并估判缺陷的性质。

1）缺陷位置测定：根据缺陷回波对应的水平刻度值和扫描速度确定缺陷的深度，根据发现缺陷时探头的位置确定缺陷的平面位置。

2）缺陷大小的测定：一般使用绝对灵敏度法测定缺陷的大小，在板材超声检测中常采用下述方法测定缺陷的范围和大小。

①检出缺陷后，应在其周围继续进行检测，以确定缺陷范围。

②用双晶直探头确定缺陷的边界范围或指示长度时，探头的移动方向应与探头的隔声层相垂直，并使缺陷回波下降到基准灵敏度条件下显示屏满刻度 25% 或使缺陷第一次反射波波高与底面第一次反射波高比为 50%。此时探头中心的移动距离即为缺陷的指示长度，探头中心即为缺陷的边界点。两种方法测定的结果以较严重者为准。

③用单直探头确定缺陷的边界范围或指示长度，并移动探头，使缺陷第一次反射波波高下降到基准灵敏度条件下显示屏满刻度 25% 或使缺陷第一次反射波波高与底面第一次

反射波高比为 50%。此时探头中心移动的距离即为缺陷的指示长度，探头中心即为缺陷的边界点。两种方法测得的结果以较严重者为准。

④按底面第一次反射波（B_1）波高低于满刻度 50% 确定的缺陷在测定缺陷的边界范围或指示长度时，移动探头（单直探头或双直探头）使底面第一次反射波升高到显示屏满刻度的 50%。此时探头中心的移动距离即为缺陷的指示长度，探头中心点即为缺陷的边界点。

另外，在测定缺陷大小时还应注意叠加效应的识别。所谓叠加效应是指在薄板中当缺陷较小时，缺陷反射波从第一次开始，第二次、第三次反射波逐渐增高，增高到一定程度以后的反射波又逐渐降低的现象。

3）缺陷性质的识别：根据缺陷反射波和底波特点来估计缺陷的性质。

钢板超声检测

①分层：缺陷波形陡直，底波明显下降或完全消失。

②折叠：不一定有缺陷回波，但始波脉冲加宽，底波明显下降或消失。

③白点：波形密集、互相彼连、移动探头此起彼伏、十分活跃，重复性差。

三、钢板超声检测报告

1. 根据检测结果进行板材检测的缺陷评定及质量分级

《承压设备无损检测 第 3 部分：超声检测》（NB/T 47013.3—2015）根据缺陷的性质、指示长度、指示面积来进行缺陷的评定与质量分级，规定如下。

（1）缺陷的评定。

1）缺陷的指示长度的评定规则。单个缺陷按其指示长度的最大长度作为该缺陷的指示长度。若单个缺陷的指示长度小于 40 mm，可不做记录。

2）单个缺陷指示面积的评定规则。

单个缺陷的指示面积＝缺陷的指示长度 × 缺陷的指示宽度（与长度方向垂直的最大尺寸）

①一个缺陷按其指示面积作为该缺陷的单个指示面积。

②多个缺陷其相邻间距小于 100 mm 或间距小于相邻较小缺陷的指示长度（取其最大值）时，以各缺陷面积之和作为单个缺陷指示面积。

③指示面积不计的单个缺陷见表 3-6。

3）缺陷面积百分比的评定规则。在任一 1 m×1 m 的检测面积内，按缺陷面积所占百分比来确定。如钢板面积小于 1 m×1 m 时，可按比例折算。

（2）质量分级。

1）钢板质量分级见表 3-6。

2）在剖口预定线两侧各 50 mm（当板厚超过 100 mm 时，以板厚一半为准）内，缺陷的指示长度大于或等于 50 mm 时，应评为Ⅴ级。

3）在检测过程中，检测人员如确认钢板中有白点、裂纹等危害性缺陷的存在，应评为Ⅴ级。

表 3-6　钢板质量分级

等级	单个缺陷指示长度 /mm	单个缺陷指示面积 /cm^2	在任一 1 m×1 m 检测面积内存在的缺陷面积百分比 /%	以下单个缺陷指示面积不计 /cm^2
Ⅰ	＜ 80	＜ 25	≤ 3	＜ 9
Ⅱ	＜ 100	＜ 50	≤ 5	＜ 15
Ⅲ	＜ 120	＜ 100	≤ 10	＜ 25
Ⅳ	＜ 150	＜ 100	≤ 10	＜ 25
Ⅴ	超过Ⅳ级者			

2. 填写检测报告

根据检测结果，填写如表 3-7 所示的检测报告。

表 3-7　钢板超声检测报告

工程名称		工程编号		检测日期	
产品名称		产品编号		材质	
规格 /mm		检测时机		检测数量	
表面状态		热处理状态		炉批号	
仪器型号		仪器编号		探头型号	
试块种类		检测面		检测方法	
扫查方式		耦合剂		表面补偿	
扫描线调节		检测灵敏度		底波次数	
检测标准			检测比例		
验收标准			合格级别		

检测结果	缺陷返修情况说明
1. 本产品质量最终评为：□符合 □不符合标准要求 2. 检测位置及缺陷情况详见报告附图	1. 本产品返修部位共计　　处，其中最高返修次数　　次，返修率　　%，一次合格率　　%。 2. 超标缺陷部位□未返修。　返修后经复验， □合格　□不合格 3. 返修部位及缺陷情况详见报告附图

钢板编号	缺陷记录								
	序号	$F_1 \geq 50\%$	$B_1 < 100\%$时 $F_1/B_1 \geq 50\%$	$B_1 < 50\%$	缺陷指示长度 /mm	缺陷指示面积 /mm^2	1 m×1 m 检测面积内存在的缺陷面积百分比 /%	缺陷深度 /mm	评定级别

检测： 资格： 年　月　日	审核： 资格： 年　月　日	签发： 资格： 年　月　日	检测专用章 年　月　日

【任务评价】

板材超声检测评分标准见表 3-8。

表 3-8　板材超声检测评分标准

考核项目	考核要求	配分	评分标准	扣分	得分
熟悉检测标准	1．熟悉检测标准； 2．正确地使用检测标准	10	1．对检测标准不熟悉，选错扣 5 分； 2．不能正确地使用检测标准，对标准不清晰扣 5 分		
正确地设计检测工艺卡	1．根据被检工件正确地选用超声检测仪； 2．正确地选用探头型式及规格； 3．正确地选择灵敏度试块； 4．正确地设定管材检测的参数； 5．完整、正确地填写检测工艺卡	20	1．检测方法选错扣 2 分； 2．探头选错扣 2 分； 3．试块选错扣 2 分； 4．耦合剂选错扣 1 分； 5．扫描速度设定错扣 2 分； 6．灵敏度设定错扣 2 分； 7．扫查方式错扣 2 分； 8．检测参数设计错扣 4 分； 9．示意图绘制错扣 2 分； 10．检测时机选错扣 1 分		
板材超声检测操作	1．能正确地调节仪器（设定检测参数、调节扫描速度、调节灵敏度）； 2．能识别缺陷波并确定缺陷的位置及当量尺寸	40	1．检测参数设定错误扣 5 分； 2．扫描速度调节错误扣 5 分； 3．灵敏度调节错误扣 5 分； 4．扫查方式错扣 5 分； 5．不能正确区分缺陷波扣 5 分； 6．缺陷的位置错扣 5 分； 7．缺陷漏检扣 5 分； 8．多检出缺陷扣 5 分		
缺陷的评定及填写检测报告	1．正确地记录检测的结果； 2．正确地绘制缺陷位置示意图； 3．根据检测结果正确地进行质量评定； 4．完整、正确地填写检测报告	20	1．检测结果填写错误扣 5 分； 2．缺陷位置示意图绘制不准确扣 5 分； 3．质量评定错误扣 5 分； 4．检测报告填写不完整扣 3 分； 5．检测报告卷面不整洁扣 2 分		
团队合作能力	能与同学进行合作交流，并解决操作时遇到的问题	10	不能与同学进行合作，并不能解决操作时遇到的问题扣 10 分		
时间	1 h	—	提前正确完成，每 5 min 加 2 分； 超过定额时间，每 5 min 扣 2 分		
合计		100			

【超声波检测事故案例】

1. 背景

某长输管线，规格为ϕ355 mm×6 mm，射线 100% 检测，标准《石油天然气钢质管道无损检测》（SY/T 4109—2020）Ⅱ级合格；穿跨越段、联头段增加 100% 超声复检，标准《石油天然气钢质管道无损检测》(SY/T 4109—2020）Ⅱ级合格。

2. 问题描述

在对某穿河段的检查过程中，发现以下问题：

（1）检测人员使用的探头为 2.5P13×13K2，工艺卡要求为 5P8×8K3，两者不符，记录上也记录为 5P8×8K3。

（2）现场耦合剂为清洁剂，经查所有检测记录为合格的焊口的 6 点位即正仰焊位置，没有涂刷清洁剂，其他部位不同程度刷有清洁剂，个别地方在离焊缝 36 mm 范围内飞溅严重，也刷有清洁剂。

（3）有 5 道焊口已经做完记录，但到检查时尚未检测。

3. 问题分析

（1）工艺卡选用的探头应符合标准，检测人员明知要求，错用探头，本次检测为无效检测；检测人员将记录记为与工艺卡一致的内容，属造假行为，应按造假处理。

（2）仰焊部位没有耦合剂，属于没有检测，记录为合格，属造假行为。

（3）飞溅部位无法检测，检测人员仍然进行了超声检测，属要求不严，检测无效。

（4）个别地方耦合剂刷涂部位不足 36 mm，按标准移动区不小于 36 mm，应为每侧至少 36 mm，属漏检行为。

（5）没有检测的焊口就做完了记录，明显属于造假行为。

4. 问题处理

（1）整段焊缝应重新做超声检测。

（2）对检测公司、检测人员应按有关规定从重处理。

任务三　焊接对接接头超声检测

【知识目标】

1．掌握对接焊接接头的超声检测方法。

2．掌握距离 - 波幅曲线的灵敏度选择。

3．掌握质量分级的类别规定。

【能力目标】

1．根据零件的结构特点及技术要求，制定超声检测工艺。

2．能独立进行实际操作，并对检测结果进行分析。

3．根据相应的标准对被检工件进行质量评定。

【素养目标】

1．培养细心、严谨的工作态度。

2．培养精益求精的工匠精神。

3．培养分析问题、解决问题的能力。

4．培养操作规范意识。

【任务描述】

某高压气体储罐的外形如图 3-38 所示，公称直径 ϕ1 800 mm×48 mm×7 600 mm，材质 15 MnNbR，设备类别为Ⅱ类容器，在焊接完成后进行了整体消应力热处理。制造编号：RA4025。在出厂前业主要求抽检 B2 焊接接头。根据资料查得 X 形坡口，采用埋弧自动焊焊接，测得检测面焊缝宽度为 34 mm，内外表面焊缝余高均为 2 mm，人孔可以出入，要求符合《承压设备无损检测 第 3 部分：超声检测》（NB/T 47013.3—2015）的规定，检测技术等级 B 级，Ⅰ级合格。

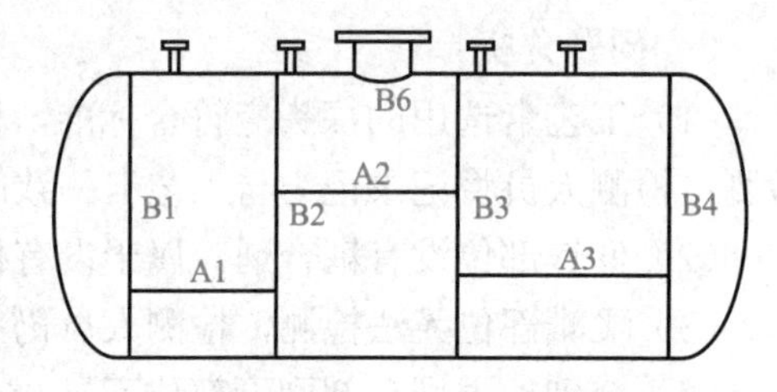

图 3-38　高压气体储罐外形图

所需超声检测设备及器材如下。

（1）超声波检测仪：HS620。

（2）探头型号：5P13×13 450；2.5P13×13 600；5P13×13 600；2.5P13×13 700。

（3）耦合剂：机油、水和工业糨糊；抹布若干。

（4）试块：CSK-ⅠA、CSK-ⅡA-1、CSK-ⅡA-2 和 CSK-ⅡA-3。

【知识准备】

探头与工件检测面之间，涂有很薄的耦合剂层，因此可以将两者看作是直接接触的，这种检测方法称为直接接触法，或简称接触法。此方法操作方便，检测图形较简单，易于判断，缺陷检出灵敏度高，是实际检测中应用最多的方法。

一、焊接接头的超声波检测技术等级

《承压设备无损检测 第 3 部分：超声检测》（NB/T 47013.3—2015）中规定，超声检测技术等为 A、B、C 三个检测级别。超声检测技术等级的选择应符合制造、安装等有关规范、标准及设计图样规定。承压设备焊接接头的制造、安装时的超声检测，一般应采用 B 级超声检测技术等级进行检测。对重要设备的焊接接头，可采用 C 级超声检测技术等级进行检测。

二、不同检测技术等级的要求

1. A 级检测

A 级适用于工件厚度为 6 ～ 40 mm 焊接接头的检测，可用一种折射角（*K* 值）斜探头采用直射波法和一次反射波法在焊接接头的单面双侧进行检测。如受条件限制，也可选择双面单侧或单面单侧进行检测。一般不要求进行横向缺陷的检测。具体要求见表 3-9。

表 3–9　平板对接接头 A 级检测要求

检测技术等级	工件厚度 t/mm	纵向缺陷检测 斜探头检测			横向缺陷检测 斜探头横向扫查	
		探头数量	检测面（侧）	探头移动区宽度	探头数量	检测面
A	$6 \leqslant t \leqslant 40$	1	单面双侧或单面单侧或双面单侧	1.25P	—	—
注：P 为检测面跨距						

（1）直射波法，用一次波直接扫查焊缝根部的检测方法，如图 3-39 所示。

（2）一次反射波法：用二次波直接扫查焊缝区域的检测方法，如图 3-40 所示。

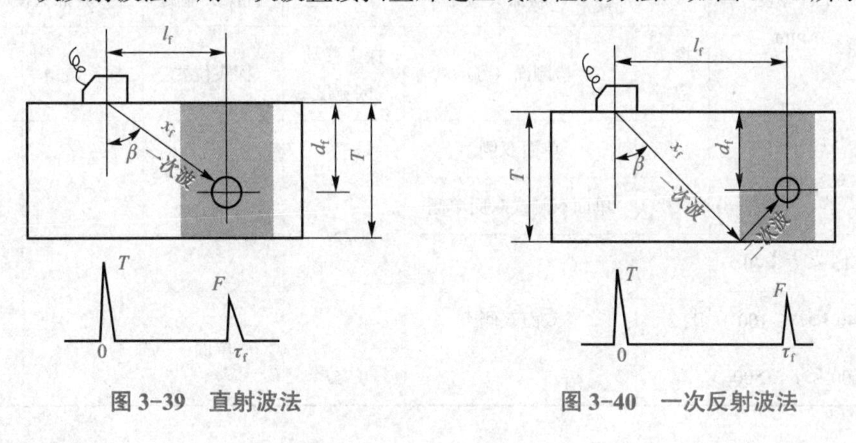

图 3–39　直射波法　　图 3–40　一次反射波法

2. B 级检测

（1）B 级适用于工件厚度为 6 ～ 200 mm 焊接接头的检测。

（2）焊接接头一般应进行横向缺陷的检测。

（3）对于要求进行双面双侧检测的焊接接头，如受几何条件限制或由于堆焊层的存在而选择单面双侧检测时，还应补充斜探头做近表面缺陷检测。具体要求见表 3-10。

表 3–10　平板对接接头 B 级检测要求

检测技术等级	工件厚度 t/mm	纵向缺陷检测 斜探头检测			横向缺陷检测 斜探头横向扫查	
		探头数量	检测面（侧）	探头移动区宽度	探头数量	检测面
B	$6 \leqslant t \leqslant 40$	2	单面双侧	1.25P	1	单面
	$40 < t \leqslant 100$	1 或	双面双侧			
		2	单面双侧或双面单侧			
	$100 < t \leqslant 200$		双面双侧	0.75P	2	

3. C 级检测

（1）C 级适用于工件厚度大于等于 6 ～ 500 mm 焊接接头的检测。

（2）采用 C 级检测时应将焊接接头的余高磨平。对焊接接头斜探头扫查经过的母材区域要用直探头进行检测。

（3）工件厚度大于 15 mm 的焊接接头一般应在双面双侧进行检测，如受几何条件限制或由于堆焊层的存在而选择单面双侧检测时，还应补充斜探头做近表面缺陷检测。

（4）对于单侧坡口角度小于 5° 的窄间隙焊缝，如有可能，应增加检测与坡口表面平行缺陷的有效方法。

（5）工件厚度大于 40 mm 的对接接头，还应增加直探头检测。

（6）焊接接头应进行横向缺陷的检测。

（7）C 级检测的具体要求见表 3-11。

（8）单面双侧、双面双侧的扫查示意如图 3-41、图 3-42 所示。

表 3-11　平板对接接头 C 级检测要求

检测技术等级	工件厚度 t/mm	纵向缺陷检测				横向缺陷检测	
		斜探头检测			直探头检测	斜探头横向扫查	
		探头数量	检测面（侧）	探头移动区宽度	探头位置	探头数量	检测面
C	$6 \leqslant t \leqslant 15$	1	单面双侧	1.25P	—	1	单面
		2	单面双侧或双面单侧				
	$15 < t \leqslant 40$	2	双面双侧		—	2	
	$40 < t \leqslant 100$				单面		
	$100 < t \leqslant 500$			0.75P			

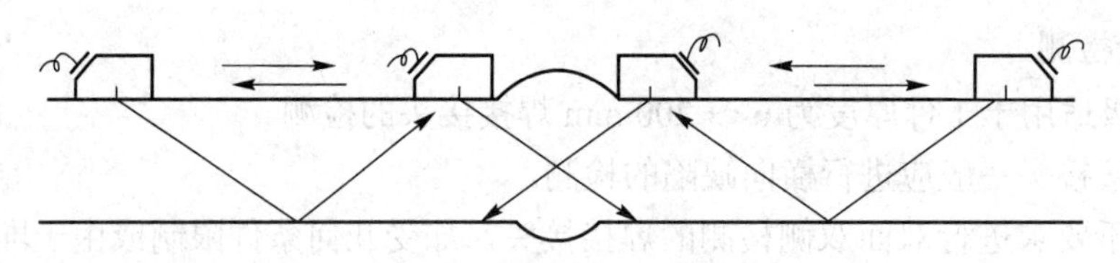

图 3-41　单面双侧检测

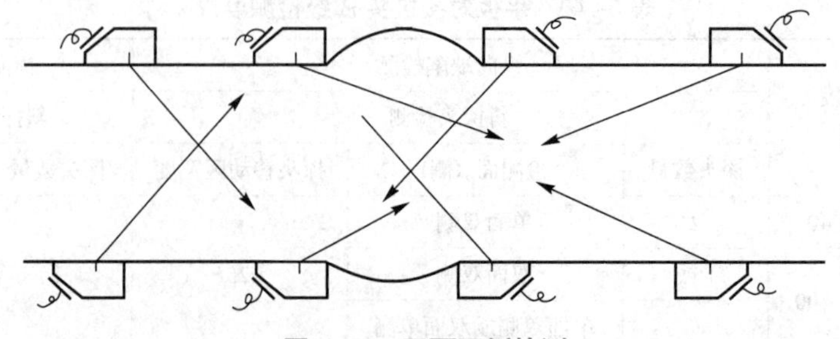

图 3-42　双面双侧检测

三、检测条件的选择

1. 检测面的准备

在超声检测探头移动的部位，为了保证探头与工件之间有良好的耦合，检测面应清除油漆、焊接飞溅、铁屑、油垢及其他异物，以免影响声波耦合和缺陷判断。检测面一般应进行打磨。去除余高的焊缝，应将余高打磨到与邻近母材平齐。保留余高的焊缝，如果焊缝表面有咬边、较大的隆起和凹陷等，也应进行适当的修磨，并做圆滑过渡，以免影响检测结果的评定。

2. 检测区域的确定

检测区由焊接接头检测区宽度和焊接接头检测区厚度表征。焊接接头检测区宽度应是焊缝本身加上熔合线两侧各 10 mm。V 形坡口对接接头检测区示意如图 3-43 所示。对接接头检测区厚度应为工件厚度加上焊缝余高。

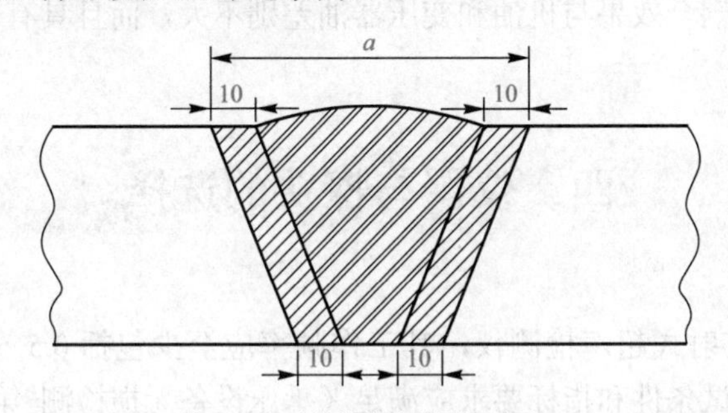

注：*a* 表示焊接接头检测区宽度。

图 3-43　检测区示意

3. 探头移动区宽度

探头移动区宽度应满足能检测到整个检测区，如图 3-44 所示。

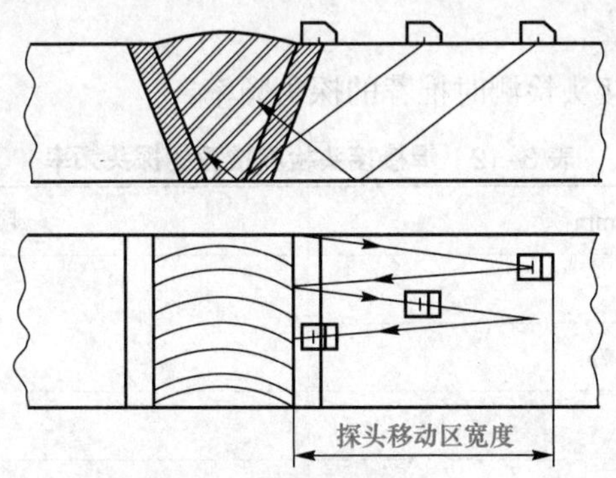

图 3-44　探头移动区宽度示意

采用一次反射法检测时，探头移动区宽度应大于或等于 1.25*P*：

$$P = 2Kt \text{ 或 } P = 2t \times \tan\beta \tag{3-5}$$

式中 *P*——跨距（mm）；

t——工件厚度（mm）；

K——探头折射角的正切值；

β——探头折射角（°）。

采用直射法检测时，探头移动区宽度应大于或等于 0.75P。

4. 耦合剂的选择

耦合的好坏决定着超声能量传入工件的声强透射率高低。在焊接接头检测中，常用的耦合剂材料有水、甘油、机油、变压器油、化学糨糊等。

（1）在焊缝自动检测系统中常常采用水作为耦合剂，因为水的流动性好，传输方便，价格低，但是水容易流失，也容易使焊缝生锈，有时不宜润湿工件。使用时可加入润湿剂和防腐剂等。

（2）在较小工作量的情况下，焊缝检测可采用甘油作为耦合剂。其优点是声阻抗大，耦合效果好，缺点是易吸取空气中的水分，工件形成腐蚀坑，价格较高。

（3）机油和变压器油的附着力、黏度、润湿性都较适当，也无腐蚀性，价格又不高，因此是最常用的耦合剂。

（4）化学糨糊的耦合效果与机油和变压器油差别不大，而且具有较好的水洗性，也是一种常用的耦合剂。

四、仪器与探头的选择

1. 仪器的选择

采用 A 型脉冲反射式超声检测仪，其工作频率应至少包括 0.5 ～ 10 MHz 频率范围，超声仪器各性能的测试条件和指标要求应满足《承压设备无损检测 第 3 部分：超声检测》（NB/T 47013.3—2015）规定的要求。

2. 探头的选择

（1）探头频率选择。探头频率将影响超声波的衰减、穿透能力、分辨力等。对于板厚较小的焊接接头，可采用较高的频率；对于厚度较大、衰减明显的焊接接头，应选用较低的频率。

表 3-12 所示为焊接接头检测时推荐的探头频率。

表 3-12 焊接接头检测推荐的探头频率

母材厚度 /mm	频率 /MHz
$t \leqslant 50$	5 或 2.5
$50 < t \leqslant 75$	
$t > 75$	2.5
晶粒粗大的铸件和奥氏体钢焊缝	1.0、2.0

（2）探头晶片尺寸的选择。中厚板、厚板焊接接头检测，若检测面很平整，使用大晶片探头进行检测也能达到良好的接触，为了提高检测速度，可以使用晶片尺寸较大的探头。如果板较薄且变形较大，或者具有一定弧度的结构件焊接接头检测，为了使探头与被检测面之间很好地接触，以达到良好的耦合，应选择晶片尺寸较小的探头。

（3）探头 K 值选择。探头 K 值的选择应遵循以下三方面原则：

①使声束能扫查到整个焊缝截面。

②使声束中心线尽量与主要缺陷垂直。

③保证有足够的检测灵敏度。

表 3-13 所列为焊接接头检测探头 K 值的选择，供参考。

表 3-13　推荐采用的斜探头 K 值

板厚 T/mm	K 值
6 ～ 25	3.0 ～ 2.0（71.5° ～ 63.4° ）
＞ 25 ～ 40	2.5 ～ 1.5（68.2° ～ 56.3° ）
＞ 40	2.0 ～ 1.0（63.4° ～ 45° ）

五、横波探头及仪器时基线的校准

1. 横波探头入射点、*K* 值测定

（1）斜探头入射点测定。

1）在 CSK-ⅠA 试块上 25 mm 宽的检测面上涂耦合剂，然后将探头在 $R100$ 弧面的圆心附近前后平稳地移动，找到圆弧面的最高反射波。

2）用尺测量探头前端至 $R100$ 端面距离 M，如图 3-45 所示。

3）斜探头入射点至探头前端部的距离 L_0 为：

$$L_0 = 100-M$$

此时，$R100$ 圆弧的圆心所对应探头上的点就是该探头的入射点。

入射点测量应进行 3 次，取平均值，误差＜ 0.5 mm。

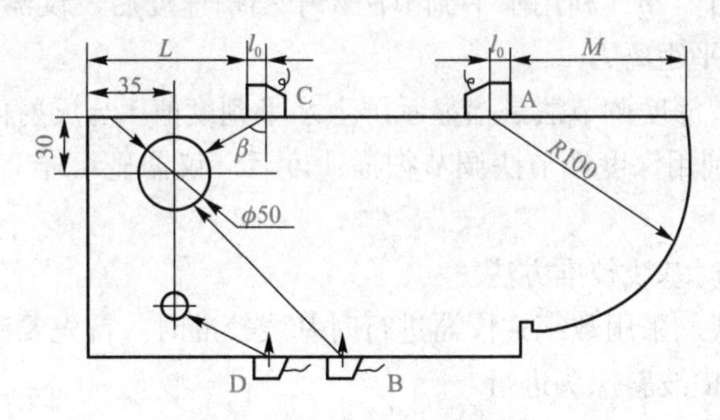

图 3-45　入射点与 K 值测定

（2）斜探头 K 值的测定。斜探头的 K 值常用 CSK-ⅠA 试块上的 ϕ50 mm 和 ϕ1.5 mm 横孔来测定。根据探头的折射角大小不同，在不同的位置进行 K 值的测定。当折射角为 35° ～ 60° 时，将探头置于 B 位置附近进行测定；当折射角为 60° ～ 75° 时，将探头置于 C 位置附近进行测定；当折射角为 75° ～ 80° 时，将探头置于 D 位置附近进行测定。这里以 C 位置的测定为例说明 K 值的测试方法。

1）将探头对准 ϕ50 mm 孔的圆弧面平稳地前后移动，当主声束扫查至圆弧面且其延长线通过圆心时，找到 ϕ50 mm 孔圆弧面的最高反射波。

2）测量探头前端至试块端部距离 L，如图 3-45 所示。利用下式求出 K 值的大小：

$$K=\frac{L+L_0-35}{30} \tag{3-6}$$

2. 仪器时基线的校准

仪器时基线校准，一是为了反射体回波在显示屏上的位置与工件中位置存在一定的对应关系，即利用反射体回波在显示屏上的位置，确定反射体在工件中对应的位置。二是校准零点，确保反射体在显示屏上的位置与工件中对应的位置关系准确。

斜探头入射点及 K 值测试

（1）模拟式仪器时基线校准方法。一般横波扫描速度的调节方法有声程调节法、水平调节法、深度调节法三种。如图 3-46 所示。

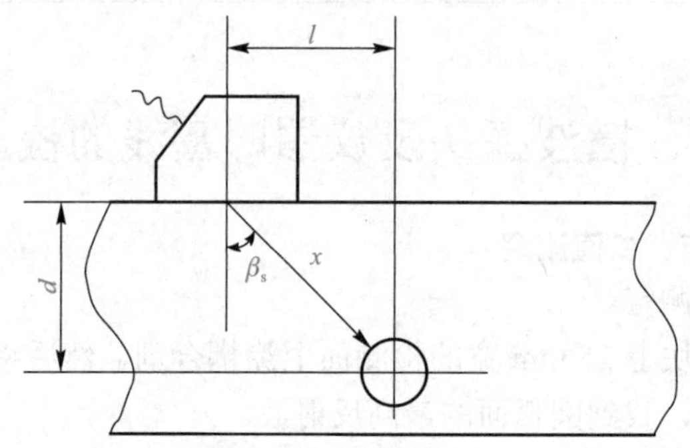

图 3-46 横波扫描速度调节

1）声程调节法。声程调节法是使显示屏上的水平刻度值 τ 与横波声程 x 成正比例，即 $\tau : x = 1 : n$。利用声程调节法调节扫描速度后，仪器显示屏上的读数代表横波的声程。

2）水平调节法。水平调节法是指显示屏上的水平刻度值 τ 与反射体的水平距离 l 成正比例，即 $\tau : l = 1 : n$。利用水平调节法调节扫描速度后，仪器显示屏上的读数代表横波检测时缺陷的水平距离 l。

3）深度调节法。深度调节法是指显示屏上水平刻度值 τ 与反射体的深度 d 成正比例，即 $\tau : d = 1 : n$。利用深度调节法调节扫描速度后，仪器显示屏上的读数代表横波检测时缺陷的深度 d。

（2）数字式仪器时基线校准方法。

1）确认探头形式，采用数字式仪器进行时基线校准时，首先要确认所用探头的形式。对接焊接接头应选用横波斜探头进行。

2）确认校准时基线需要的一次反射体与二次反射体。

3）将探头对准确定的一次反射体与二次反射体，找出两个反射体的最高回波，将其波幅调至基准波高（如显示屏的 80%）后，仪器时基线校准完成。同时，零点也校准完成。

例如，采用 CSK-ⅠA 标准试块进行校准时，将斜探头放在试块上，对准 $R50$、$R100$ 的圆弧面，找出 $R50$、$R100$ 圆弧面的反射回波后，将其最高波幅调至基准波高（如显示屏的 80%），此时，仪器时基线校准完成。同时，零点也校准完成。

六、距离 - 波幅曲线的绘制及检测灵敏度设定

检测灵敏度是指在确定的声程范围内发现规定大小缺陷的能力。在实际工作中，一般

根据产品技术要求或有关标准确定，可通过调整仪器上的相关灵敏度功能键来实现。

超声波实际检测中所用的灵敏度是一个相对灵敏度，它必须采用一个标准反射体作为基准，调整仪器增益状态将该基准反射体的反射波调到基准波高，以便对仪器灵敏度进行标定，这个标定后的灵敏度就称为基准灵敏度。当基准反射体的规格相同而埋藏深度不同时，基准灵敏度常被制作成一条曲线，称为灵敏度基准线。

焊接接头超声检测灵敏度校准是采用距离－波幅曲线的形式进行，即距离－波幅曲线的绘制过程，就是对仪器系统灵敏度的校准过程。

1. 距离－波幅曲线

描述某一确定反射体回波高度随距离变化的关系曲线称距离－波幅曲线。通过曲线可知，缺陷回波高度不但与缺陷的大小有关，也与缺陷距检测面的距离有关，大小相同的缺陷由于距离不同，回波高度也不相同。

2. 距离－波幅曲线的形式

距离－波幅曲线是按所用探头和仪器在对比试块上实测的数据绘制而成的，该曲线族由评定线、定量线和判废线组成。评定线与定量线之间（包括评定线）为Ⅰ区，定量线与判废线之间（包括定量线）为Ⅱ区，判废线及其以上区域为Ⅲ区，如图 3-47 所示。如果距离－波幅曲线绘制在显示屏上，则在检测范围内最大声程处的评定线高度不应低于显示屏满刻度的 20%。

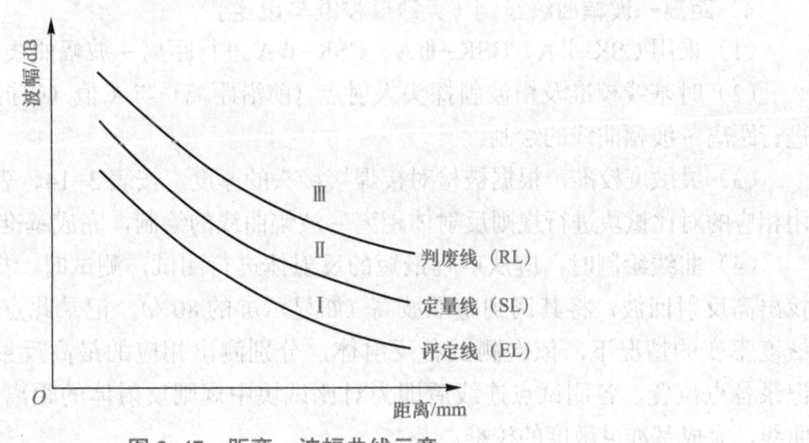

图 3-47 距离－波幅曲线示意

3. 距离－波幅曲线灵敏度选择

仪器系统灵敏度校准是依据标准规范选择相应的基准灵敏度，并在焊缝检测前进行。系统灵敏度校准后（距离－波幅曲线绘制完成后），实施检测之前，应对仪器的增益状态值（检测灵敏度）按相应标准进行设定，以确保实际检测过程符合标准规范要求，有效避免检测过程中检测灵敏度未设定而使缺陷漏检。

（1）工件厚度为 6～200 mm 的焊接接头，距离－波幅曲线灵敏度按表 3-14 的规定选择。

表 3-14 CSK-ⅡA 试块距离－波幅曲线的灵敏度

试块型式	工件厚度 t/mm	评定线	定量线	判废线
CSK-ⅡA	≥ 6～40	ϕ2×40-18 dB	ϕ2×40-12 dB	ϕ2×40-4 dB
	＞40～100	ϕ2×60-14 dB	ϕ2×60-8 dB	ϕ2×60＋2 dB
	＞100～300	ϕ2×60-10 dB	ϕ2×60-4 dB	ϕ2×60＋6 dB

（2）工件厚度为 200 ～ 500 mm 的焊接接头，距离 – 波幅曲线灵敏度按表 3–15 的规定选择。

表 3–15　CSK– ⅣA 试块距离 – 波幅曲线的灵敏度

试块型式	工件厚度 t/mm	评定线	定量线	判废线
CSK– ⅣA	＞ 200 ～ 300	ϕ6–13 dB	ϕ6–7 dB	ϕ6 ＋ 3 dB
	＞ 300 ～ 500	ϕ6–11 dB	ϕ6–5 dB	ϕ6 ＋ 5 dB

（3）工件厚度为 8 ～ 120 mm 的焊接接头，距离 – 波幅曲线灵敏度按表 3–16 的规定选择。

表 3–16　CSK– Ⅲ A 试块距离 – 波幅曲线的灵敏度

试块型式	工件厚度 t/mm	评定线	定量线	判废线
CSK– ⅢA	8 ～ 15	ϕ1×6–12 dB	ϕ1×6–6 dB	ϕ1×6 ＋ 2 dB
	＞ 15 ～ 40	ϕ1×6–9 dB	ϕ1×6–3 dB	ϕ1×6 ＋ 5 dB
	＞ 40 ～ 120	ϕ1×6–6 dB	ϕ1×6	ϕ1×6 ＋ 10 dB

（4）检测和评定横向缺陷时，应将各线灵敏度均提高 6 dB。

4. 距离一波幅曲线绘制（灵敏度校准与设定）

（1）采用 CSK–ⅡA、CSK–ⅢA、CSK–ⅣA 进行距离 – 波幅曲线的绘制。

（2）时基线校准及横波斜探头入射点（前沿距离）与 K 值（或折射角）测量完成，可进行距离 – 波幅曲线的绘制。

（3）灵敏度校准，根据被检对接焊接接头的厚度，按表 3–14、表 3–15 或表 3–16，采用相应的对比试块进行规则反射体距离 – 波幅曲线的绘制，完成基准灵敏度的校准。

（4）曲线绘制时，应从声程最短的反射体进行测试，测试时，探头对准相应反射体，找出高反射回波，将其调到基准波高（如显示屏的 80%），记录此点的位置，之后，在灵敏度不变的情况下，依次测试各反射体，分别测出相应的最高反射回波，记录各点位置，各测试点连线后即为对比试块中规则反射体的距离 – 波幅曲线，完成基准灵敏度的校准。

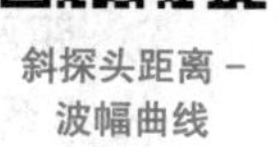

斜探头距离 – 波幅曲线

（5）灵敏度设定，对比试块中规则反射体距离 – 波幅曲线绘制完成后，根据被检工件厚度，进行曲线族的绘制及最大声程处评定线高度的设置，完成检测灵敏度设定。

（6）对于不同的仪器，其距离 – 波幅曲线族的绘制程序各不相同。

七、扫查方式

1. 纵向缺陷的扫查

检测焊接接头纵向缺陷时，斜探头应垂直于焊缝中心线放置在检测面上，做锯齿形扫查（图 3–48）。探头前后移动的范围应保证扫查到全部焊接接头截面。在保持探头垂直焊缝做前后移动的同时，扫查时还应做 10° ～ 15° 的左右转动。为观察缺陷动态波形和区分缺陷信号或伪缺陷信号，确定缺陷的位置、方向和形状，可采用前后、左右、转角、环绕四种探头基本扫查方式（图 3-49）。

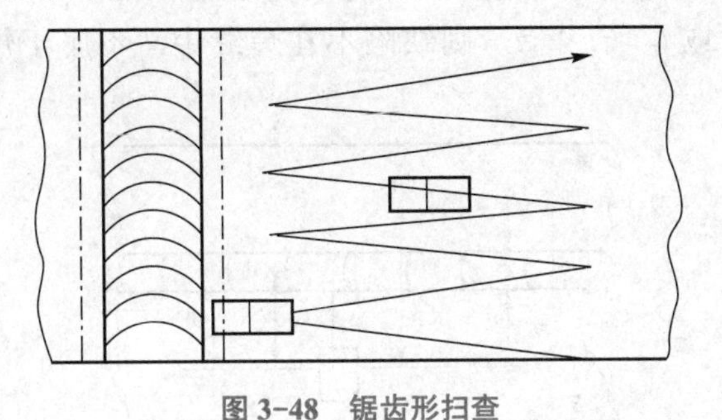

锯齿形扫查

图 3-48　锯齿形扫查

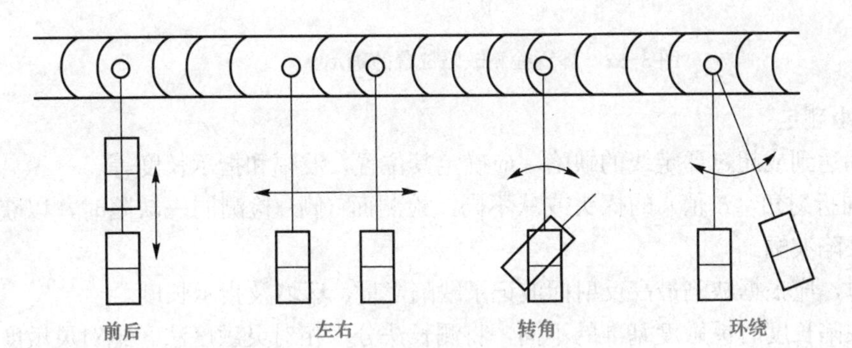

纵向缺陷的扫查

图 3-49　四种基本扫查方法

横向缺陷的扫查

2. 横向缺陷的扫查

检测焊接接头横向缺陷时，可在焊接接头两侧边缘使斜探头与焊接接头中心线成不大于 10° 的角，做两个方向的斜平行扫查（图 3-50）。如焊接接头余高磨平，探头应在焊接接头及热影响区上做两个方向的斜平行或平行扫查（图 3-51）。

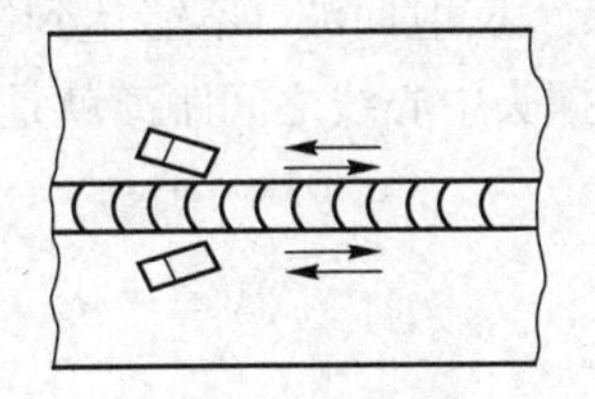

图 3-50　斜平行扫查

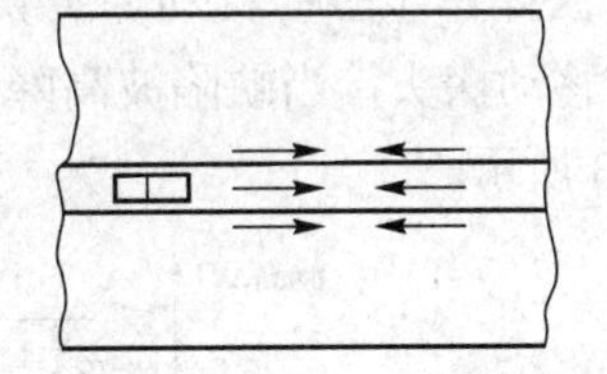

图 3-51　平行扫查

八、缺陷的测定

1. 缺陷位置测定

缺陷位置应以获得缺陷最大反射波幅的位置为准。采用数字式超声检测仪时，缺陷的位置可通过示波屏上的读数确定。

焊接接头中发现缺陷以后，首先要确定缺陷是否在焊缝上，再根据缺陷最大反射波幅在时基线上的位置，确定缺陷的水平位置与垂直深度。确定缺陷是否在焊缝上，可采用如下的方法。

首先，确定缺陷到探头的入射点的水平距离 l_f。然后，用直尺测量出缺陷波幅度最大时探头入射点到焊缝边缘的距离 l 及焊缝的宽度 a，如果 $l < l_f < l + a$，则缺陷在焊缝上。如果 $l_f < l$ 或 $l_f > l + a$，则缺陷不在焊缝中，不属于焊接缺陷，如图 3-52 所示。

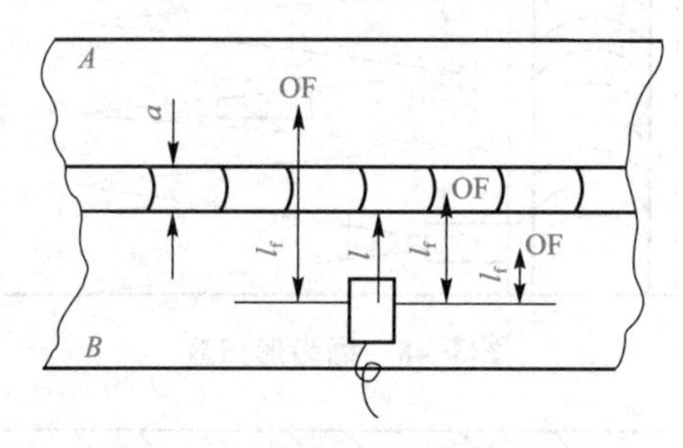

图 3-52 焊缝检测缺陷位置的确定

2. 缺陷大小测定

对缺陷波幅达到或超过评定线的缺陷，应确定其位置、波幅和指示长度等。

当使用不同折射角（K 值）的探头或从不同，检测面（侧）检测同一缺陷时，以获得的最高波幅为缺陷波幅。

缺陷定量时，应根据缺陷最高反射回波记录缺陷当量、区域及指示长度。

根据测定缺陷长度时灵敏度基准的不同，将测长法分为相对灵敏度法、绝对灵敏度法和端点峰值法。

（1）相对灵敏度测长法。以缺陷最高回波为相对基准，沿缺陷的长度方向移动探头，降低一定的分贝值（dB）来测定缺陷的长度。相对灵敏度测长法又包括半波高度法、端点半波高度法两种方法，常用半波高度法来测定缺陷的长度。

1）半波高度法（6 dB 法）。波高降低 6 dB 后正好为原来的一半，因此半波高度法又称为 6 dB 法。

半波高度法操作步骤：移动探头找到缺陷的最大反射回波（不能达到饱和），然后沿缺陷方向左右移动探头，当缺陷波高降低一半时，探头中心线之间距离就是缺陷的指示长度，如图 3-53 所示。

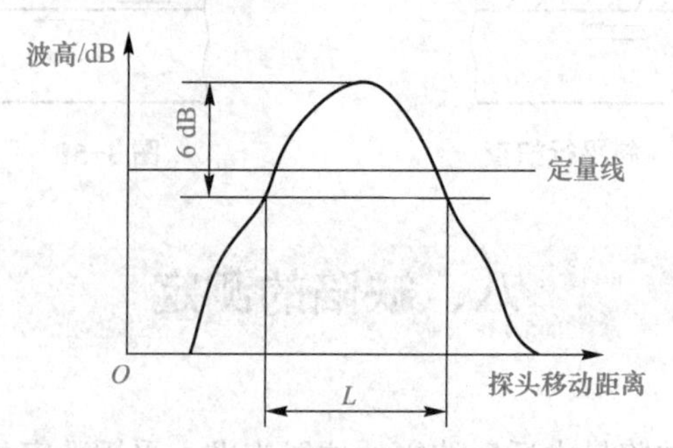

图 3-53 半波高度法示意

2）端点半波高度法（端点 6 dB 法）。当缺陷各部分反射波高有很大变化时，测长采用端点半波高度法。

端点半波高度法操作步骤：当发现缺陷后，探头沿着缺陷方向左右移动，找到缺陷两端的最大反射回波，分别以这两个端点反射回波高为基准，继续向左、向右移动探头，当端点反射波高降低一半（或 6 dB）时，探头中心线之间的距离即为缺陷的指示长度，如图 3-54 所示。

这种方法适用于测长扫查过程中缺陷反射回波有多个高点的情况。

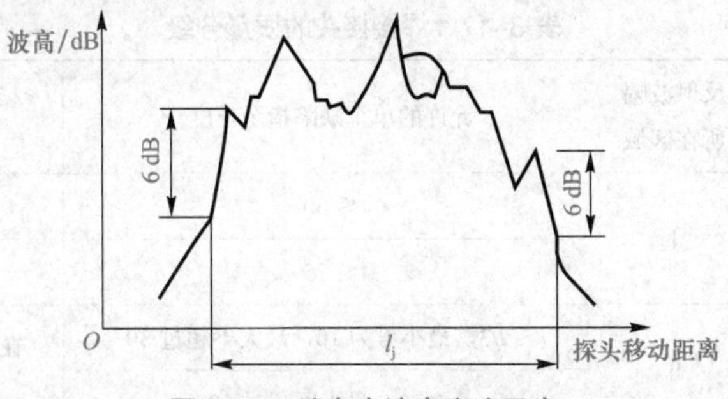

图 3-54 端点半波高度法示意

（2）绝对灵敏度测长法。绝对灵敏度测长法是在仪器灵敏度一定的条件下，探头沿缺陷长度方向平行移动，当缺陷波高降到规定位置时（如图 3-55 所示 B 线）探头移动的距离，即为缺陷的指示长度。

相对灵敏度测长法测得的缺陷指示长度与测长灵敏度有关。测长灵敏度高，缺陷长度大。在自动检测中常用绝对灵敏度测长法测长。

（3）端点峰值法。探头在测长扫查过程中，如发现缺陷反射波值起伏变化，有多个高点，则可以将缺陷两端反射波极大值之间探头的距离作为缺陷指示长度，这种方法称为端点峰值法，如图 3-56 所示。

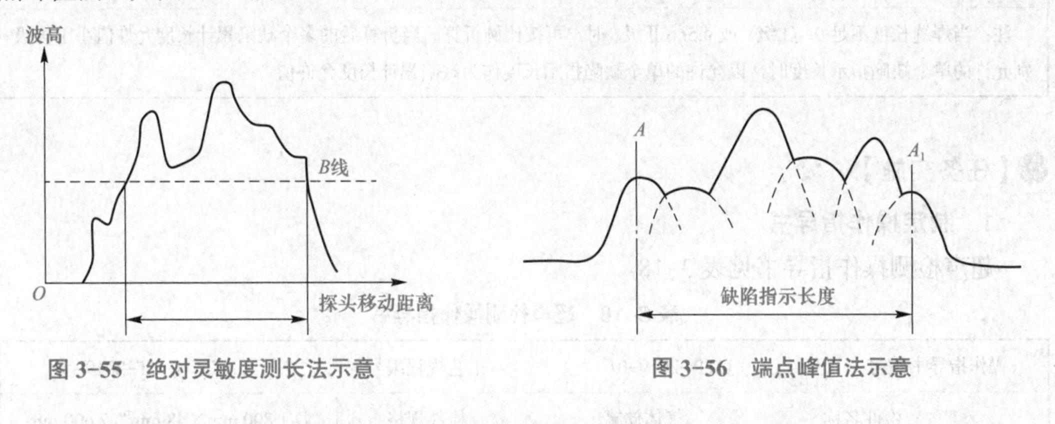

图 3-55 绝对灵敏度测长法示意　　**图 3-56 端点峰值法示意**

九、缺陷的评定和质量分级

焊接接头的缺陷评定包括确定缺陷的位置、缺陷性质、缺陷幅度和缺陷的指示长度，然后结合标准中的规定，对焊接接头进行质量分级。下面以《承压设备无损检测 第 3 部分：超声检测》（NB/T 47013.3—2015）进行质量评定。

（1）缺陷评定。超过评定线的信号应注意其是否具有裂纹等危害性缺陷特征，当有怀疑时，应采取改变探头 K 值、增加检测面、观察动态波形等方法并结合结构工艺特征做判定，如不能对波形进行判断，应辅以其他检测方法做综合判定。

（2）质量分级。

1）焊接接头质量划分为Ⅰ、Ⅱ、Ⅲ三个级别，其中Ⅰ级质量最高，Ⅲ级质量最低。

2）检测人员判定缺陷反射信号为裂纹等危害性缺陷时，焊接接头的质量评为Ⅲ级。焊接接头中缺陷的质量分级按表 3-17 中的规定进行。

表 3-17　焊接接头的质量分级

mm

等级	工件厚度 t	反射波幅所在区域	允许的单个缺陷指示长度	多个缺陷累计长度最大允许值（L'）
Ⅰ	≥6～100	Ⅰ	≤50	—
	＞100		≤75	—
	≥6～100	Ⅱ	≤t/3，最小可为 10，最大不超过 30	在任意 9t 焊缝长度范围内 L' 不超过 t
	＞100		≤t/3，最大不超过 50	
Ⅱ	≥6～100	Ⅰ	≤60	—
	＞100		≤90	—
	≥6～100	Ⅱ	≤2t/3，最小可为 12，最大不超过 40	在任意 4.5t 焊缝长度范围内 L' 不超过 t
	＞100		≤2t/3，最大不超过 75	
Ⅲ	≥6	Ⅱ	超过Ⅱ级者	
		Ⅲ	所有缺陷（任何缺陷指示长度）	
		Ⅰ	超过Ⅱ级者	—
注：当焊缝长度不足 9t（Ⅰ级）或 4.5t（Ⅱ级）时，可按比例折算。当折算后的多个缺陷累计长度允许值小于该级别允许的单个缺陷指示长度时，以允许的单个缺陷指示长度作为缺陷累计长度允许值				

【任务实施】

1. 制定操作指导书

超声检测操作指导书见表 3-18。

表 3-18　超声检测操作指导书

操作指导书编号		UTR-2019-01	工艺规程编号	LNKWH-UT-2019
检测对象	检件名称	气体储罐	检件规格	Di1 800 mm×48 mm×7 600 mm
	检件编号	RA4025	承压设备类别	☐Ⅰ ☑Ⅱ ☐Ⅲ ☐其他
	检件材质	15MnNbR	热处理状态	☐正火　☐回火　☐调质 ☑消应力　☐其他
	检测项目	☐板材　☐管材 ☐锻件　☑焊缝	检测部位及编号	B2 焊缝
	坡口型式	☐V　☑X　☐U	焊接方法	☐氩弧焊　☐手工电弧焊 ☑埋弧自动焊　☐其他

续表

检测技术要求	执行标准	☐ GB/T 11345—2013 ☑NB/T 47013.3—2015		检测比例	☐ 100% ☐ 50% ☐ 20% ☐其他
	合格级别	☐ Ⅰ ☐ Ⅱ		检测技术等级	☐ A☑B ☐ C
	表面准备	☑ 检测面 $Ra \leqslant 25$ μm ☐检测面 $Ra \leqslant 6.3$ μm ☑ 焊缝表面圆滑过渡		检测时机	☐焊后 ☐机加工后 ☐返修后 ☐轧制后 ☑ 热处理后 ☐在役
	检测波形	☐纵波检测 ☑ 横波检测		检测技术	☐直探头 ☑ 斜探头 ☑ 直接接触法 ☐液浸法
检测设备和器材	仪器型号	PXUT-330		探头规格	2.5P13×13 600
	耦合剂	☐水 ☑ 机油 ☐工业糨糊		试块种类	☐ CSK-ⅠA ☑CSK-ⅡA- ☐ 1☑2 ☐ 3 ☐ CSK-ⅢA ☐ CSK-ⅣA
	设备和探头性能检查	检查项目		检查时机	性能指标
		设备器材外观		检测前	完好
		线缆连接		检测前	良好
		开机信号显示		检测前	正常
		斜探头入射点（前沿距离）		检测前	偏差≤ 1 mm
		斜探头折射角（K 值）		检测前	偏差≤ 20
检测工艺参数	检测面	☐单面单侧 ☐单面双侧 ☐双面单侧 ☑ 双面双侧		表面补偿	2 ～ 4 dB
	扫查范围及检测区	☑ 直射波法	125 mm	检测区宽度	54 mm
		☐一次反射法	208 mm	检测区厚度	52 mm
	扫查方式	☐锯齿形 ☐格子 ☐列线 ☑ 斜平行扫查 ☐平行扫查 ☑ 前后扫查 ☑ 左右扫查 ☑ 转角扫查 ☐环绕扫查			
	工艺验证要求	☐是 ☐否	验证方式及内容	在 CSK-ⅡA-2 对比试块上，验证在评定线灵敏度下检测范围内的灵敏度、信噪比	
仪器时基线调整	在 CSK-ⅠA 标准试块上测定斜探头的前沿、折射角，调整仪器时基线，设定检测范围为 120 mm				

续表

<table>
<tr><td>灵敏度的确定</td><td colspan="3">用 CSK-ⅡA-2 试块制作 $\phi2\times60$ 基准线，然后将仪器参数中的判废线调整为 $\phi2\times60+2$ dB，定量线调整为 $\phi2\times60-8$ dB，评定线调整为 $\phi2\times60-14$ dB，即生成三条线。调整仪器使 110 mm 深度处评定线位于显示屏 20% 高度或以上，记录此波高及此时仪器 dB 值即完成检测灵敏度设定</td></tr>
<tr><td>扫查方式及说明</td><td colspan="3">1．锯齿形＋斜平行扫查，探头的每次扫查覆盖率应大于探头宽度的 15%；
2．缺陷定位、定量时，采用前后、左右、转角、环绕等基本扫查方式</td></tr>
<tr><td>缺陷的记录</td><td colspan="3">1．达到或超过评定线（$\geqslant\phi2\times60-14$ dB）的缺陷；
2．裂纹等危害性缺陷</td></tr>
<tr><td>不允许缺陷</td><td colspan="3">1．裂纹类危害性缺陷；
2．波幅 $\geqslant\phi2\times60+2$ dB 的缺陷；
3．波幅 $\geqslant\phi2\times60-8$ dB 且指示长度 > 16 mm 单个缺陷；
4．$\phi2\times60-14$ dB $\leqslant$ 波幅 < $\phi2\times60-8$ dB 且指示长度 > 50 mm 单个缺陷；
5．任意 432 mm 长度范围内波幅 $\geqslant\phi2\times60-8$ dB 缺陷的累计长度 > 48 mm</td></tr>
<tr><td colspan="4">检测示意： 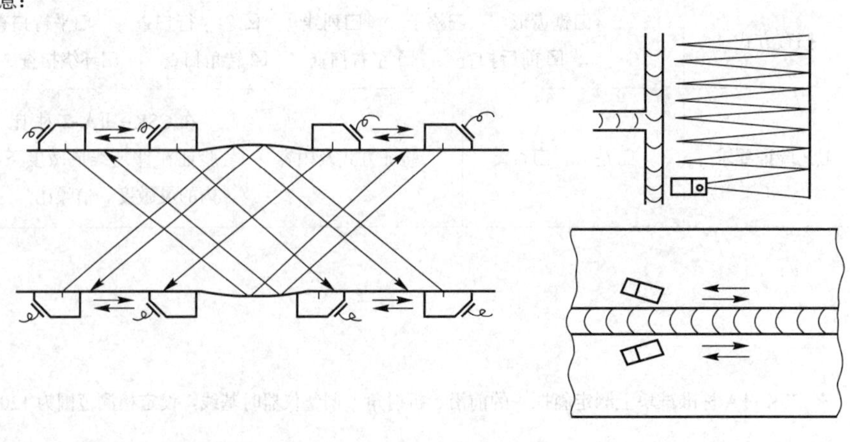</td></tr>
<tr><td>编制人资格</td><td>☐ RT☑UT ☐ PT ☐ MT
☐ Ⅰ ☑ Ⅱ ☐ Ⅲ</td><td>审核人资格</td><td>☐ RT ☑UT ☐ PT ☐ MT
☐ Ⅰ ☐ Ⅱ ☑ Ⅲ</td></tr>
</table>

2. 操作步骤

（1）检测面的准备。

1）清除检测面油漆、飞溅、铁屑、油垢及其他异物。打磨平整，检测面与探头楔块底面或保护膜间的间隙不应大于 0.5 mm，表面粗糙度 *Ra* 应小于或等于 25 μm。检测面一般应进行打磨。

2）检测区宽度为焊缝本身加上焊缝熔合线两侧各 10 mm。检测区厚度应为工件厚度加上焊缝余高。

3）确定探头移动区宽度。当采用直射法检测时，探头移动区应大于或等于 0.75*P*，采用一次反射法检测时，探头移动区应大于或等于 1.25*P*（*P* 为检测面跨距）。

4）在探头移动区涂布耦合剂，现场检测使用的耦合剂要与调整灵敏度时相同。

（2）超声检测仪扫描速度的校准。将检测范围调整到检测使用的最大检测范围，并调整好时基线扫描比例。根据被检测工件的厚度为 52 mm，则检测最大声程为 120 mm，为保证检测时能清晰地分辨缺陷回波，选择深度 1 ∶ 1 调节扫描速度。

（3）横波探头入射点和 *K* 值的测定。CSK-ⅠA 标准试块上进行探头的测试，测定斜探头的前沿、折射角，调整仪器时基线。

（4）距离－波幅曲线的绘制及检测灵敏度设定。利用 CSK-ⅡA-2 试块绘制距离－波幅曲线，根据板厚及标准，该产品的检测灵敏度设定为：评定线 $\phi2\times60-14$ dB，定量线 $\phi2\times60-8$ dB，判废线 $\phi2\times60+2$ dB。

1）仪器系统灵敏度校准。探头对准 CSK-ⅡA-2 试块上深度为 10 mm 的 $\phi2\times60$ 长横孔，找到最高回波，将回波高度调到 80% 波高，记录此时的仪器的增益值。固定增益旋钮和衰减器，分别检测深度为 30、50、70、90、100（mm）的 $\phi2\times60$ 长横孔，找到最高回波，并在面板上标记相应波峰对应的点②、③、④、⑤、⑥，然后连接点①、②、③、④、⑤、⑥得到一条 $\phi2\times60$ 的参数曲线，形成基准灵敏度曲线。

2）经参数输入得到评定线 $\phi2\times60-14$ dB，定量线 $\phi2\times60-8$ dB，判废线 $\phi2\times60+2$ dB。

3）确定检测范围调节仪器检测范围，将检测的最大距离调整到屏幕横坐标的 80% 左右。

4）扫查灵敏度的设定检测时以评定线灵敏度作为扫查灵敏度。探测的最大距离处的评定线调至满屏 20%，检测灵敏度调整完毕。

5）校验距离－波幅曲线选取两个不同深度的横孔校验距离－波幅曲线，分别找到最大回波，比较距离和波幅与制作曲线时是否相同，若两者有一条误差较大，应重新测试曲线。

（5）工件的扫查。

1）探头的操作。单手操作，用二指或三指夹持探头，加 1 ～ 2 kg 压力。

2）扫查方式。

①探头做锯齿形移动的方式称为锯齿形扫查。在保持探头垂直焊缝做前后移动的同时，还应做 10° ～ 15° 的左右转动。锯齿形扫查的目的是检查有无缺陷。

②前后扫查、左右扫查、转角扫查、环绕扫查。左右扫查是为了推断缺陷的长度。前后扫查与左右扫查同时进行，可以找到回波的最大值，进而判定缺陷位置。转角扫查和环绕扫查主要用来推断缺陷的形状。但是锯齿形扫查中进行的转角扫查是为了防止缺陷

漏检。

③斜平行扫查和平行扫查是为了检出焊缝中的横向裂纹。

④探头的扫查速度不应超过 150 mm/s，相邻两次探头移动间隔保证至少有探头宽度 15% 的重叠。

3）工件扫查的步骤。

①以最大声程处的评定线灵敏度作为扫查灵敏度，进行锯齿形扫查。

②对波幅超过评定线的反射波，在与探头位置相对应的焊缝上作出标记。

③对标记的异常部位，进行前后扫查与左右扫查（同时转动扫查），找到最高回波，根据探头位置、方向、反射波的位置及焊缝情况（工件结构、厚度、焊接方法、焊缝种类、坡口形式、焊缝余高及背面衬垫、沟槽等），判断其是否为缺陷。

④对所有反射波幅达到或超过评定线的缺陷，测定缺陷最高回波的波幅、位置和缺陷指示长度。

⑤对缺陷做记录，见表 3-19。

表 3-19　缺陷记录表

序号	S_1	S_2	长度（L）	缺陷距焊缝中心距离 /mm		缺陷距焊缝表面深度 H/mm	S_3	高于定量线 dB 值（A_{max}）	波高区域
				A（+）	B（－）				
1									
2									
3									

注：S_1：缺陷起始点距试板左端其准线的距离；
S_2：缺陷终点距试板左端基准线的距离；
S_3：缺陷波幅最高时距试板左端基准线距离

（6）缺陷的评定。

1）缺陷位置的测定。缺陷位置的测定以获得缺陷最大反射波的位置为准，缺陷的位置参数包括缺陷沿焊缝方向的位置、水平位置和垂直深度，如图 3-57 所示。

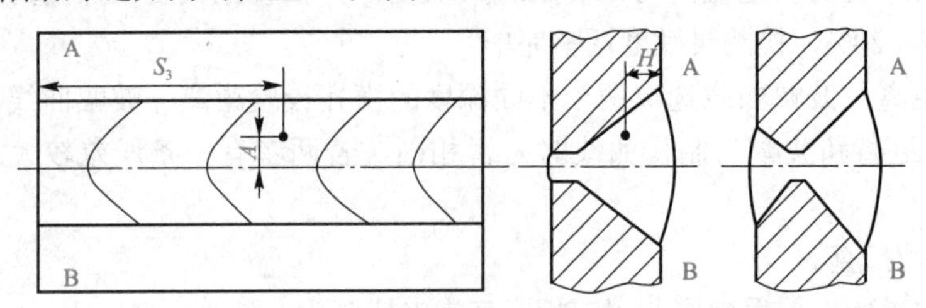

图 3-57　缺陷的位置参数图

①缺陷沿焊缝方向的位置：指缺陷沿焊缝到标记基准点的距离。可直接由刻度尺测量得到。

②缺陷的水平位置：指缺陷离开焊缝中心线的垂直距离。在数字检测仪上读出最大反射波水平距离数值，用刻度尺沿探头指示方向量出该距离，找到缺陷位置，再量出缺陷到焊缝中心线的垂直距离。

③缺陷的垂直深度：指缺陷到检测面的垂直距离。可在数字检测仪上直接读出。

2）缺陷幅度的确定。焊接接头中发现的缺陷，需确定缺陷最大反射波幅度在距离－波幅曲线上所在的区域。缺陷幅度的表示方式：以距离－波幅曲线上某一条线为基准，用缺陷信号的最大峰值高于或低于该线的 dB 数表示缺陷的幅度。

3）缺陷指示长度的测定和计量。缺陷指示长度的测定方法分为相对灵敏度法、绝对灵敏度法和端点峰值法。

《承压设备无损检测 第 3 部分：超声检测》（NB/T 47013.3—2015）中关于测长方法的规定如下。

①当缺陷反射波只有一个高点，且位于Ⅱ区或Ⅱ区以上时，用 6 dB 法测其指示长度。

②当缺陷反射波峰值起伏变化，有多个高点，且位于Ⅱ区或Ⅱ区以上时，应以端点 6 dB 法测其指示长度。

③当缺陷反射波峰位于Ⅰ区，将探头左右移动，使波幅降到评定线，用评定线绝对灵敏度法测定缺陷指示长度。

4）质量分级。缺陷定位定量之后，要根据波幅和指示长度结合《承压设备无损检测 第 3 部分：超声检测》（NB/T 47013.3—2015）标准的规定评定焊缝的质量级别。

焊接接头的超声波检测

【任务评价】

焊接接头超声检测评分标准见表 3-20。

表 3-20 焊接接头超声检测评分标准

考核项目	考核要求	配分	评分标准	扣分	得分
熟悉检测标准	1．熟悉检测标准； 2．正确地使用检测标准	10	1．对检测标准不熟悉，选错扣 5 分； 2．不能正确地使用检测标准，对标准不清晰扣 5 分		
正确的设计检测工艺卡	1．根据被检工件正确地选用超声波检测仪； 2．正确地选用探头型式及规格； 3．正确地选择灵敏度试块； 4．正确地设定管材检测的参数； 5．完整、正确地填写检测工艺卡	20	1．检测方法选择错扣 2 分； 2．探头选错扣 2 分； 3．试块选错扣 2 分； 4．耦合剂选错扣 1 分； 5．扫描速度设定错扣 2 分； 6．灵敏度设定错扣 2 分； 7．扫查方式错扣 2 分； 8．检测参数设计错扣 4 分； 9．示意图绘制错扣 2 分； 10．检测时机选错扣 1 分		

续表

考核项目	考核要求	配分	评分标准	扣分	得分
超声检测操作	1．能正确地调节仪器（设定检测参数、调节扫描速度、调节灵敏度）； 2．能识别缺陷波并确定缺陷的位置及当量尺寸	40	1．检测参数设定错误扣5分； 2．扫描速度调节错误扣5分； 3．灵敏度调节错误扣5分； 4．扫查方式错扣5分； 5．不能正确区分缺陷波扣5分； 6．缺陷的位置错扣5分； 7．缺陷漏检扣5分； 8．多检出缺陷扣5分		
缺陷的评定及填写检测报告	1．正确地记录检测的结果； 2．正确地绘制缺陷位置示意图； 3．根据检测结果正确地进行质量评定； 4．完整、正确地填写检测报告	20	1．检测结果填写错误扣5分； 2．缺陷位置示意图绘制不准确扣5分； 3．质量评定错扣5分； 4．检测报告填写不完整扣3分； 5．检测报告卷面不整洁扣2分		
团队合作能力	能与同学进行合作交流，并解决操作时遇到的问题	10	不能与同学进行合作，并不能解决操作时遇到的问题扣10分		
时间	1 h	—	提前正确完成，每5 min加2分； 超过定额时间，每5 min扣2分		
合计		100			

【知识拓展】

超声检测新技术

1．超声相控阵检测技术原理

超声相控阵检测技术的基本思想来自雷达电磁波相控阵技术。相控阵雷达是由许多辐射单元排成阵列组成，通过控制阵列天线中各单元的幅度和相位，调整电磁波的辐射方向，在一定空间范围内合成灵活快速地聚焦扫描的雷达波束。

超声相控阵换能器由若干个形状相同、大小相等的压电晶片组成阵列，每个晶片独立地发射超声波束，并通过按一定的规则和时序用电子系统控制激发各个晶片单元，从而调节控制焦点的位置和聚焦的方向形成聚焦声场。

（1）相控阵声束的发射与接收。相控阵声束的激发和接收过程主要由激发与接收模块、延时器、探头阵元三个模块组成，工作时激发模块将一定幅值的触发信号传送至延时器，按发射聚焦法则分别计算各阵元声束发射的延迟时间，并对触发信号的脉冲宽度进行整合，整合后的脉冲信号分别加载至各个阵元。

由于延迟的存在，各阵元发射的声束相位不一，声束在空间中产生叠加形成入射波波阵面，并聚焦在一定深度，以此进行工件中缺陷的检测。阵元发射出的声束在工件中遇到缺陷会反射回来，而处于聚焦区域的缺陷会形成振幅较大的反射波波阵面。由于探头阵元排列的空间位置不同，缺陷的反射回波到达各阵元的时间也会不同。延迟器按照接收聚焦法则计算各阵元的接收延迟，依次对每个阵元的回波信号进行叠加，反馈至信号接收模块。

超声相控阵检测原理如图 3–58 所示。

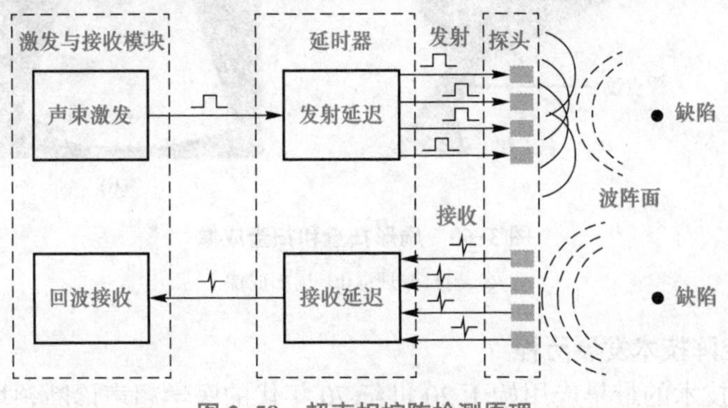

图 3–58　超声相控阵检测原理

（2）相控阵声束的聚焦与偏转。相控阵依照聚焦法则控制探头各个阵元发射和接收信号的时间，由于时间差的存在，每个阵元发射声波的波阵面在空间中传播逐渐汇聚成一点，从而达到声束聚焦的效果。

以轴线聚焦为例，分别计算各阵元至预设焦点的声程，从而得到声束由阵元传播至该焦点处所需的时间，并与其中最大值进行差值计算，从而得到各阵元的延迟值。

相控阵的聚焦和偏转示意如图 3–59 所示，其中［图 3–59（a）］为声束在轴线上聚焦，［图 3–59（b）］为声束呈现一定角度的偏转。

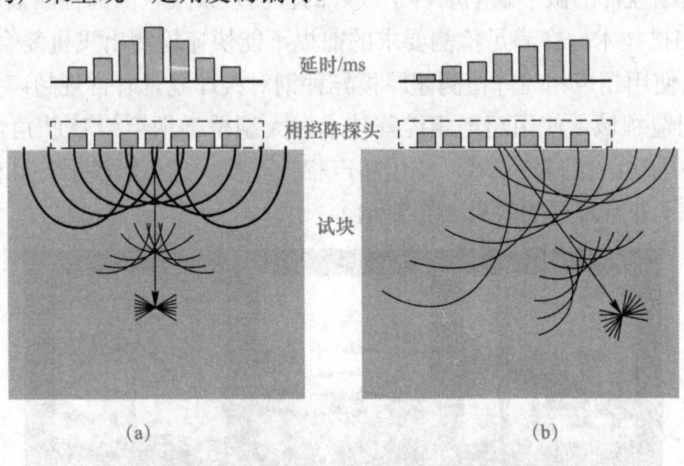

图 3–59　超声相控阵的聚焦、偏转示意

(a) 声束轴线聚焦；(b) 声束角度偏转

（3）相控阵的扫描模式。超声相控阵进行工作时主要有三种扫描方式，分别为扇形扫描、线性扫描和动态深度扫描。

扇形扫描即 S 扫描，在设定深度上，相控阵探头按聚焦法则分别计算每个偏转角度的聚焦延迟，激发时以从左至右的顺序分别激发，形成一定范围内的扇形扫查。扫查时需要设置扇扫范围、角度间隔和聚焦深度。图 3–60 所示为扇形扫查的检测原理和扫查成像图。

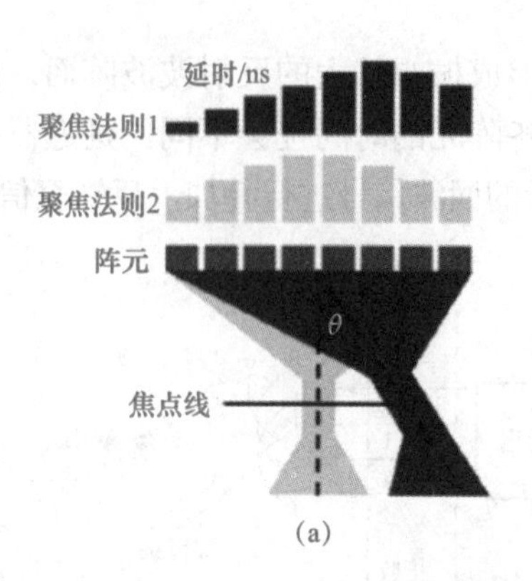

(a)

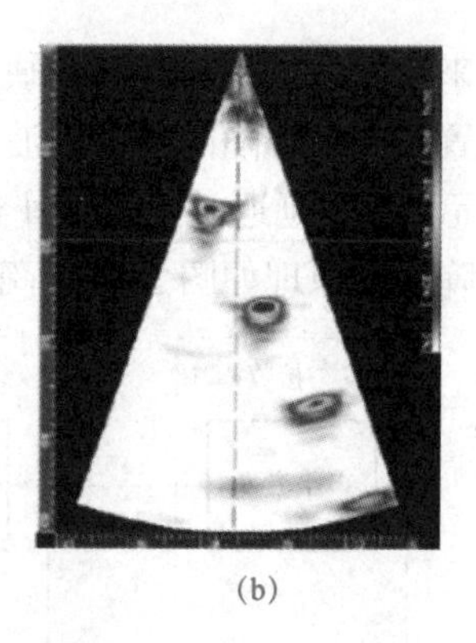
(b)

图 3-60　扇形扫查和扫查成像

(a) 扇扫原理；(b) 扇扫成像

2. 超声相控阵技术发展历程

超声相控阵技术的最早应用始于 20 世纪 70 年代的医学超声诊断领域；到 80 年代早期，超声相控阵从医学领域发展到工业领域；到 80 年代中期，随着计算机技术的飞速发展，超声相控阵成像技术逐步应用于航空航天、核工业等重要工业领域；到 90 年代，随着小型便携式超声相控阵设备研制成功，超声相控阵技术得到快速发展并广泛应用于各领域。

在国内，随着超声相控阵技术于 20 世纪 90 年代末的引入，近年来在超声相控阵设备开发、技术应用等方面取得了长足的发展。目前在航空航天、核工业、桥梁及国防等领域已有较多应用案例：在航空航天领域，文献记载使用超声相控阵动态聚焦方法对航空发动机粉末高温合金圆盘件的微小缺陷取得了较好的检测效果及较高的检测效率，使用喷水耦合的相控阵 C 扫描技术，在满足检测要求的前提下能快速检测出飞机复合材料脱粘缺陷；在核工业领域，使用超声相控阵检测超厚板异种钢对接焊缝具有常规超声无法达到的检测效果；在桥梁制造领域，使用超声相控阵技术对大型桥梁钢箱梁 U 肋角焊缝的熔透深度进行测量，取得成功；在国防领域，应用超声相控阵技术进行深潜器特殊位置焊缝的焊接质量检测，取得了非常理想的效果（图 3-61）。

图 3-61　相控阵技术应用领域

3. 超声相控阵技术的特点

超声相控阵最显著的特点是可以灵活、便捷而有效地控制声束形状，极大地提高了检测效率。由于探头中阵元由计算机控制，其声束角度、焦柱位置、焦点尺寸及位置在一定范围内连续、动态可调；而且探头内可快速平移声束。因此，与传统超声检测技术相比，超声相控阵可以不移动探头或尽量少移动探头扫查厚大工件和形状复杂工件的各个区域，成为解决可达性差和空间限制问题的有效手段。而且，相控阵探头由多个晶片同时聚焦，聚焦区能量远大于普通单晶聚焦探头，具有更高的检测灵敏度和分辨力。超声相控阵通常不需要复杂的扫查装置，不需更换探头就可实现整个体积或区域的多角度多方向扫查。

综合训练

一、判断题

1. 只要有做机械振动的波源就能产生机械波。（　　）
2. 介质中质点的振动方向与波的传播方向互相垂直的波称为纵波。（　　）
3. 当介质质点受到交变剪切应力作用时，产生切变形变，从而形成横波。（　　）
4. 液体介质中只能传播纵波和表面波，不能传播横波。（　　）
5. 超声场中任一点的声压与该处质点传播速度之比称为声阻抗。（　　）
6. 波的叠加原理说明，几列波在同一介质中传播并相遇时，可以合成一个波继续传播。（　　）
7. 超声波倾斜入射到界面在第一临界角时，第二介质中只有折射横波。（　　）
8. 为使工件中只有单一横波，斜探头入射角应选择为第一临界角或第二临界角。（　　）
9. 超声波的扩散衰减主要取决于波阵面的形状，与传播介质的性质无关。（　　）
10. 引起超声波衰减的主要原因有波速扩散、晶粒散射、介质吸收。（　　）
11. 超声平面波不存在材质衰减。（　　）
12. 超声场可分为近场区和远场区，波源轴线上最后一个声压极大值的位置至波源的距离称为超声场的近场区长度。（　　）
13. 近场区内处于声压极小值处的较大缺陷回波可能较低，而处于声压极大值处的较小的缺陷回波可能较高，应尽可能避免在近场区检测。（　　）
14. 超声波探头又称为换能器，它的作用是电能和声能的转换。（　　）
15. 斜探头的入射点是指其主声束轴线与检测面的交点。（　　）
16. 检测灵敏度意味着发现小缺陷的能力，因此超声检测的灵敏度越高越好。（　　）
17. 在焊接接头超声检测中，可以用降低检测面粗糙度要求，而提高耦合补偿量的方法来达到检测目的。（　　）
18. 端点 6 dB 法适用于测长过程中缺陷波中只有一个高点的情况。（　　）
19. 在焊接接头超声检测中，波幅在判废线或判废线以上的缺陷予以判废和返修，因此无须测长。（　　）
20. 横波扫描速度校准方法有水平调节法、声程调节法和深度调节法三种。（　　）

21. 焊接接头检测时的检测区的宽度为焊缝本身加上焊缝两侧各相当于母材厚度30%的一段区域，这个区域最小为5 mm，最大为10 mm。 （ ）

22. CSK-ⅢA 试块中的规则反射体为ϕ2 mm×40 mm 的长横孔。 （ ）

二、选择题

1. 波动过程中，波在单位时间内所传播的距离称为（ ）。

A. 波长 B. 周期 C. 波速 D. 频率

2. 频率f在（ ）Hz 范围内的机械波称为超声波。

A. $f \leqslant 20\,000$ B. $f < 20\,000$

C. $f \geqslant 20\,000$ D. $f > 20\,000$

3. 哪种类型波在固体、液体、气体介质中均能传播？（ ）

A. 横波 B. 纵波、横波

C. 纵波 D. 纵波、横波、表面波

4. 在波动中，横波又称为（ ）。

A. 兰姆波 B. 疏密波 C. 切变波 D. 瑞利波

5. 超声波传播过程中，遇到尺寸与波长相当的障碍物时将发生（ ）。

A. 无绕射只反射 B. 只绕射无反射 C. 既绕射又反射 D. 以上都可能

6. 在同一介质中，纵波反射角（ ）横波反射角。

A. 大于 B. 等于 C. 小于 D. 以上都不一定对

7. 第二临界角是（ ）。

A. 折射纵波等于90° 时的横波入射角 B. 折射横波等于90° 时的纵波入射角

C. 折射纵波等于90° 时的纵波入射角 D. 入射纵波接近90° 时的折射角

8. 第一临界角是（ ）。

A. 折射纵波等于90° 时的横波入射角 B. 折射横波等于90° 时的纵波入射角

C. 折射纵波等于90° 时的纵波入射角 D. 入射纵波接近90° 时的折射角

9. 由材料晶粒粗大而引起的衰减属于（ ）。

A. 扩散衰减 B. 散射衰减 C. 吸收衰减 D. 介质吸收

10. 引起超声波衰减的主要原因是（ ）。

A. 声速的扩散 B. 晶粒散射 C. 介质吸收 D. 以上全部

11. 超声波的扩散衰减主要取决于（ ）。

A. 波阵面的几何形状 B. 材料的晶粒度

C. 材料的黏滞性 D. 散射衰减

12. 超声场近场区出现声压极大值、极小值是由（ ）造成的。

A. 波的绕射 B. 波的干涉 C. 波的衰减 D. 波的传播

13. 超声波检测中避免在近场区定量的原因是（ ）。

A. 近场区的回波声压很高，定量不准确

B. 在近场区检测时，由于探头存在盲区，易形成漏检

C. 在近场区检测时，处于声压极小值处较大缺陷回波可能较低；处于声压极大值处的较小缺陷可能回波较高，容易出现误判

D. 以上都对

14. A 型显示中，显示屏上纵坐标显示是（　　）。

A. 反射波幅度大小　　B. 缺陷的位置

C. 被检材料的厚度　　D. 超声波传播时间

15. A 型显示中，横坐标显示的是（　　）。

A. 反射波幅度大小　　B. 探头移动距离

C. 反射波传播时间（或距离）　　D. 缺陷尺寸大小

16. 以下哪一条，不属于数字超声波检测仪的优点？（　　）

A. 控制和接收信号处理和显示采用数字化

B. 频带宽

C. 可记录存贮信息

D. 仪器有计算和距离波幅曲线自动生成

17. 探头上 2.5P13×13K2 中“2”的含义是（　　）。

A. 探头的工作频率为 2 MHz　　B. 探头的 K 值为 2

C. 探头的种类为 2　　D. 以上都不是

18. 探头（　　）的性能，决定着探头的性能。

A. 晶片　　B. 阻尼块　　C. 保护膜　　D. 隔声层

19. 纵波直探头主要用于检测（　　）。

A. 对接焊缝　　B. 无缝钢管　　C. 锻件和板材　　D. 以上都是

20. 双晶直探头的最主要用途是（　　）。

A. 检测近表面缺陷　　B. 精确测定缺陷长度

C. 精确测定缺陷高度　　D. 用于表面缺陷检测

21. 横波检测最常用于（　　）。

A. 焊缝、管材检测　　B. 检测表面光滑工件的近表面缺陷

C. 检测厚板的分层缺陷　　D. 薄板测厚

22. 检测与焊接接头垂直或成一定角度的缺陷，最好采用（　　）。

A. 直探头　　B. 双晶探头　　C. 横波斜探头　　D. 聚焦探头

23. 在对接焊接接头超声检测中，选择探头 K 值的依据是（　　）。

A. 使声束能扫查到整个焊接接头截面　　B. 使声束中心线尽量与主要危险缺陷垂直

C. 保证有足够的检测灵敏度　　D. 以上同时考虑

24. 在焊接接头检测过程中，垂直于焊接头方向前后移动，主要用于（　　）。

A. 测量缺陷的指示长度

B. 判定真伪为缺陷或确定缺陷的平面和深度位置

C. 用以判定缺陷的形状、方向和类型

D. 用以判定缺陷的大小

25. 在对接焊接接头超声检测中，斜探头平行于焊缝方向扫查目的是检测（　　）。

A. 横向裂纹　　B. 夹渣　　C. 纵向缺陷　　D. 以上都对

三、问答题

1. 什么是超声波？产生超声波的必要条件是什么？

2. 什么是波形转换？其转换时各种反射和折射波方向遵循什么规律？

3. 什么是超声波衰减？简述衰减的种类和原因。

4. 焊缝检测如何选择探头的 K 值？

5. 焊接接头超声检测中，扫描速度的调节方法有哪几种？

6. 什么是距离－波幅曲线？对接焊接接头超声检测所采用的距离－波幅曲线的组成及作用是什么？

7. 焊接接头超声检测常用的试块有哪些？它们有何用途？

8. 焊缝超声检测时，做平行或斜平行扫查的目的是什么？

04 项目四 表面检测

选择焊接接头表面检测方法中常见的磁粉检测、渗透检测作为教学任务。磁粉检测是基于缺陷处漏磁场与磁粉的相互作用而显示铁磁性材料表面和近表面缺陷的一种无损检测方法，具有缺陷检出率高、缺陷显示直观、操作简便、检测成本低、速度快的特点。在焊接生产过程中，磁粉检测主要应用于坡口表面、焊接过程中层间、焊接接头表面的检测。渗透检测是一种以毛细作用原理为基础的检查非多孔性材料表面开口缺陷的无损检测方法。在20世纪初期，美国的工程技术人员对渗透剂进行了大量的试验研究，他们把着色染料加入渗透剂，增加了缺陷显示的颜色对比度，使显示更加清晰；然后荧光染料也被加入渗透剂，并用显像粉显像，在暗室里紫外光照射下观察缺陷显示，显著提高了渗透检测灵敏度，使渗透检测进入崭新的阶段，从此渗透检测与其他无损检测方法一起成为被广泛使用的检测手段。

任务一 磁粉检测

【知识目标】

1．学习漏磁场的形成过程，解释磁粉检测的原理。

2．学习影响漏磁场强度的因素，能指出影响磁粉检测灵敏度的主要因素。

3．学习磁化电流，能指出各种磁化电流的特点。

4．学习磁粉检测设备的分类和组成，辨别磁粉探伤机的类型，熟悉磁粉探伤机的用途。

5．了解焊接件磁粉检测的范围，熟悉焊接件磁粉检测常用的方法。

【能力目标】

1．通过学习磁粉检测的磁化方法，能对不同工件进行磁化方法的选择。

2．学习标准试片和试块的作用及分类，结合标准试片和试块的使用对象及操作要求，实现标准试片和试块的选择。

3．学习磁粉、磁悬液的分类，以及磁悬液的浓度对检测灵敏度的影响，确定磁粉及磁悬液选用原则。

4．熟悉磁粉检测行业标准，能独立地完成焊缝磁粉检测工艺的制定。

5．掌握焊缝磁粉检测的操作要点，完成焊缝磁粉检测的操作。

【素养目标】

1．提升信息素养。

2．培养团队合作精神。

3．培养分析问题、解决问题的能力。

【任务描述】

有一台液化石油气火车槽车进行定期检验，查阅生产厂检测报告得知：产品编号 03-1，材质 Q345R，焊缝编号如图 4-1 所示，具备检验检测条件。按相关规定，检验员要求其内表面 A_1 ～ A_3、B_1 ～ B_6 打磨后按《承压设备无损检测 第 4 部分：磁粉检测》(NB/T 47013.4—2015) 标准进行磁粉检测，Ⅰ级合格。

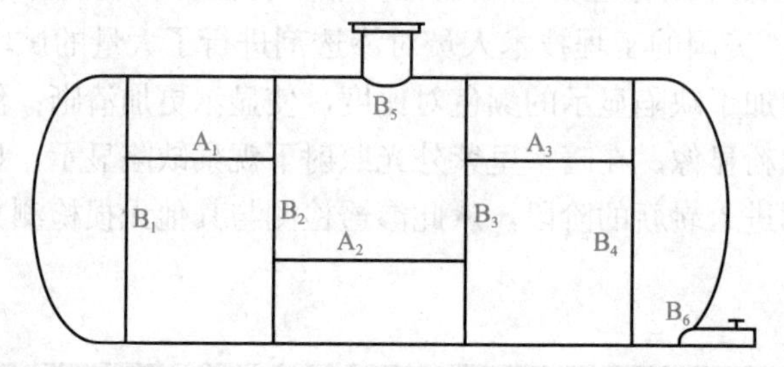

图 4-1 液化石油气火车槽车

所需设备器材如下：

(1) CYE-3 型交叉磁轭磁粉探伤机 (磁轭间距 150 mm)。

(2) 黑磁粉、BW-1 型黑磁膏、水。

(3) A_1 试片。

(4) ST-80 (C) 型照度计。

(5) 2 ～ 10 倍放大镜。

【知识准备】

一、磁粉检测的原理

铁磁性材料工件被磁化后，工件上就有磁力线通过。如果工件本身没有缺陷，磁力线在其内部是均匀连续分布的。如果磁化的工件上存在着气孔或裂纹等缺陷，由于缺陷的磁导率远远低于铁磁性材料的磁导率，磁力线优先通过磁导率高的工件，使缺陷处的磁力线发生弯曲。如果弯曲的磁力线离开和进入工件表面，就会在工件表面产生漏磁场。

将磁粉介质均匀分布在被检工件表面，漏磁场就会吸附施加在工件表面的磁粉，在合适的光照下形成目视可见的磁痕 (磁粉聚集形成的图像)，从而显示出缺陷的位置、大小、形状和严重程度。磁粉检测的基础是缺陷处漏磁场与磁粉的相互作用，如图 4-2 所示。

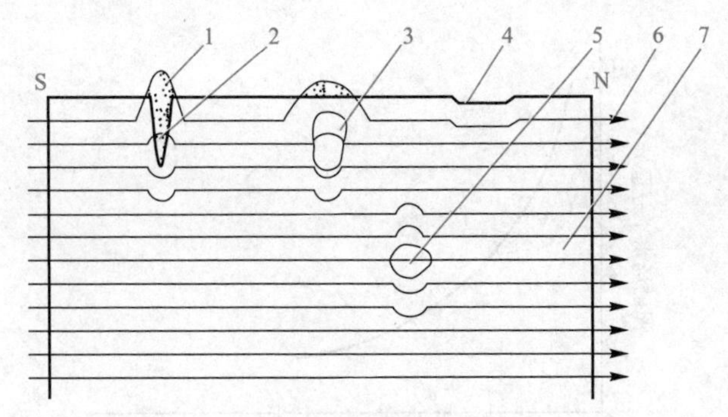

图 4-2　不连续处漏磁场分布

1—漏磁场；2—裂纹；3—近表面缺陷；4—划伤；5—内部气孔；6—磁力线；7—工件

【小知识】

北京航空材料研究院的郑文仪发明的磁粉探伤－橡胶铸型法，为间断检测小孔内壁早期疲劳裂纹的产生和扩展速率闯出了一条新路，还为记录缺陷磁痕提供了一种可靠的方法，比国外应用了几十年的磁橡胶法优越得多。

二、影响漏磁场强度的因素

漏磁场的大小对检测缺陷的灵敏度至关重要。真实的缺陷具有复杂的几何形状，准确计算漏磁场的大小是难以实现的。定性讨论影响漏磁场强度的规律和因素，具有重要的意义。

1．外加磁场的强度

缺陷的漏磁场大小与工件的磁化程度有关，一般来说，在材料未达到近饱和时，漏磁场的反应是不充分的，当铁磁性材料的磁感应强度达到饱和值的 80% 左右时，漏磁场便会迅速增加，如图 4-3 所示。

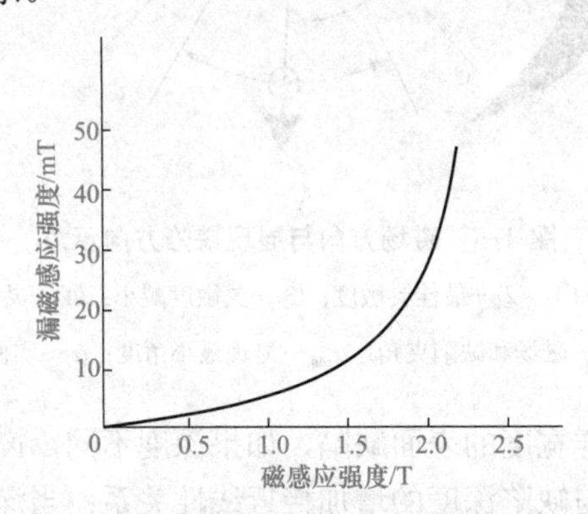

图 4-3　漏磁场与铁磁性材料磁感应强度的关系

2．缺陷位置及形状

（1）缺陷埋藏深度。缺陷的埋藏深度，即缺陷上端距工件表面的距离，对漏磁场产生有很大的影响。同样的缺陷，位于工件表面时，产生的漏磁场大；若位于工件的近表面，产生的漏磁场显著减小；若位于距工件表面很深的位置，则工件表面基本没有漏磁场存在，如图 4-4 所示。

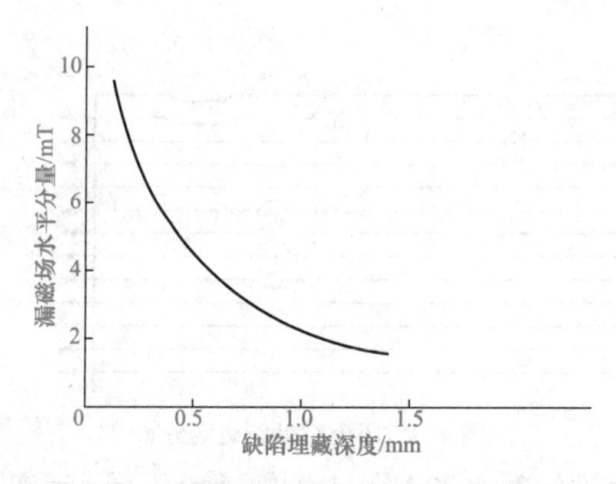

图 4-4　缺陷埋藏深度对漏磁场的影响

（2）缺陷方向。缺陷的可检出性取决于缺陷延伸方向与磁场方向的夹角。图 4-5 所示为显现缺陷方向的示意，当缺陷垂直于磁场方向时，漏磁场最大，最有利于缺陷的检出，检测灵敏度最高，随着夹角由 90° 逐渐减小，检测灵敏度下降；当缺陷与磁场方向平行或夹角小于 30° 时，则基本不产生漏磁场，不能检测出缺陷。

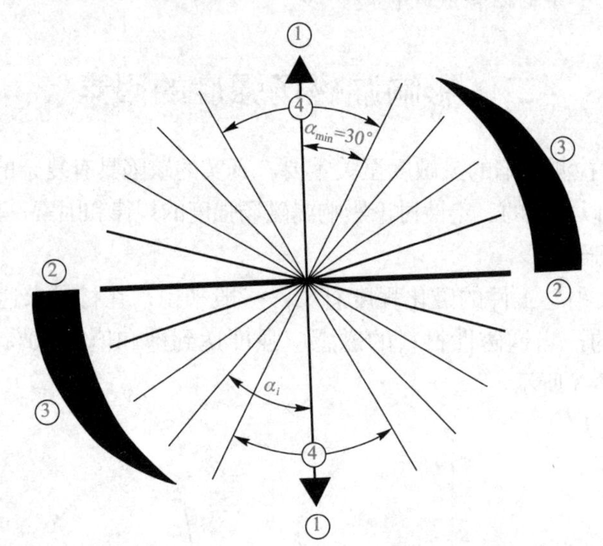

图 4-5　磁场方向与显现缺陷方向示意

①—磁场方向；②—最佳灵敏度；③—灵敏度减小；④—灵敏度不足；

α—磁场和缺陷夹角；α_{min}—显现最小角度；α_i—实例

（3）缺陷深宽比。同样宽度的表面缺陷，如果深度不同，产生的漏磁场也不同。在一定范围内，漏磁场的增加与缺陷深度的增加接近线性关系；当深度增大到一定值后，漏磁场增加变得缓慢。当缺陷的宽度很小时，漏磁场随着宽度的增加而增加，并在缺陷中心形成一条磁痕；当缺陷的宽度很大时，漏磁场反而下降。

缺陷的深宽比是影响漏磁场的一个重要因素，缺陷的深宽比越大，漏磁场越大，缺陷越容易检出。

3．工件表面覆盖层

工件表面覆盖层会影响磁痕显示，图 4-6 所示为工件表面覆盖层对磁痕显示的影响。

图中有三个深宽比相同的横向裂纹，纵向磁化后产生同样大小的漏磁场，图 4-6（a）所示裂纹上没有覆盖层，磁痕显示浓密清晰；图 4-6（b）所示裂纹上覆盖着较薄的一层覆盖层，有磁痕显示，但不如图 4-6（a）所示裂纹清晰；图 4-6（c）所示裂纹上有较厚的表面覆盖层（如漆层），漏磁场不能泄漏到覆盖层之上。所以，不吸附磁粉，没有磁痕显示，磁粉检测就会漏检。漆层厚度对漏磁场的影响如图 4-7 所示。

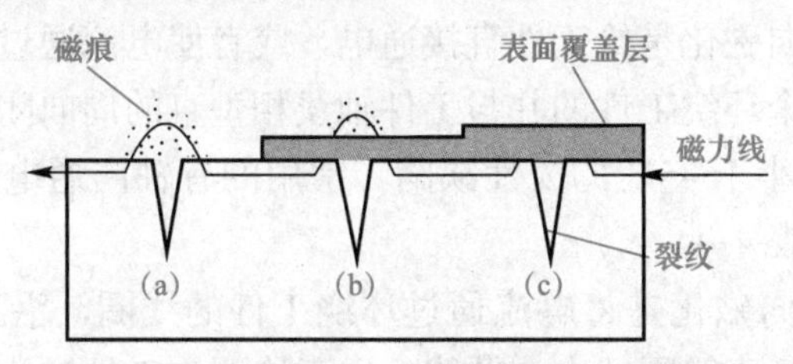

图 4-6　表面覆盖层对磁痕显示的影响

(a) 无覆盖层；(b) 薄覆盖层；(c) 厚覆盖层

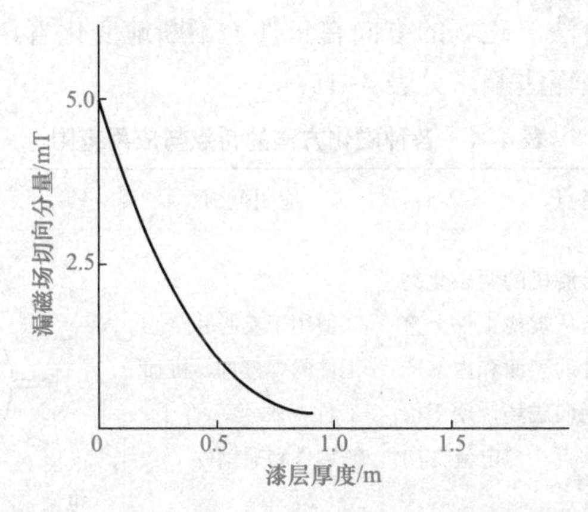

图 4-7　漆层厚度对漏磁场的影响

4. 工件材料及状态

铁磁性材料的磁化曲线是随合金成分、含碳量、加工状态及热处理状态而变化的，材料的磁特性不同，缺陷的漏磁场也不同。一般来说，易于磁化的材料容易产生漏磁场。

三、磁化方法

1. 磁场方向与发现缺陷的关系

磁粉检测的能力取决于施加磁场的大小和缺陷的延伸方向，还与缺陷的位置、大小和形状等因素有关。工件磁化时，当磁场方向与缺陷延伸方向垂直时，缺陷处的漏磁场最大，检测灵敏度最高；当磁场方向与缺陷延伸方向的夹角为 45°时，缺陷可以显示，检测灵敏度降低；当磁场方向与缺陷延伸方向平行时，不产生磁痕显示，发现不了缺陷。

工件中缺陷的取向难以预知，应根据工件的几何形状，采用不同的磁化方法对工件进行周向、纵向或复合磁化，以使磁场方向与工件可能存在的缺陷垂直。可结合工件尺寸、结构和外形等组合使用多种磁化方法，以发现所有方向的缺陷。

2. 磁化方法的分类

根据工件的几何形状、尺寸大小和欲发现缺陷的方向而在工件上建立的磁场方向，一般将磁化方法分为周向磁化、纵向磁化和复合磁化。所谓周向与纵向，是相对被检工件上的磁场方向而言。

（1）周向磁化。周向磁化是给工件直接通电，或者使电流通过贯穿空心工件孔中的导体，旨在工件中建立一个环绕工件的并与工件轴线相垂直的周向闭合磁场，用于检测与工件轴线方向平行或夹角小于 45° 的线性缺陷。常用的有轴向通电法、中心导体法、偏心导体法、触头法等，见表 4–1。

（2）纵向磁化。纵向磁化是将电流通过环绕工件的线圈，沿工件纵长方向磁化的方法，工件中的磁力线平行于线圈的中心轴线，用于检测与工件轴线方向垂直或夹角大于或等于 45° 的线性缺陷。常用的有线圈法、磁轭法等，见表 4–1。

（3）复合磁化。复合磁化是在工件中产生一个大小和方向随时间成圆形、椭圆形或螺旋形变化的磁场的磁化方法。磁场的方向在工件上不断地变化着，可发现工件上多个方向的缺陷。常见的有交叉磁轭法等，见表 4–1。

表 4–1　各种磁化方法的特点与应用范围

磁化方法	特点	应用范围	示意图
轴向通电法	将工件夹于检测机的两磁化夹头之间，使电流从被检工件上直接流过，在工件的表面和内部产生一个闭合的周向磁场，用于检查与磁场方向垂直、与电流方向平行的纵向缺陷	适用于实心和空心工件的焊接件、机加工件、轴类、管子、铸钢件和锻钢件	电极 电流　缺陷　工件
中心导体法	将导体穿入空心工件的孔，并置于孔的中心，电流从导体上通过，形成周向磁场，可用于检查空心工件内、外表面与电流平行的纵向缺陷和端面的径向缺陷	适用于各种有孔的工件，如轴承圈、空心圆柱、齿轮、管件和阀体	工件　缺陷　中心导体 电极
偏心导体法	导体穿入空心工件的孔，并贴近工件内壁放置，电流从导体上通过形成周向磁场，用于局部检验空心工件内、外表面与电流方向平行的缺陷和端面的径向缺陷	适用于中心导体法检测时功率达不到的大型环和管件	4*d* *H*　*F* *d*

续表

磁化方法	特点	应用范围	示意图
触头法	两支杆触头接触工件表面，通电磁化，在工件上磁化能产生一个畸变的周向磁场。用于发现与两触头连线平行的缺陷	适用于焊接件、铸件、锻件和板材的局部检测	
线圈法	工件放在通有电流的螺管线圈中或根据工件形状的不同缠绕电缆形成的线圈中进行磁化的方法。发现工件上沿圆周方向上的缺陷，即与线圈轴线垂直方向上的横向缺陷	适合于纵长工件，如曲轴、轴管、棒材、铸件和焊接件	
磁轭法	固定式电磁轭两磁极夹住工件进行整体磁化，或用便携式电磁轭两磁极接触工件表面进行局部磁化，用于发现与两磁极连线垂直的缺陷	焊接件、大型铸件、锻件和板材的局部检测	
交叉磁轭法	使用交叉磁轭可在工件表面产生旋转磁场。在磁化循环的每个周期都使磁场方向与缺陷延伸方向相垂直，一次磁化可检测出工件表面任何方向的缺陷	适用于平板对接接头的磁粉检测	

四、磁化电流

在被检件上产生磁场所施加的电流叫作磁化电流。磁粉检测中常用的磁化电流有交流电、直流电、单相半波整流电和三相全波整流电等。

1. 交流电

交流电是大小和方向随时间做周期性变化的电流，正弦交流电是随时间做正弦变化的交流电，如图 4-8 所示。交流电的检测特点如下：

（1）交流电产生的磁场方向和大小不断变化，这种变化能有助于被检件上磁粉的流动性，使磁粉更容易被缺陷漏磁场吸引而形成可见磁痕。

（2）交流电具有趋肤效应，产生的磁场主要集中在工件表面附近，对表面缺陷具有较高的检测灵敏度。

（3）交流电磁场方向不断变化，经交流电磁化的工件退磁更容易。

（4）交流电来源方便，制成的设备重量轻、价格低，交流磁粉探伤机应用广泛。

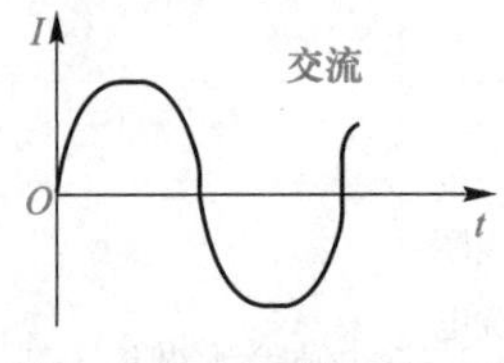

图 4-8　交流电波形示意

2. 直流电

直流电是一种稳恒电流，它的大小和方向都不随时间变化。直流电的优点是产生的磁场渗入深度大，可检测工件近表面缺陷，其缺点是退磁困难。

3. 单相半波整流电

单相交流电经过半波整流后成为单相半波整流电，如图 4-9 所示。单相半波整流电的检测特点如下：

（1）设备简单，用整流装置和交流装置组合制成的移动式设备或便携式设备，特别适用于焊接件、铸件的检测。

（2）半波整流电兼有直流的渗入性和交流的脉动性，有利于近表面缺陷的检测，能提供较高的灵敏度和对比度。

（3）半波整流电是不反转的电流，退磁困难。

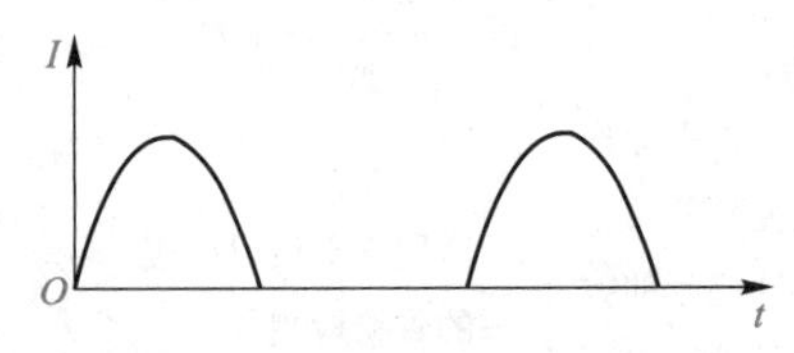

图 4-9　单相半波整流电波形示意

4. 三相全波整流电

三相全波整流是把三相交流电经过全波整流后产生一个与直流相似的电流，如图 4-10 所示。三相全波整流电检测的特点如下：

（1）三相全波整流电产生的磁场具有很大的渗透性，可以检测近表面埋藏较深的缺陷。

（2）三相全波整流电能在工件中产生稳定的剩磁，常用于剩磁法检测。

（3）磁化后剩余磁场大，退磁困难。

（4）三相全波整流的电流分别从电源线的三相引出，每相提供了一部分电流，电流的负载较为平衡，需用的功率减少接近一半。

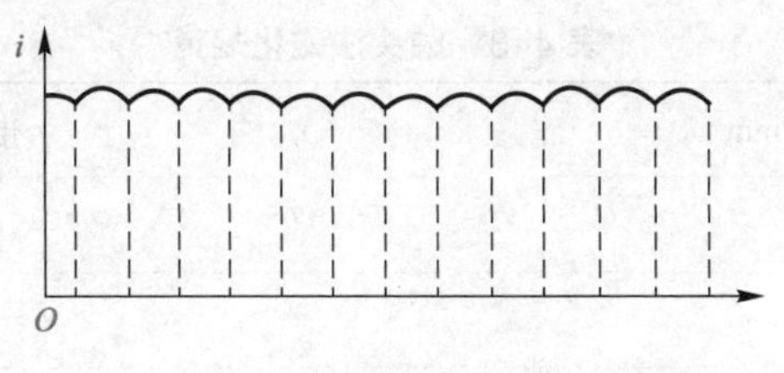

图 4-10　三相半波整流电波形示意

五、磁化规范

对工件磁化，选择磁化电流值或磁场强度值所遵循的规则称为磁化规范。磁场强度过大易产生过度背景，会掩盖缺陷显示；磁场强度过小，磁痕显示不清晰，难以发现缺陷。磁化规范正确与否直接影响检测的灵敏度。

1. 制定磁化规范的方法

磁场强度足够的磁化规范可通过下述一种或综合四种方法来确定。

（1）用经验公式计算。对于形状规则的工件，磁化规范可用经验公式计算。这些公式可提供一个大略的指导，使用时应与其他磁场强度监控方法结合使用。

（2）用毫特斯拉计测量工件表面的切向磁场强度。测量时，将磁强计的探头放在被检工件表面，确定切向磁场强度的最大值是否满足磁化规范的要求，可以替代用经验公式计算出的电流值。

（3）测绘钢材磁特性曲线。测绘钢材的磁特性曲线后再制定磁化规范，才能获得理想的检测灵敏度。

（4）用标准试片确定。用标准试片的磁痕显示程度确定磁化规范，尤其对于形状复杂的工件，难以用计算法求得磁化规范时，把标准试片贴在被磁化工件的不同部位，可确定大致理想的磁化规范。

2. 周向磁化规范

（1）轴向通电法和中心导体法的磁化规范。轴向通电法和中心导体法的磁化规范按表 4-2 确定。

表 4-2　轴向通电法和中心导体法的磁化规范

检测方法	磁化电流计算公式	
	交流电	三相全波整流电
连续法	$I=(8\sim15)D$	$I=(12\sim32)D$
剩磁法	$I=(25\sim45)D$	$I=(25\sim45)D$
注：I 表示磁化电流（A）；圆柱形直径 D 为工件直径（mm）		

（2）触头法磁化规范的确定。触头法磁化规范见表 4-3，磁化电流应根据标准试片实测结果校正。

表 4-3　触头法磁化规范

工件厚度 T/mm	电流值 I/A
$T < 19$	$I =$（3.5 ～ 4.5）L
$T \geqslant 19$	$I =$（4 ～ 5）L
注：L 表示触头间距（mm）	

3. 纵向磁化规范

（1）线圈法磁化规范

1）低充填因数线圈法磁化规范——线圈横截面面积与被检工件横截面面积之比 $Y \geqslant 10$ 时。

①当工件偏心放置时，线圈的安匝数为

$$IN = \frac{45\ 000}{L/D} \tag{4-1}$$

②当工件正中放置于线圈中心时，线圈的安匝数为

$$IN = \frac{1\ 690R}{6\ (L/D)\ -5} \tag{4-2}$$

式中　I——施加在线圈上的磁化电流（A）；

N——线圈匝数；

R——线圈半径（mm）；

L——工件长度（mm）；

D——工件直径或横截面上最大尺寸（mm）。

2）高充填因数线圈——线圈横截面面积与被检工件横截面面积之比 $Y \leqslant 2$ 时，线圈的安匝数为

$$IN = \frac{35\ 000}{(L/D)\ +2} \tag{4-3}$$

3）中充填因数线圈——线圈横截面面积与被检工件横截面面积之比 $Y > 2$ 且 $Y < 10$ 时，线圈的安匝数为

$$IN = (IN)_{h} \frac{10-Y}{8} + (IN)_{l} \frac{Y-2}{8} \tag{4-4}$$

式中　$(IN)_{h}$——由式（4-3）计算出的安匝数；

$(IN)_{l}$——由式（4-1）或式（4-2）计算出的安匝数。

（2）磁轭法磁化规范。磁轭法的提升力是指通电电磁轭在最大磁间距时，对铁磁性材料的吸引力是多少。磁轭法的提升力的大小反映了磁轭对磁化规范的要求。磁轭法磁化时，交流电磁轭至少有 45 N 的提升力；直流电磁轭至少有 177 N 的提升力；交叉磁轭至少有 118 N 的提升力。测定交流电磁轭提升力试块如图 4-11 所示。磁轭法磁化时，检测灵敏度可根据标准试片上的磁痕显示和电磁轭的提升力来确定。

提升力测试

图 4-11　测定交流电磁轭提升力试块

六、磁粉检测设备与器材

1. 磁粉检测设备的分类

磁粉探伤机按其体积和重量，可分为固定式、移动式和便携式三类。

（1）固定式磁粉探伤机。固定式磁粉探伤机一般安装在固定的场所，电流可以是直流电源，也可以是交流电源，设备的输出功率、外形尺寸和质量重，可实现轴向通电法、中心导体法、线圈法、磁轭法整体磁化或复合磁化等多种磁化方式，主要适用于中小工件的批量检测。图 4-12 所示为固定式磁粉探伤机。

图 4-12　固定式磁粉探伤机

（2）移动式磁粉探伤机。移动式磁粉探伤机是一种分立式的检测装置，体积比固定式小，重量比固定式轻，能在许可的范围内自由移动，具有较大的灵活性和良好的适应性，便于适应不同检查需求。移动式磁粉探伤机的主体是一个用晶闸管控制的磁化电源，配合使用的附件为支杆探头、磁化线圈、软电缆等。一般装有滚轮，可推动，主要用于大型工件的检测。图 4-13 所示为移动式磁粉探伤机。

（3）便携式磁粉探伤机。便携式磁粉探伤机具有体积小、重量轻和携带方便的特点，适合于野外和高空作业，便携式设备以磁轭法为主。它一般用于锅炉和压力容器的焊接接头检测、飞机的现场检测及大中型工件的局部检测。图 4-14 所示为便携式磁粉探伤机。

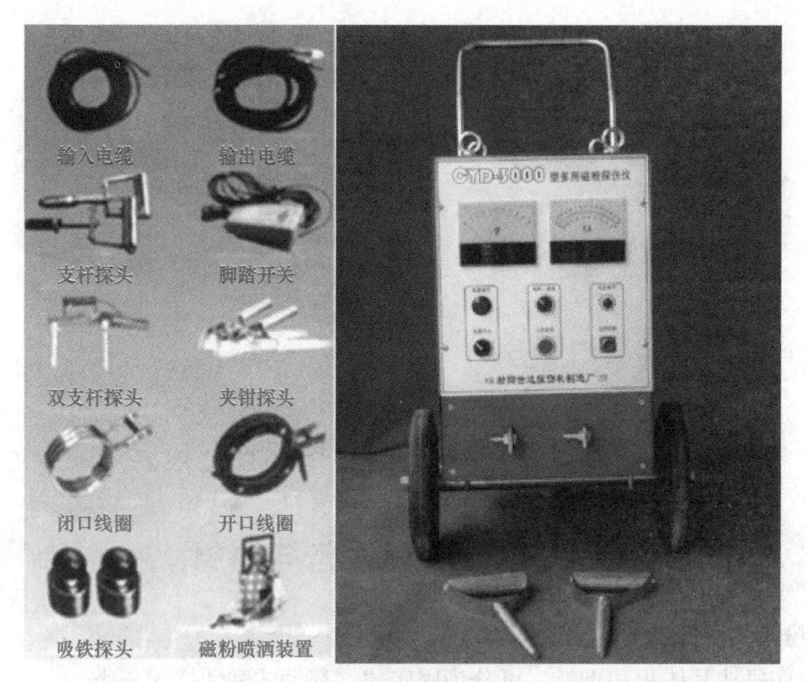

图 4-13 移动式磁粉探伤机

图 4-14 便携式磁粉探伤机

2. 磁粉检测设备的主要组成

（1）磁化电源。磁化电源是磁粉探伤机的核心部分，它的主要作用是产生磁场，对工件进行磁化。

（2）工件夹持装置。工件夹持装置的主要作用是夹紧工件。在固定式磁粉探伤机中，夹持装置是夹紧工件的夹头，为了适应不同工件检测的需要，探伤机的夹头之间的距离是可调的，并且有电动、手动和气动等多种形式。

（3）指示与控制装置。指示装置是探伤机上用于指示磁化电流大小的仪表及有关工作状态的指示灯，电表和指示灯装在设备的面板上。控制装置是控制磁化电流产生和磁粉探伤机使用过程的电器装置的组合。

（4）磁悬液喷洒装置。磁悬液喷洒装置由磁悬液槽、电动泵、软管和喷嘴组成。磁悬液槽的主要作用是贮存磁悬液，并通过电动泵叶片将槽内磁悬液搅拌均匀，通过电动泵的作用使磁悬液通过喷嘴喷洒在工件上。图 4-15 所示为磁悬液喷洒装置。

图 4-15　磁悬液喷洒装置

（5）照明装置。照明装置主要有荧光灯和黑光灯。

使用非荧光磁粉检测时，被检工件表面应有足够的自然光和日光灯来照明，被检工件表面可见光照度应不小于 1 000 lx，并应避免强光和阴影。

使用荧光磁粉检测时，要用黑光灯来进行照明，它能产生一种长波的紫外线，当紫外线照射到工件表面包覆一层荧光染料的荧光磁粉上时，荧光物质便吸收紫外线的能量，激发出黄绿色的荧光，增强对磁痕的识别能力。图 4-16 所示为手持式黑光灯。

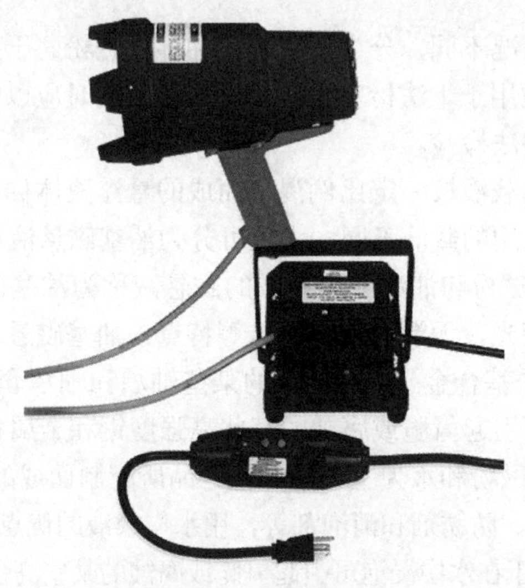

图 4-16　手持式黑光灯

（6）退磁装置。退磁装置是磁粉探伤机的组成部分，一般磁粉探伤机上都带有退磁装置，在生产量较大的工厂也采用单独的退磁设备。图 4-17 所示为单独退磁机。

图 4-17　单独退磁机

3. 磁粉及磁悬液

（1）磁粉。磁粉是显示缺陷的重要手段，磁粉质量的优劣和选择是否恰当，将直接影响磁粉检测的结果，检测人员应全面了解和使用磁粉。磁粉的种类有很多，按磁痕观察方式进行分类，磁粉分为荧光磁粉和非荧光磁粉；按施加方式进行分类，磁粉分为湿法用磁粉和干法用磁粉。

1）荧光磁粉。荧光磁粉是一种在紫外线（黑光）照射下进行磁痕观察的磁粉。荧光磁粉以磁性氧化铁粉、工业纯铁粉等为核心，再在外面黏合一层荧光染料树脂制成。

在紫外线照射下，荧光磁粉能发出波长范围为 510 ～ 550 nm 且为人眼接受的最敏感、色泽鲜明的黄绿色荧光，与工件表面颜色对比度高，容易观察，能提高检测的灵敏度和检测速度，使用范围广泛。其在湿法检测中应用较多。

2）非荧光磁粉。非荧光磁粉是一种在可见光下观察磁痕显示的磁粉。它的主要成分是四氧化三铁（Fe_3O_4）或三氧化二铁（Fe_2O_3）粉末，可用染色及其他方法处理成不同颜色。

非荧光磁粉按使用情况不同，分为干式磁粉和湿式磁粉。干式磁粉直接喷洒在被检工件表面进行工件检测，适用于干法检验。湿式磁粉在使用时应以油或水做分散剂，配制成磁悬液后使用，适用于湿法检验。

（2）磁悬液。磁粉和载液按一定比例混合而成的悬浮液体称为磁悬液。用于悬浮磁粉的液体称为载液。按所使用的载液不同，大致可分为油基磁悬液和水基磁悬液两种。

1）油基磁悬液。由磁粉和油液配制而成的磁悬液称为油基磁悬液。油基磁悬液应具有低黏度、高闪点、无荧光、无活性和无异味等特点。油基磁悬液优先用于如下场合：对腐蚀应严加防止的某些铁基合金（如精加工的某些轴承和轴承套）；有水，可能会引起电击的地方；在水中浸泡可引起氢脆或腐蚀的某些高强度钢和金属材料。

2）水基磁悬液。由磁粉和水为主并与其他药品所配制而成的磁悬液叫作水基磁悬液。水基磁悬液须添加润湿剂、防锈剂和消泡剂等。用水作载液的优点是水不易燃、黏度小、来源广、价格低，但不适用于在水中浸泡可引起氢脆或腐蚀的某些高强度合金钢和金属材料。

3）磁悬液的浓度。每升磁悬液中所含磁粉的质量（g/L）或每 100 mL 磁悬液沉淀出磁粉的体积（mL/100 mL）称为磁悬液浓度。前者称为磁悬液配制浓度，后者称为磁悬液沉淀浓度。

磁悬液浓度对显示缺陷的灵敏度影响很大，浓度不同，检测灵敏度也不同。浓度过低，影响漏磁场对磁粉的吸附量，磁痕不清晰，会使缺陷漏检；浓度过高，会在工件表面滞留很多磁粉，形成过度背景，甚至会掩盖缺陷显示。

国内外标准都对磁悬液浓度范围进行了严格限制，磁悬液浓度大小的选用与磁粉的种类、粒度、施加方式和被检工件表面状态等因素有关，《承压设备无损检测 第 4 部分：磁粉检测》(NB/T 47013.4—2015）中对磁悬液浓度的要求见表 4-4。

表 4-4 磁悬液浓度

磁粉类型	配制浓度 / $(g \cdot L^{-1})$	沉淀浓度（含固体量）/ $[mL \cdot (100\ mL)^{-1}]$
非荧光磁粉	10 ～ 25	1.2 ～ 2.4
荧光磁粉	0.5 ～ 3.0	0.1 ～ 0.4

对光亮工件，应采用黏度和浓度都大一些的磁悬液进行检测。对表面粗糙的工件，应采用黏度和浓度小的磁悬液进行检测。

4. 标准试片与标准试块

（1）标准试片。

1）标准试片的用途：用于检验磁粉检测设备、磁粉和磁悬液的综合性能；用于显示被检工件表面的有效磁场强度和方向、有效检测区及磁化方法是否正确；当无法计算复杂工件的磁化规范时，将试片贴在复杂工件的不同部位，可大致确定较理想的磁化规范。

2）标准试片的类型：我国使用的标准试片主要有 A1 型、C 型、D 型和 M1 型四种形式。表 4-5 所示为标准试片常用的类型和规格。磁粉检测时一般应选用 A1-30/100 型标准试片。当检测焊缝坡口等狭小部位，由于尺寸关系，A1 型标准试片使用不便时，一般可选用 C-15/50 型标准试片。

表 4-5 磁粉检测标准试片的类型、规格

类型	规格：缺陷槽深 / 试片厚度 / μm	图形和尺寸 /mm
A1 型	A1：7/50	A1, 6, φ10, 20, 6, 7/50, 20
	A1：15/50	
	A1：30/50	
	A1：15/100	
	A1：30/100	
	A1：60/100	
C 型	C：8/50	C, 10, 8/50, 5, 5×5, 分割线, 人工缺陷
	C：15/50	
D 型	D：7/50	3, 10, 3, φ5, 10, 7/50; D, 10, 10, 7/50
	D：15/50	

续表

类型	规格：缺陷槽深 / 试片厚度 / μm		图形和尺寸 /mm
M1 型	ϕ12 mm	7/50	M1 20 7/50 20
	ϕ9 mm	15/50	
	ϕ6 mm	30/50	
注：C 型标准试片可剪成 5 个小试片分别使用			

3）标准试片的使用：在使用标准试片时，应将试片无人工缺陷的面朝外，为使试片与被检面接触良好，可用透明胶带将其平整粘贴在被检面上，并注意胶带不能覆盖试片上的人工缺陷。当标准试片表面有锈蚀、褶皱或磁特性发生改变时不得继续使用。

标准试片的使用

（2）标准试块。

1）标准试块的用途：用于检验磁粉检测设备、磁粉和磁悬液的综合性能；用于考察磁粉检测的试验条件和操作方法是否恰当；用于检测各种磁化电流及磁化电流大小不同时产生的磁场在标准试块上大致的渗入深度。

2）标准试块的类型：主要有 B 型、E 型和磁场指示器三种类型。

① B 型标准试块。B 型标准试块用于校验直流磁粉探伤机。国家标准样品 B 型试块的形状如图 4–18 所示，尺寸见表 4–6。材料为经退火处理的 9 CrWMn 钢锻件，其硬度为 90 ～ 95 HRB。

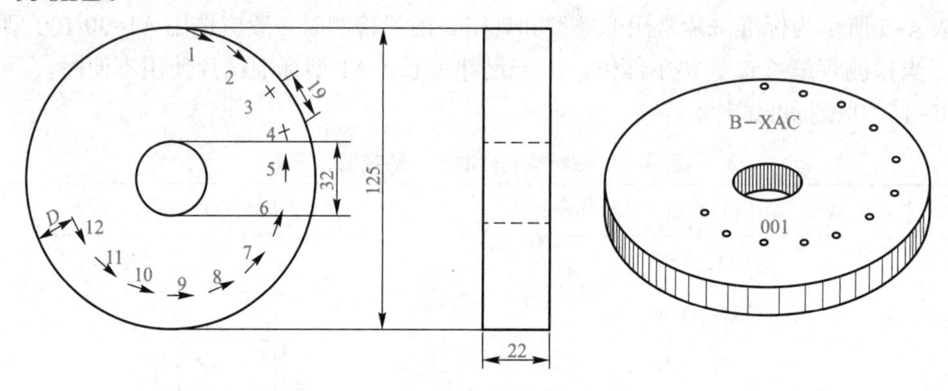

图 4–18　国家标准样品 B 型试块的形状

表 4–6　国家标准样品 B 型试块的尺寸

孔号	1	2	3	4	5	6	7	8	9	10	11	12
通孔中心距外缘距离 /mm	1.78	3.56	5.33	7.11	8.89	10.6	12.4	14.2	16.0	17.7	19.5	21.3
注：1．12 个通孔直径 D 为 ϕ1.78 ± 0.08 mm； 2．通孔中心距外缘距离 L 的尺寸公差为 ±0.08 mm												

② E 型标准试块。E 型标准试块用于校验交流磁粉探伤机。试块采用经退火处理的 10 钢锻件制成。形状如图 4–19 所示，尺寸见表 4–7。

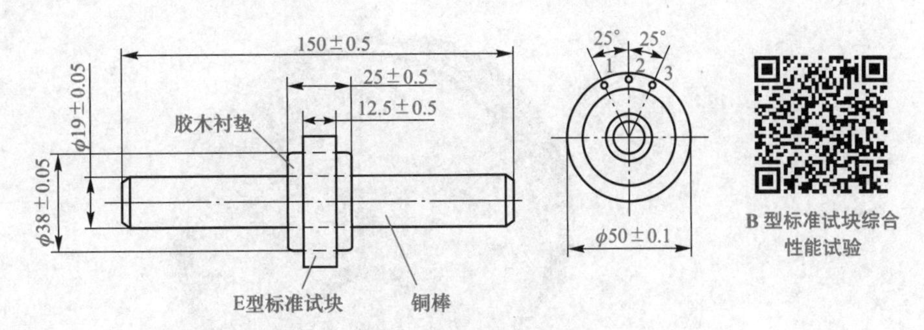

图 4-19　国家标准样品 E 型试块的形状

表 4-7　国家标准样品 E 型试块的尺寸

孔号	1	2	3
通孔中心距外缘距离 /mm	1.5	2.0	2.5
通孔直径 /mm	1		
注：1．3 个通孔直径为 $\phi 1.0^{+0.08}_{-0.05}$ mm； 2．通孔中心距外缘距离公差为 ±0.05 mm			

③磁场指示器。磁场指示器是用电炉铜焊条将 8 块低碳钢片与铜片焊在一起构成的，有一个非磁性手柄，如图 4-20 所示。磁场指示器是一种用于表示被检工件表面磁场方向、有效检测区及磁化方法是否正确的一种粗略的校验工具，但不能作为磁场强度及其分布的定量指示。使用时，将磁场指示器铜面朝上，8 块低碳钢面朝下紧贴被检工件，用连续法检验，给磁场指示器施加磁粉，观察磁痕显示。

E 型标准试块综合性能试验

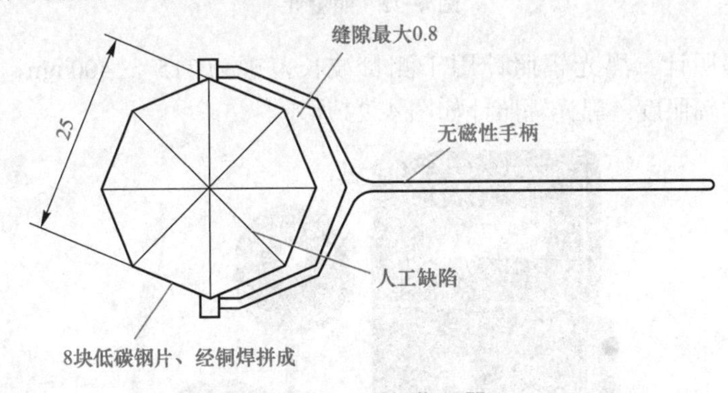

图 4-20　磁场指示器

5．测量仪器

（1）袖珍式磁强计。袖珍式磁强计，主要用于工件退磁后剩磁大小的快速直接测量，也可用于铁磁性材料工件在检测、加工和使用过程中剩磁的快速测量，如图 4-21 所示。

（2）照度计。照度计是用于测量被检工件表面的可见光照度的仪器，常见的有 ST-85 型自动量程照度计和 ST-80C 型照度计，如图 4-22 所示。

图 4-21　袖珍式磁强计

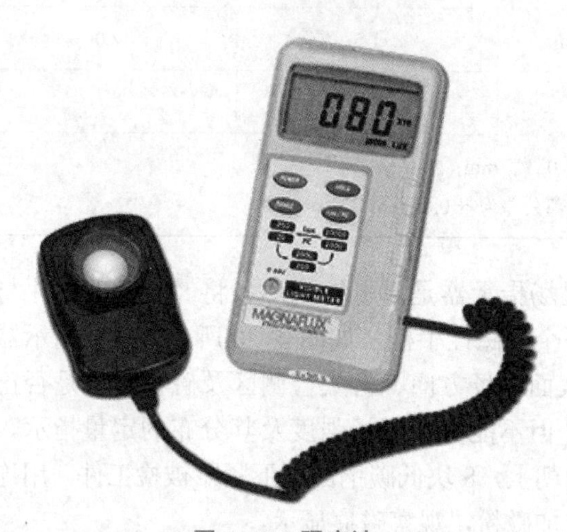

图 4-22　照度计

（3）黑光辐照计。黑光辐照计用于测量波长范围为 315 ～ 400 nm，峰值波长约为 365 nm 的黑光的辐照度。黑光辐照计如图 4-23 所示。

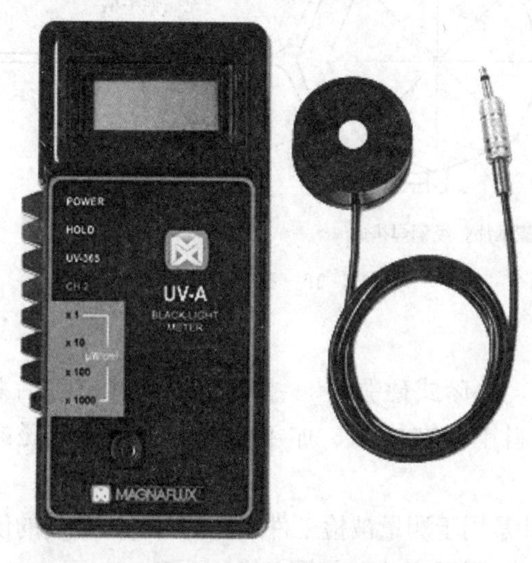

图 4-23　黑光辐照计

（4）通电时间测量器。通电时间测量器（如袖珍式电秒表），用于测量通电磁化时间。

七、磁粉检测过程

正确地执行磁粉检测的工艺流程，才能保证检验的工作质量。图 4–24 所示为磁粉检测工艺流程图。

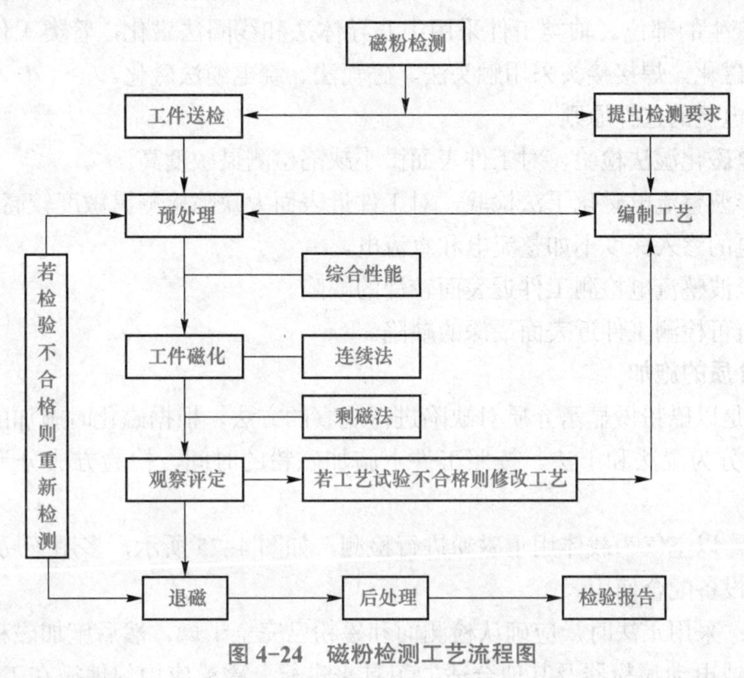

图 4–24　磁粉检测工艺流程图

1. 工件的预处理

磁粉检测用于检测工件的表面缺陷，工件的表面状态对于磁粉检测的操作和灵敏度都有很大的影响，所以磁粉检测前，对工件应做好以下预处理工作，以确保检测工作的质量。

（1）工件表面的清理。清除工件表面的油污、铁锈、氧化皮、毛刺、焊接飞溅物等杂质；使用水悬液进行检测时，工件表面要认真除油；使用油悬液时，工件表面不应有水分；干法检测时，工件表面应干净和干燥。

（2）打磨通电部位的非导电层。通电部位存在非导电层（如漆层）会隔断磁化电流，容易在通电时产生电弧烧伤工件，应将与电极接触部位的非导电覆盖层打磨掉。

（3）分解组合装配件。装配件一般形状和结构复杂，磁化和退磁都困难，分解后检测操作容易进行。

2. 磁化工件

磁化工件是磁粉检测中最关键的工序，对检测灵敏度有决定性的影响，磁化不足可能漏检；磁化过度会产生杂乱显示，影响缺陷评判。磁化工件是根据工件的材质和结构尺寸来选择磁化方法、磁化电流、磁化规范，使工件在缺陷处产生足够的漏磁场，以便吸附磁粉来显示缺陷。

（1）磁化方法的选择原则。

1）工件的尺寸大小。尺寸大的工件采用局部磁化，尺寸小的工件优先采用整体磁化。

2）工件的外形结构。形状简单的工件考虑采用一种磁化方法磁化，形状复杂的工件采用多种磁化方法磁化。

3）工件的表面状态。工件表面粗糙采用直接通电磁化法磁化；工件表面光滑采用间接通电法磁化。

4）缺陷产生的方向。纵向缺陷采用周向磁化法磁化；周向缺陷采用纵向磁化法磁化。

5）缺陷产生的部位。轴类工件采用中心导体法和线圈法磁化，管类工件采用轴向通电法和线圈法磁化。焊接接头采用触头法、磁轭法、绕电缆法磁化。

（2）磁化电流的选择原则。

1）交流电磁化湿法检验，对工件表面微小缺陷检测灵敏度高。

2）单相半波整流电磁化干法检验，对工件近表面大缺陷检测灵敏度较高。

3）交流电的渗入深度不如整流电和直流电。

4）三相全波整流电检测工件近表面较深的缺陷。

5）直流电可检测工件近表面最深的缺陷。

3. 磁粉介质的施加

磁粉检测是以磁粉做显示介质对缺陷进行观察的方法。根据磁化时施加的磁粉介质种类，检测方法分为湿法和干法。按照工件上施加磁粉的时间，检验方法分为连续法和剩磁法。

（1）干法。以空气为载体用干磁粉进行检测，如图 4–25 所示，多用于局部区域检测，通常与便携式设备配合使用。

操作要点：采用干法时，应确认检测面和磁粉已完全干燥，然后施加磁粉。磁粉的施加可采用手动或电动喷粉器及其他合适的工具来进行。磁粉应均匀地撒在工件被检面上；磁粉不应施加过多，以免掩盖缺陷磁痕。在吹去多余磁粉时不应干扰缺陷磁痕。

（2）湿法。将磁粉悬浮在载液中进行磁粉探伤，如图 4–26 所示，适用于批量工件的检测，常与固定式设备配合使用，操作方便，检测效率高，磁悬液可回收。

操作要点：磁化前，应确认整个检测表面被磁悬液润湿，施加磁悬液的方式有浇淋法和浸渍法。浇淋法多用于连续法磁化和较大的工件；浸渍法多用于剩磁法和较小的工件。检测面上的磁悬液的流速不能过快，防止冲刷掉已形成的磁痕。

图 4–25　干法

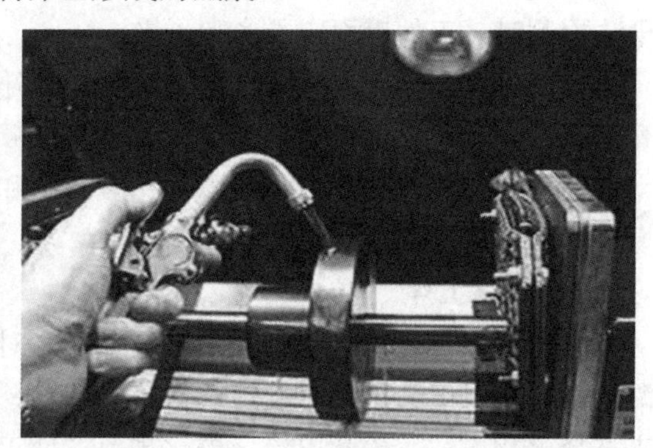

图 4–26　湿法

（3）连续法。在外加磁场磁化的同时，将磁粉或磁悬液施加到工件上进行磁粉检测的方法。

干法磁粉检测

操作要点：采用连续法时，磁粉或磁悬液的施加和磁痕显示的观察应在磁化通电时间内完成，且停施磁粉或磁悬液至少 1 s 后方可停止磁化；磁化通电的时间一般为 1 ～ 3 s，且为保证磁化效果应至少反复磁化两次。

（4）剩磁法。在停止磁化后，再将磁悬液施加到工件上进行磁粉检测的方法。

操作要点：磁化结束后施加磁悬液；磁化时间一般控制在 0.25 ～ 1 s；浇磁悬液 2 ～ 3 遍，或浸入磁悬液中 3 ～ 20 s，保证充分润湿。

4. 磁痕观察与记录

（1）观察。磁痕的观察和评定一般应在磁痕形成后立即进行。磁粉检测的结果，完全依赖检测人员目视观察和评定磁痕显示，所以目视检查时的照明极为重要。

使用非荧光磁粉检测时，被检工件表面可见光照度应不小于 1 000 lx，并应避免强光和阴影。使用荧光磁粉检测时使用黑光灯照明，并应在暗区内进行，暗区的环境可见光应不大于 20 lx，被检工件表面的黑光辐照度应不小于 1 000 $\mu W/cm^2$。

（2）记录。工件上的缺陷磁痕显示记录有时需要连同检测结果保存下来，作为永久性记录。缺陷磁痕显示记录的内容是磁痕显示的位置、形状、尺寸和数量等。缺陷磁痕显示记录有绘制磁痕草图、表格记录、照相复制等方法。

5. 磁痕分析与工件验收

（1）磁痕分析。磁粉检测是利用磁粉聚集形成的磁痕来显示工件上的不连续性和缺陷的。磁粉检测时磁粉聚集形成的图像称为磁痕。

1）表面缺陷磁痕。表面缺陷有一定的深宽比，磁痕显示浓密清晰，呈直线状、弯曲线状或网状，磁痕显示重复性好。

2）近表面缺陷磁痕。近表面缺陷磁痕宽而模糊，轮廓不清晰。磁痕显示和缺陷性质与埋藏深度有关。

3）假磁痕。不是缺陷引起的磁痕称为假磁痕。假磁痕聚集松散，再现性差。假磁痕是由工件表面粗糙、表面有氧化皮、表面油脂、划痕、磁悬液浓度过大等原因造成的。

（2）焊接缺陷的磁痕。

1）焊接裂纹。磁痕特征呈纵向、横向线状、树枝状或星形线辐射状。显示强烈，磁粉聚集浓密，轮廓清晰，大小和深度不一，重现性好。图 4-27 所示为焊接裂纹的磁痕显示。

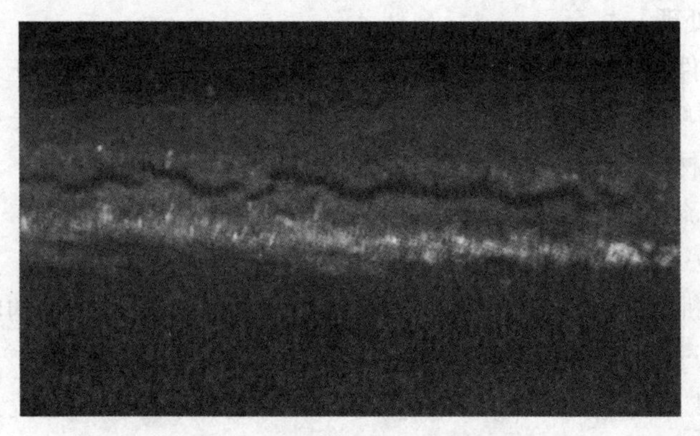

图 4-27　焊接裂纹的磁痕显示

2）焊接气孔。焊接气孔有的单独出现，有的成群出现，磁痕的浓密程度与气孔深度有关，典型磁痕显示是近表面气孔比较淡薄，且不大清晰明显，表面气孔的显示比较明显。

3）未焊透。磁粉检测只能发现埋藏浅的未焊透，未焊透的显示多呈条状，磁痕松散、较宽，重现性好，通常位于焊缝的中心线上。

4）夹渣。夹渣多呈点状（椭圆形）或粗短的条状，磁痕宽而不浓密。

（3）工件验收。磁粉检测的目的是既要发现缺陷，又要依据质量验收标准评价工件质量。下面介绍《承压设备无损检测 第4部分：磁粉检测》（NB/T 47013.4—2015）质量分级的要求。

1）不允许任何裂纹显示，紧固件和轴类零件不允许任何横向缺陷显示。

2）焊接接头的质量分级。焊接接头的质量分级按表4-8进行。

表4-8 焊接接头的质量分级

等级	线性缺陷磁痕	圆形缺陷磁痕（评定框尺寸为35 mm×100 mm）
Ⅰ	$l \leqslant 1.5$	$d \leqslant 2.0$，且在评定框内不大于1个
Ⅱ	大于Ⅰ级	
注：l 表示线性缺陷磁痕长度（mm）；d 表示圆形缺陷磁痕长径（mm）		

3）其他部件的质量分级。其他部件的质量分级按表4-9进行。

表4-9 其他部件的质量分级

等级	线性缺陷磁痕	圆形缺陷磁痕（评定框尺寸为2 500 mm^2，其中一条矩形边长最大为150 mm）
Ⅰ	不允许	$d \leqslant 2.0$，且在评定框内不大于1个
Ⅱ	$l \leqslant 4.0$	$d \leqslant 4.0$，且在评定框内不大于2个
Ⅲ	$l \leqslant 6.0$	$d \leqslant 6.0$，且在评定框内不大于4个
Ⅳ	大于Ⅲ级	
注：l 表示线性缺陷磁痕长度（mm）；d 表示圆形缺陷磁痕长径（mm）		

6. 退磁和后处理

（1）退磁。工件在磁粉检测后往往保留一定的剩磁，具有剩磁的工件，在加工过程中可能会加速工具的磨损，也可能干扰下道工序的进行，以及影响仪表及精密设备的使用等。退磁就是消除材料磁化后的剩余磁场使其达到无磁状态的过程。

退磁可分为交流退磁法和直流退磁法两种。

1）交流退磁法：将需退磁的工件从通电的磁化线圈中缓慢抽出，直至工件离开线圈1 m以上时，再切断电流；或将工件放入通电的磁化线圈，将线圈中的电流逐渐减小至零或将交流电直接通过工件并逐步将电流减到零。

2）直流退磁法：将需退磁的工件放入直流电磁场，不断改变电流方向，并逐渐减小电流至零。

（2）后处理。磁粉检测后，工件表面会残留部分磁粉或磁悬液，当残留的磁粉或磁悬液影响工件以后加工或使用时，应在检测后进行清理。

干法检测时，可用压缩空气吹去残留在工件表面上的磁粉；湿法检测时，油磁悬液可用汽油洗涤液清除，使用水磁悬液检测的工件为了防止表面生锈，可以用脱水防锈油进行处理。

八、焊接件的磁粉检测

1. 焊接件磁粉检测的范围

（1）坡口的检测。坡口检测主要是检测焊接件母材的质量，范围是坡口和钝边。可能出现的缺陷有分层和裂纹。分层平行于钢板表面，在板厚中心附近；裂纹可能再现于分层端部或火焰切割处。

（2）焊接过程中的检测。焊接过程中的检测主要应用于多层钢板的包扎焊接或大厚度钢板的多层焊接。在焊接过程的中间阶段，当焊接接头具有一定厚度时进行检测，发现缺陷后将其除掉。中间过程检测时，由于工件温度较高，不能采用湿法，应采用高温磁粉干法进行检测。

（3）焊接接头的检测。焊接接头的检测主要是检测焊接裂纹等焊接缺陷，检测范围是焊缝金属及热影响区。

2. 焊接件磁粉检测的磁化方法

（1）磁轭法。使用磁轭法时，为了检出各个方向上的缺陷，必须在同一部位做至少两次的垂直检测。磁极间距控制为 75 ～ 200 mm，其有效宽度为两极连线两侧各 1/4 极距的范围内，磁化区域每次应有不少于 10% 的重叠，如图 4-28 所示。

板的对接接头磁轭法检测

（2）触头法。触头法也是单方向磁化的方法，优点是电极间距可以调节，可根据检测部位情况及灵敏度要求确定电极间距和电流大小。使用触头时，应注意触头电极位置的放置和间距。

触头法磁化时，电极间距 L 一般应控制为 75 ～ 200 mm。磁场的有效宽度为触头中心线两侧 1/4 间距，磁化区域每次应有不少于 10% 的重叠，对于每一磁化区域至少做两次近似垂直的磁化，如图 4-29 所示。检测接触面应尽可能平整，以减少接触电阻，防止打火烧伤。

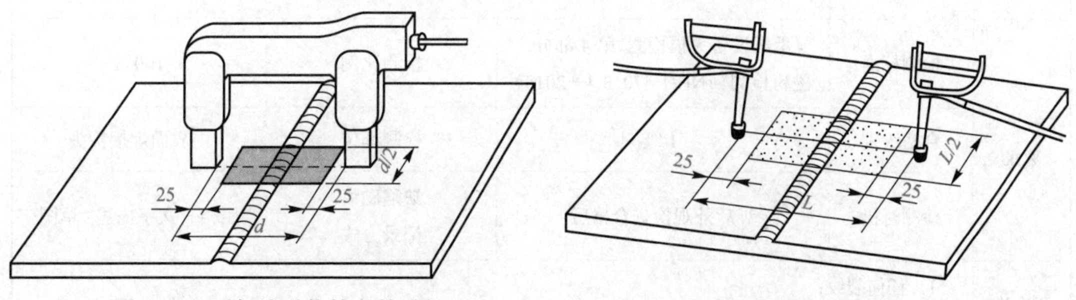

图 4-28　磁轭法磁化的有效磁化区　　　图 4-29　触头法磁化的有效磁化区

（3）交叉磁轭法。采用交叉磁轭法对焊接接头表面裂纹进行检测可以得到满意的效果。其主要优点是一次磁化可检测出工件表面任何方向的缺陷，检测效率高。

触头法磁粉检测

在使用时应注意磁极端面与工件的间隙不宜过大，防止因间隙磁阻增大影响焊接件上的磁通量，最大间隙为 0.5 mm；连续拖动检测时，检测速度应尽量均匀，一般不应大于 4 m/min；观察时要防止磁轭的遮挡，影响对缺陷的识别，注意喷洒磁悬液的方向。

交叉磁轭法磁粉检测

【任务实施】

1. 制定操作指导书

磁粉检测操作指导书见表 4–10。

表 4–10　磁粉检测操作指导书

委托单位		某制造厂	操作指导书编号	××××/QSD–AM1–01
工件	检件名称	液化石油气火车槽车	产品编号	03—1
	部件编号	A1 ～ A3、B1 ～ B6	检件材质	Q235–R
	焊接方法	自动焊 / 手工焊	表面状态	打磨（*Ra* ≤ 25 μm）
检测条件及工艺参数	设备名称	交叉磁轭磁粉探伤机	设备型号	CYE–3
	提升力	≥ 118 N	电流类型	交流
	检测方法	湿法连续法	磁化方法	磁轭法
	灵敏度试片	A1–30/100	磁化规范	标准试片验证确认
	磁化时间	（1 ～ 3 s）×2	磁极间距	150 mm
	施加方法	喷洒	磁粉型号	BW–1
	磁悬液浓度（配制浓度）	10 ～ 25 g/L	磁粉种类	非荧光水磁悬液
	观察方式	白光下、目视	白光照度	≥ 1 000 lx
技术要求	检测标准	《承压设备无损检测 第 4 部分：磁粉检测》(NB/T 47013.4—2015）	检测比例	100%
	合格级别	Ⅰ级	检测部位	内表面焊接接头
	检测时机	焊后外观检查合格后	缺陷磁痕记录方式	照相 + 文字描述 / 草图
不允许缺陷	1. 任何裂纹； 2. 线性缺陷磁痕 $l > 1.5$ mm； 3. 在 35×100（mm^2）评定区内，单个圆形缺陷 $d > 2.0$ mm，$d \leq 2.0$ mm 的圆形缺陷大于 2 个			

续表

<table>
<tr><td colspan="2">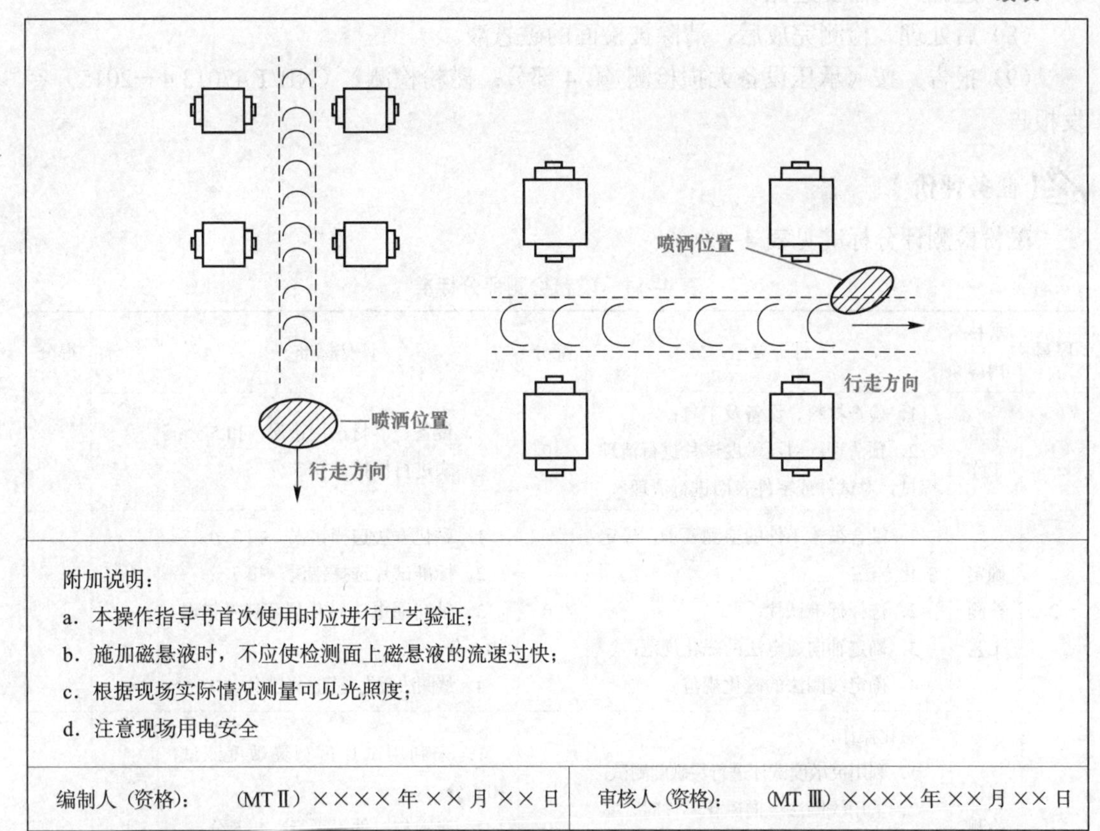
</td></tr>
<tr><td colspan="2">附加说明：
a．本操作指导书首次使用时应进行工艺验证；
b．施加磁悬液时，不应使检测面上磁悬液的流速过快；
c．根据现场实际情况测量可见光照度；
d．注意现场用电安全</td></tr>
<tr><td>编制人（资格）：（MTⅡ）××××年××月××日</td><td>审核人（资格）：（MTⅢ）××××年××月××日</td></tr>
</table>

2．操作步骤

（1）预处理。被检区表面及相邻至少 25 mm 范围内应干燥，清除焊缝表面及热影响区上的飞溅、焊渣、污物等。如果背景反差小，可在被检表面施加一层较薄的反差增强剂。

（2）磁化。用磁悬液润湿工件表面；用 A1-30/100 灵敏度试片进行综合性能验证；采用交叉磁轭磁化时，其检测速度不大于 4 m/min，检测时交叉磁轭与工件必须做相对运动；磁化通电时间一般为 1 ～ 3 s。

（3）施加磁粉或磁悬液。磁悬液的施加应在磁化通电时间内完成，停磁悬液至少 1 s 后方可停止磁化。施加磁悬液之前，强磁性物体不得接触被检工件表面。检测纵缝时，磁悬液应喷洒在磁轭行走的正前方；检测环缝时，磁悬液应喷洒在磁轭行走的前上方。

管对接接头的磁轭法检测

（4）磁痕观察。缺陷磁痕的观察应在磁痕形成后立即进行，且应在磁化通电时间内完成；工件被检表面可见光照度应不小于 1 000 lx。必要时可用 2 ～ 10 倍放大镜进行观察。

（5）缺陷记录。可以采用照相、草图等形式进行记录，并在原始记录上记录缺陷尺寸、位置和形状。

（6）评级。按照《承压设备无损检测 第 4 部分：磁粉检测》（NB/T 47013.4—2015）进行评定，Ⅰ级为合格。

（7）退磁。不需要退磁。

（8）后处理。检测完成后，清除被检面的磁悬液。

（9）报告。按《承压设备无损检测 第4部分：磁粉检测》（NB/T 47013.4—2015）签发报告。

【任务评价】

磁粉检测评分标准见表4-11。

表4-11 磁粉检测评分标准

序号	考核内容	评分要素	配分	评分标准	扣分	得分
1	准备工作	1．检查材料、设备及工具； 2．预清理：对灵敏度试片进行清理擦拭，对试件或零件表面进行清理	10	1．设备、器材选用错误，扣5分； 2．未进行擦拭，扣5分		
2	确定检测工艺	1．结合被检工件的检测要求，确定磁化方法； 2．选择标准试片； 3．确定轴向通电法的磁化规范； 4．确定线圈法的磁化规范	20	1．磁化方法选择错误，扣5分； 2．标准试片选择错误，扣5分； 3．轴向通电法磁化规范选择错误，扣5分； 4．线圈法磁化规范选择错误，扣5分		
3	磁粉检测操作	磁化操作： 1．利用灵敏度试片进行灵敏度测试； 2．采用线圈法纵向磁化零件时，零件的轴线应尽量与线圈轴线平行； 3．采用通电法磁化时，应注意防止打火烧伤	20	1．未利用试片进行灵敏度测试，扣5分； 2．线圈与工件不平行，扣5分； 3．磁化规范设置不正确，扣5分； 4．通电法时形成打火花烧伤，扣5分		
		施加磁悬液： 1．施加磁悬液必须润湿试件表面； 2．施加磁悬液时要使其能够流动，不得影响已形成的磁痕； 3．停止施加磁悬液后方可断电，然后再通电2次	10	1．未润湿表面，扣2分； 2．未能够流动，扣2分； 3．影响已形成磁痕，扣2分； 4．未在通电或通磁条件下施加，扣2分； 5．未按要求操作，扣2分		
		磁痕的观察与记录： 1．磁痕的观察应在试件或零件表面上的光照度不小于1000 lx的条件下进行； 2．能正确地测量磁痕的尺寸； 3．采用适当的方法做好原始记录	15	1．没测定光照度，或光照度不达到要求，扣5分； 2．磁痕尺寸测量每错1处，扣2分； 3．缺陷磁痕记录每错1处，扣2分		
		缺陷评定与结论： 根据记录的缺陷性质、尺寸大小、对照执行标准的规定进行正确评定	10	质量等级评定错误，扣10分		
		后处理工序： 试验完毕后应将试件或零件表面清理干净	5	未清洗，扣5分		

续表

序号	考核内容	评分要素	配分	评分标准	扣分	得分
4	团队合作能力	能与同学进行合作交流，并解决操作时遇到的问题	10	不能与同学进行合作交流解决操作时遇到的问题，扣 10 分		
合计			100			

【知识拓展】

不锈钢有磁性吗?

含铬量大于 12.5%，具有较高的抵抗外界介质（酸、碱、盐）腐蚀的钢，称为不锈钢。根据钢内的组织状况，不锈钢可分为马氏体型、铁素体型、奥氏体型、铁素体 - 奥氏体型、沉淀硬化型不锈钢等。

在日常生活中，人们接触较多的是奥氏体不锈钢和马氏体不锈钢两大类。奥氏体不锈钢典型的牌号为 0Cr18Ni9，即“304”。马氏体不锈钢就是制造刀剪的不锈钢，牌号主要有 2Cr13、3Cr13、6Cr13、7Cr17 等。由于这两类不锈钢组织成分的差异，其金属显微组织也不相同。奥氏体不锈钢由于在钢中加入较高的铬和镍（含铬在 18% 左右，Ni 在 4% 以上），钢的内部组织呈现一种称为奥氏体的组织状态，这种组织是没有导磁性的，不能被磁铁所吸引。

制作刀剪类的不锈钢要采用马氏体不锈钢。因为刀剪需具有剪切物品的功能，必须有锋利度，要有锋利度就必须具有一定的硬度。这类不锈钢必须通过热处理使其内部发生组织转变，增加硬度后才能做刀剪。但这类不锈钢（马氏体不锈钢）的内部组织为回火马氏体，具有导磁性，可被磁铁吸引。

因此，不能简单地利用是否有磁性来说明不锈钢。

任务二　渗透检测

【知识目标】

1．掌握渗透检测的基本原理，熟悉渗透检测的特点。

2．了解渗透检测方法的分类，分析不同渗透检测方法的应用场合。

3．了解渗透检测材料的组成、作用性能，能合理选择渗透检测材料。

4．了解渗透痕迹的分类，熟悉工件验收的质量分级标准。

【能力目标】

1．学习试块的作用及使用要求，实现标准试块类型的选择。

2．学习渗透检测设备的类型，能正确使用各种设备。

3．学习渗透检测的工艺流程，实现渗透检测工艺参数的选择。

4．根据典型工件溶剂去除型渗透检测的操作指导书，实践溶剂去除型渗透检测的操作过程。

【素养目标】

1．培养细心、严谨的工作态度。

2．培养团队合作精神。

3．培养精益求精的工匠精神。

【任务描述】

某工厂在建工业压力管道，规格为ϕ108 mm×5 mm，材质为12Cr18Ni9，总长100 m，共20个对接焊接接头。接头形式如图4-30所示。焊接方法：氩弧焊打底，电弧焊多层多道焊。焊后外表面进行打磨。周围无水源。环境温度20 ℃。图样要求：对接焊接接头外表面20%，渗透检测抽查，符合《承压设备无损检测 第5部分：渗透检测》（NB/T 47013.5—2015）要求，I级合格。要求编制压力管道对接焊接接头渗透检测工艺并实施。

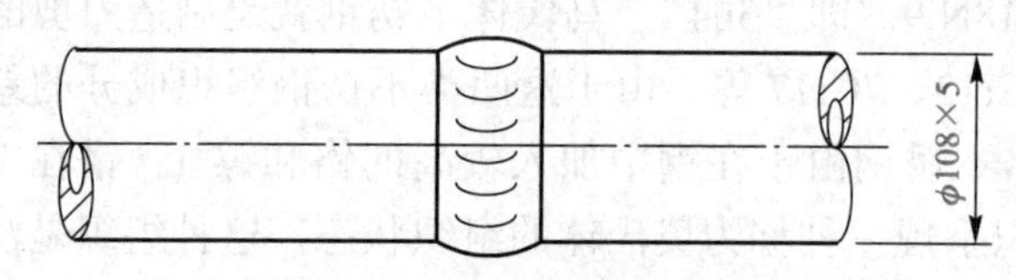

图4-30 压力管道结构示意

所用渗透检测设备及器材如下：

溶剂去除型着色渗透剂DPT-5（低氟、低氯型）、溶剂清洗剂DPT-5（低氟、低氯型）、溶剂悬浮型显像剂DPT-5（低氟、低氯型）、照度计、铝合金试块（A型）、镀铬试块（B型）、钢丝刷、红外线测温仪、角向磨光机、干净不脱毛棉布等。

【知识准备】

一、渗透检测原理

渗透检测是一种以毛细作用原理为基础的检查非多孔性材料表面开口缺陷的无损检测方法。将溶有着色染料或荧光染料的渗透剂施加于工件表面，由于毛细现象的作用，渗透剂渗入各类开口至表面的微小缺陷，清除附着于工件表面上多余的渗透剂，干燥后再施加显像剂，缺陷中的渗透剂重新回渗到工件表面上，形成放大了的缺陷显示，在白光下或在黑光灯下观察，缺陷处可呈红色显示或发出黄绿色荧光。目视即可检测出缺陷的形状和分布。

渗透检测可用来检测延伸至表面的开口缺陷。主要用来检测致密性材料，可检测金属材料，也可用来检测其他非金属材料，前提是材料必须为非多孔性材料。

二、渗透检测的特点

1. 渗透检测的优点

渗透检测可检测非多孔性材料的表面开口缺陷，如裂纹、折叠、气孔、冷隔和疏松等。它不受材料组织结构和化学成分的限制，不仅可以检测有色金属，还可以检测塑料、陶瓷及玻璃等非多孔性材料，检测灵敏度较高；超高灵敏度的渗透检测剂可清晰显示小于微米级的缺陷显示。使用着色法时，可在没有电源的场合工作，特别使用喷罐设备，操作简单。采用水洗法时，检测速度快，可检测表面较粗糙的工件，成本较低，显示直观，容易判断，一次操作可检查出任何方向的表面开口缺陷。

2. 渗透检测的局限性

渗透检测也存在一定的局限性，它只能检测工件表面开口缺陷，对被污染物堵塞或经机械处理（如喷丸和研磨等）后开口被封闭的缺陷不能有效地检出。它也不适用于检测多孔性或疏松材料制成的工件和表面过于粗糙的工件。因为检测多孔性材料时，会使整个表面呈现较强的红色（或荧光）背景，从而掩盖缺陷显示；而工件表面过于粗糙时，易造成假显示，影响检测效果。渗透检测只能检出缺陷的表面分布，不能确定缺陷的深度，检测结果受操作者的影响也较大。

三、渗透检测方法的分类及选用

渗透检测方法的分类较多，常见的分类方法如下：

1. 根据渗透剂所含染料成分分类

根据渗透剂所含染料成分，渗透检测分为着色法、荧光法和荧光着色法三大类。渗透剂中含有红色染料，在白光或日光下观察缺陷的显示为着色法；渗透剂中含有荧光染料，在紫外线的照射下观察缺陷处黄绿色荧光显示为荧光法；荧光着色法兼备荧光和着色两种方法的特点，缺陷的显示图像在白光下或日光下能显示红色，在紫外线照射下能激发出荧光。

2. 根据渗透剂去除方法分类

根据渗透剂去除方法，渗透检测可分为水洗型、后乳化型和溶剂去除型三大类。渗透剂中含有一定量的乳化剂，工件表面多余的渗透剂可直接用水清洗。这种方法称为水洗型渗透检测法。有的渗透剂虽不含乳化剂，但溶剂是水，即水基渗透剂，工件表面多余渗透剂可直接用水洗掉，也属于水洗型渗透检测法。后乳化型渗透检测法的渗透剂不能直接用水从工件表面洗掉，必须增加一道乳化工序，即工件表面上多余的渗透剂要用乳化剂“乳化”后方能用水洗掉。溶剂去除型渗透检测法中的渗透剂也不含乳化剂，工件表面多余渗透剂用有机溶剂擦掉。

3. 根据渗透剂的种类、去除方法和显像方法分类

根据渗透剂的种类、去除方法和显像方法分类见表 4-12。

表 4–12　渗透检测方法分类

渗透剂		渗透剂的去除		显像剂	
分类	名称	分类	名称	分类	名称
				a	干粉显像剂
Ⅰ	荧光渗透检测	A	水洗型渗透检测	b	水溶解显像剂
Ⅱ	着色渗透检测	B	亲油型后乳化渗透检测	c	水悬浮显像剂
Ⅲ	荧光、着色渗透检测	C	溶剂去除型渗透检测	d	溶剂悬浮显像剂
		D	亲水型后乳化渗透检测	e	自显像
注：渗透检测方法代号示例：Ⅱ C—d 为溶剂去除型着色渗透检测（溶剂悬浮显像剂）					

常用的渗透剂是荧光渗透剂和着色渗透剂，常用的去除剂有溶剂去除型和水洗型，常用的显像剂是溶剂悬浮显像剂和干粉显像剂。一般干粉显像剂与荧光法配合使用；干式显像法、水基湿式显像法和自显像法均不能用于着色法。

4. 渗透检测方法的选用

渗透检测方法的选用，首先应满足检测缺陷类型和灵敏度的要求，选用中，必须考虑被检工件表面粗糙度、检测批量大小和检测现场的水源、电源等条件。另外，检验费用也是必须考虑的。不是所有的渗透检测灵敏度级别、材料和工艺方法均适用于各种检验要求。灵敏度级别达到预期检测目的即可，并不是灵敏度级别越高越好。相同条件下，荧光法比着色法有较高的检测灵敏度。表 4–13 所示为渗透检验方法的选择指南。

表 4–13　渗透检测方法选择指南

对象或条件		渗透剂	显像剂
以检出缺陷为标准选择	浅而宽的缺陷、细微的缺陷	后乳化型荧光渗透剂	水湿式、非水湿式、干式（缺陷长度几毫米以上）
	深度 10 μm 及以下的细微缺陷		
	深度 30 μm 以上的缺陷	水洗型渗透剂 溶剂去除型渗透剂	水湿式、非水湿式和干式（只用于荧光）
	靠近或聚集的缺陷及需观察表面形状的缺陷	水洗型荧光渗透剂 后乳化型荧光渗透剂	干式
以被检工件为对象	小工件批量连续检验	水洗型、后乳化型荧光渗透剂	湿式、干式
	少量工件不定期检验及大工件局部检验	溶剂去除型渗透剂	非水湿式
以工件表面粗糙度为标准选择	表面粗糙的铸件、锻件	水洗型渗透剂	干式（荧光检测） 水湿式和非水湿式
	螺钉及键槽的拐角处		
	车削、刨削加工表面	水洗型渗透剂 溶剂去除型渗透剂	
	磨削、抛光加工表面	后乳化型荧光渗透剂	
	焊接接头和其他缓慢起伏的凸凹面	水洗型渗透剂 溶剂去除型渗透剂	

续表

对象或条件		渗透剂	显像剂
设备条件	有场地、水、电和暗室	水洗型、后乳化型 溶剂去除型荧光渗透剂	水湿式和非水湿式
	无水、电或现场高空作业	溶剂去除型荧光渗透剂	非水湿式
其他因素	要求重复检验	溶剂去除型、 后乳化型荧光渗透剂	非水湿式、干式
	泄漏检验	水洗荧光渗透剂 后乳化型荧光渗透剂	自显像、非水湿式、 干式

四、渗透检测材料

渗透检测材料主要包括渗透剂、去除剂、显像剂三大类。

1. 渗透剂

渗透剂是一种含有着色染料或荧光染料且具有很强的渗透能力的溶剂。它渗入表面开口的缺陷并被显像剂吸附出来，从而显示缺陷的痕迹。

（1）渗透剂的分类。

1）按染料成分分类。按所含染料成分分类，渗透剂可分为荧光渗透剂、着色渗透剂与荧光着色渗透剂三大类。

①荧光渗透剂。荧光渗透剂中含有荧光染料，只有在黑光照射下，缺陷图像才能被激发出黄绿色荧光观察。缺陷图像在暗室内黑光下进行。

②着色渗透剂。着色渗透剂中含有红色染料，缺陷显示红色，在白光或日光光照射下观察缺陷图像。

③荧光着色渗透剂。荧光着色渗透剂中含有特殊染料，缺陷图像在白光或日光照射下显示红色，在黑光照射下显示黄绿色（或其他颜色）荧光。

2）按多余渗透剂的去除方法分类。按多余渗透剂的去除方法分类，渗透剂可分为水洗型渗透剂（自乳化型）、后乳化型渗透剂与溶剂去除型渗透剂三大类。

①自乳化型渗透剂。自乳化型渗透剂中含有一定量的乳化剂，多余的渗透剂可直接用水去除掉。

②后乳化型渗透剂。后乳化型渗透剂中不含乳化剂，多余的渗透剂需要用乳化剂乳化后，才能用水去除掉。

③溶剂去除型渗透剂。溶剂去除型渗透剂是用有机溶剂去除多余的渗透剂。

（2）渗透剂的组成。渗透剂一般由染料、溶剂、乳化剂和多种改善渗透剂性能的附加成分组成。在实际的渗透剂配方中，一种化学试剂往往同时起几种作用。

1）染料。在渗透剂中，常用的染料有着色染料和荧光染料两类。着色渗透剂所用的染料多为暗红色的染料，因为暗红色与显像剂的白色背景能形成较高的对比度。常用的着色染料有苏丹Ⅳ红、刚果红、烛红、油溶红、丙基红等。其中以苏丹Ⅳ红使用最广泛。荧光型渗透剂中所用的染料多为荧光染料，荧光染料的种类很多，在黑光的照射下从发蓝到发红色荧光的染料均有，荧光渗透剂选择在黑光下发黄绿光的染料。

2）溶剂。溶剂在渗透剂中的主要作用是溶解染料和起渗透作用，因此，要求渗透剂中的溶剂具有对染料溶解度大、渗透力强的性能，并且对工件无腐蚀、毒性小。

3）乳化剂。在水洗型着色液与水洗型荧光液中，表面活性剂作为乳化剂加入渗透剂，使渗透剂容易被水洗。乳化剂应具有与溶剂互溶、不影响红色染料的红色色泽、不影响荧光染料的荧光光亮、不腐蚀工件的特性。在渗透检测中，在渗透剂中加入一种表面活性剂往往达不到良好的乳化效果，常常需选择两种以上的表面活性剂组合使用。表 4-14 所示为溶剂去除型着色渗透剂典型配方。

表 4-14　溶剂去除型着色渗透剂典型配方

成分	比例	作用
苏丹Ⅳ	1 g/100 mL	染料
萘	20%	溶剂
煤油	80%	渗透剂

(3）渗透剂的性能要求。

1）渗透能力强，容易渗入工件的表面细微缺陷。

2）荧光渗透液应具有鲜明的荧光，着色渗透剂应具有鲜艳的色泽。

3）清洗性好，容易从被覆盖过的工件表面清除掉。

4）有良好的润湿显像剂的能力，容易从缺陷中吸附到显像剂层表面而显示出来。

5）稳定性能好，在热和光等作用下，材料成分和荧光亮度或色泽能维持较长时间。

6）无腐蚀，对工件和设备无腐蚀性，毒性小，尽可能不污染环境。

2. 去除剂

渗透检测中，用来去除工件表面多余渗透剂的溶剂叫作去除剂。

(1）水洗型渗透剂，直接用水去除，水就是一种去除剂。

(2）后乳化型渗透剂是在乳化后再用水去除，它的去除剂就是乳化剂和水。乳化剂是后乳化型渗透剂的去除剂，主要作用是乳化不溶于水的渗透剂，使其便于用水清洗。它以表面活性剂为主体。

1）乳化剂的种类。乳化剂分为亲水型乳化剂和亲油型乳化剂两大类，亲水型乳化剂的乳化形式是水包油型，它能将油分散在水中；亲油型乳化剂是油包水型，它能将水分散在油中。

①亲水型乳化剂。亲水型乳化剂一般黏度比较高，需用水稀释后才能使用，稀释后的乳化剂含量越高，乳化能力越强。亲水型乳化剂的作用过程如图 4-31 所示。

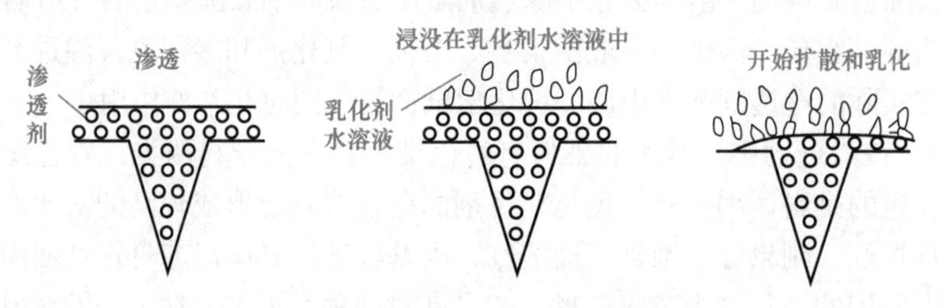

图 4-31　亲水型乳化剂作用过程示意

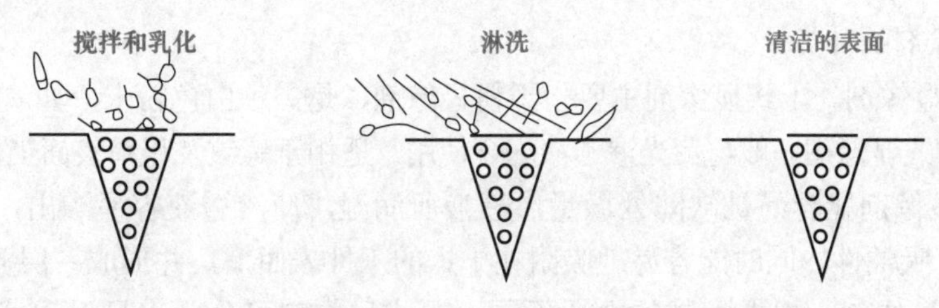

图 4-31　亲水型乳化剂作用过程示意（续）

②亲油型乳化剂。亲油型乳化剂不需加水稀释就能使用，亲油型乳化剂应能与后乳化型渗透剂产生足够的相互作用，而起一种溶剂的作用，使工件表面多余渗透剂能被去除，亲油型乳化剂的作用过程如图 4-32 所示。

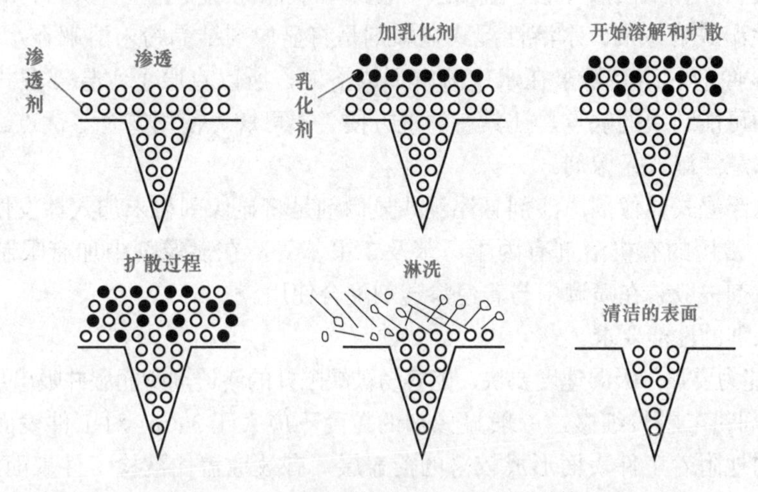

图 4-32　亲油型乳化剂作用过程示意

2）乳化剂的性能要求。

①外观（色泽、荧光颜色）上能与渗透剂明显地区分开。

②受少量水或渗透剂的污染时，不降低乳化去除性能。表面活性与黏度或浓度适中，使乳化时间合理，乳化操作不困难。

③贮存保管中，温度稳定性好，性能不变。

④对金属及盛装容器不腐蚀变色。

⑤对操作者的健康无害，无毒、无不良气味。

⑥闪点高，挥发性低，废液及去除污水的处理简便等。

（3）溶剂去除型渗透剂采用有机溶剂去除，这些有机溶剂就是去除剂，常采用的去除剂有煤油、乙醇、丙酮、三氯乙烯等。

所选择的去除剂应对渗透剂中的染料（红色染料、荧光染料）有较大的溶解度，对渗透剂中溶解染料的溶剂有良好的互溶性，并有一定的挥发性，应不与荧光渗透剂起化学反应，应不使荧光猝灭。

3. 显像剂

显像剂的作用是将缺陷中的渗透液吸到工件表面上，形成缺陷显示并加以放大，同时又提供与缺陷显示有较大反差的背景，从而可以提高检测的灵敏度。

（1）显像剂的种类。

1）干式显像剂。干式显像剂主要指干粉显像剂，是一种白色粉末，如氧化镁、碳酸镁、氧化钛等。干式显像剂一般与荧光渗透液配合使用，适用于螺纹及粗糙表面工件的荧光检验。

为了使显像剂能容易被缺陷处微量渗透液所润湿，使渗透液容易渗出，显像剂应具有较好的吸水、吸油性，同时能容易地吸附在干燥的工件表面上，并形成一层显像粉薄膜。

2）湿式显像剂。根据配制的方法不同，湿式显像剂可分为水悬浮湿式显像剂、水溶性湿式显像剂和溶剂悬浮湿式显像剂三种。

①水悬浮湿式显像剂。水悬浮湿式显像剂是干粉显像剂按一定比例加入水中配制而成。为了改善显像剂的各种性能，在显像剂中加入了润湿剂、分散剂、限制剂、防锈剂等。这类显像剂一般呈弱碱性，对钢制零件不会产生腐蚀。但长时间残留在镁零件上，会对其产生腐蚀。

②水溶性湿式显像剂。水溶性湿式显像剂是将显像剂结晶粉末溶解在水中而制成的。水溶性湿式显像剂的结晶粉末在水中溶解形成溶液，所以克服了水悬浮湿式显像剂易沉淀、不均匀和可能结块的缺点，还具有清洗方便、不可燃、使用安全等优点。但其白色背景效果不如水悬浮湿式显像剂。

③溶剂悬浮湿式显像剂。溶剂悬浮湿式显像剂是将显像剂粉末加入挥发性的有机溶剂配制而成的。常用的有机溶剂有丙酮、苯及二甲苯等，在显像剂中加有限制剂及稀释剂等。这类显像剂一般装在喷罐中与着色渗透剂配合使用。

（2）显像剂的性能要求。

1）吸湿能力要强，吸湿速度要快，能容易被缺陷处的渗透剂所润湿并吸出足量渗透剂。

2）显像剂粉末颗粒细微，一般显像剂的粒度不应大于3 μm，对工件表面有较强的吸附力，能均匀地附着工件表面形成较薄的覆盖层，有效地盖住被检工件表面的金属本色。能使缺陷显示的宽度扩展到足以用眼看到。

3）用于荧光法的显像剂应不发荧光，也不应有任何减弱荧光的成分，而且不应吸收黑光。

4）用于着色法的显像剂应与缺陷显示形成较大的色差，以保证最佳对比度。对着色染料无消色作用。

5）对被检工件和存放容器不应产生腐蚀，对人体无害，无毒、无异味。

6）使用方便，易于清除，价格低。

4. 渗透检测材料的同族组

渗透检测材料的同族组是指完成一个特定的渗透检测过程所必需的完整的一系列材料，包含渗透剂、乳化剂、去除剂和显像剂等。作为一个整体，它们必须相互兼容，才能满足检测的要求，否则，可能出现渗透剂、去除剂和显像剂等材料各自都符合规定要求，但它们之间不兼容，最终使渗透检测无法进行的问题。因此，检测中的渗透检测材料应是同一族组，推荐采用同一厂家提供的同一型号的产品，原则上，不同厂家的产品不能混用。如确需混用，则必须通过验证，确保它们能相互兼容，其检测灵敏度应满足检测的要求。

五、渗透检测设备

1. 便携式渗透检测设备

便携式渗透检测设备也称便携式压力喷罐装置，它是由渗透剂喷罐、去除剂喷罐、显像剂喷罐、擦布（纸巾）、灯、毛刷等所组成。如果采用荧光法还装有紫外线灯。

渗透检测剂（渗透剂、去除剂、显像剂）一般装在密闭的喷罐内使用。喷罐一般由盛装容器和喷射机构两部分组成，其结构如图 4-33 所示。

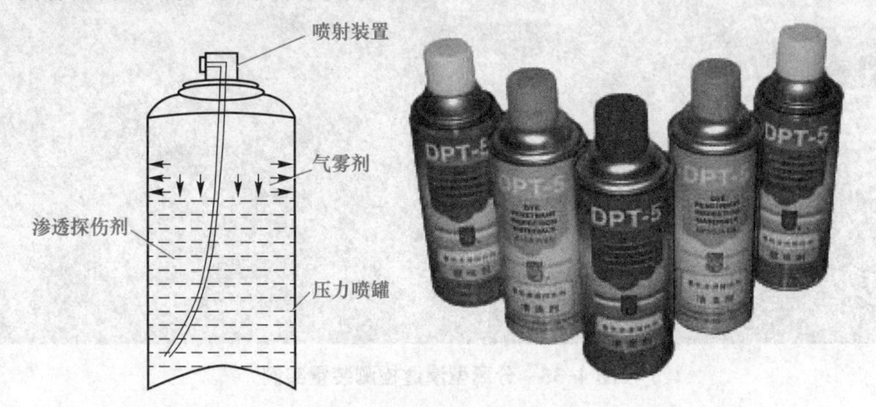

图 4-33　渗透检测剂喷罐

喷罐内装有液化的气雾剂，在罐内形成高压，喷罐内部压力随渗透检测剂的种类和温度的不同而不同，温度越高，压力越大。使用时为了保证检测质量和安全，要注意以下事项：

（1）喷嘴应与工件表面保持一定的距离。保证检测剂形成雾化，施加均匀。

（2）喷罐要远离火源，以免引起火灾。

（3）空罐只有破坏密封后，才可报废。

2. 固定式渗透检测装置

工作场所的流动性不大，工件数量较多，要求布置流水线时，一般采用固定式渗透检测装置，多采用水洗型或后乳化型渗透检测方法。固定式渗透检测装置由渗透槽、乳化槽、清洗槽、干燥箱、显像槽及检查台等组成。

固定式渗透检测装置可分为整体型和分离型两种，整体型检测装置适用于小型工件的检测，如图 4-34 所示；分离型检测装置适用于大型工件的检测，如图 4-35 所示。

图 4-34　整体型渗透检测装置实例

图 4-35　分离型渗透检测装置实例

3. 渗透检测照明装置

进行渗透检测时，着色检测法要在白光下观察缺陷显示；进行荧光法检测时，要在黑光灯下进行观察。

（1）白光灯。着色检测时所用的白光灯的光照度应不低于 500 lx。在没有照度计测量的情况下，可用 80 W 荧光灯在 1 m 远处的照度为 500 lx 作为参考。

（2）黑光灯。黑光灯是荧光检测时必备的照明装置，它由高压水银蒸气弧光灯、紫外线滤光片（或称黑光滤光片）和镇流器等组成。

高压水银蒸气弧光灯的结构如图 4-36 所示。黑光灯外壳直接用深紫色玻璃制成，又称黑光屏蔽罩。这种玻璃设计制造成能阻挡可见光和短波黑光通过，而仅让波长为 320 ～ 400 nm 的黑光通过。该波长范围的黑光对人眼是无害的。自镇流紫外灯如图 4-37 所示。

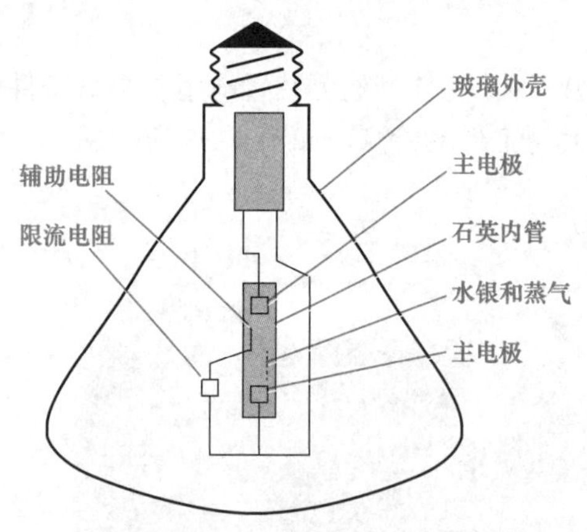

图 4-36　高压水银蒸气弧光灯的结构

图 4-37　自镇流紫外灯

黑光灯使用时的注意事项如下：

1）黑光灯刚点燃时，输出达不到最大值，所以检测工作应等 3 min 后再进行。

2）要尽量减少灯的开关次数，频繁启动会缩短灯的寿命。

3）黑光灯使用后，辐射能量下降，所以应定期测量黑光灯的辐照度。

4）电源电压波动对黑光灯影响很大，电压低，灯可能启动不了，或使点燃的灯熄灭；

当使用的电压超过灯的额定电压时，对灯的使用寿命影响也很大，所以必要时应安装稳压器，以保持电源电压稳定。

5）滤光片如有损坏，应立即调换；滤光片上有脏污应及时清除，因为它影响紫外线的发出。

6）不要将紫外灯直对着人眼照射。

4. 渗透检测中常用的试块

（1）试块及其作用。试块是指带有人工缺陷或自然缺陷的试件，它是用于衡量渗透检测灵敏度的器材，故也称灵敏度试块。渗透检测灵敏度是指在工件或试块表面上发现微细裂纹的能力。

在渗透检测中，试块的主要作用表现在下述三个方面：

1）灵敏度试验：用于评价所使用的渗透检测系统和工艺的灵敏度及其渗透剂的等级。

2）工艺性试验：用以确定渗透检测的工艺参数，如渗透时间、温度；乳化时间、温度；干燥时间、温度等。

3）渗透检测系统的比较试验：在给定的检测条件下，通过使用不同类型的检测材料和工艺的比较，以确定不同渗透检测系统的相对优劣。

并非所有的试块都具有上述所有功能，试块不同，其作用也不同。

（2）常用试块。

1）铝合金试块。铝合金试块又称A型对比试块。铝合金试块尺寸如图4-38所示，试块由同一试块剖开后具有相同大小的两部分组成，并打上相同的序号，分别标以A、B记号，A、B试块上均应具有细密相对称的裂纹图形。

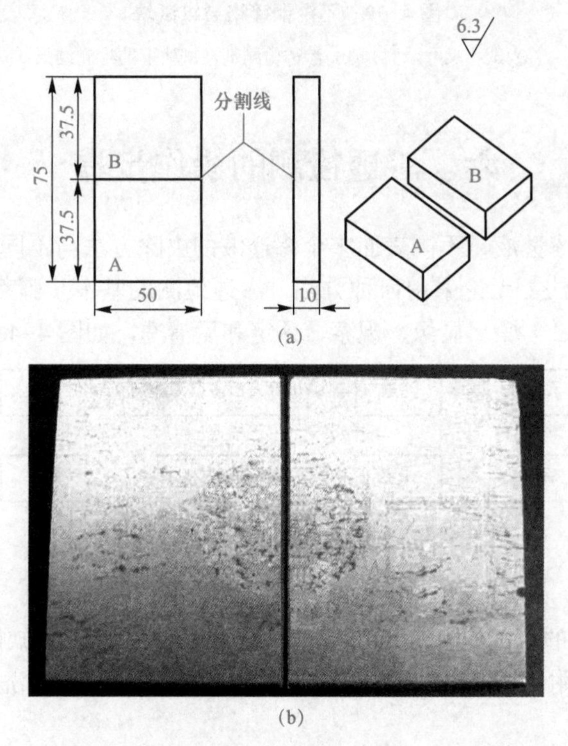

图4-38 铝合金试块

(a) 试块尺寸示意；(b) 两种渗透检测剂在试块上的检测结果

铝合金试块适用于在正常使用情况下检验渗透检测剂能否满足要求，以及比较两种渗透检测剂性能的优劣；也适用于对用于非标准温度下的渗透检测方法作出鉴定。

2）不锈钢镀铬裂纹试块。不锈钢镀铬裂纹试块又称B型试块。具体尺寸如图4-39所示。该试块为单面镀硬铬的长方形不锈钢，推荐尺寸为130 mm×25 mm×4 mm。不锈钢材料可采用1Cr18Ni9Ti。

B型试块灵敏度的测试

这类试块主要用于校验操作方法与工艺系统的灵敏度。使用前，先按预先规定的工艺程序进行渗透检测，将其拍摄成照片或用塑料制成复制品，再把实际的显示图像与标准工艺图像的复制品或照片进行对比，从而评定操作方法正确与否和确定工艺系统的灵敏度。

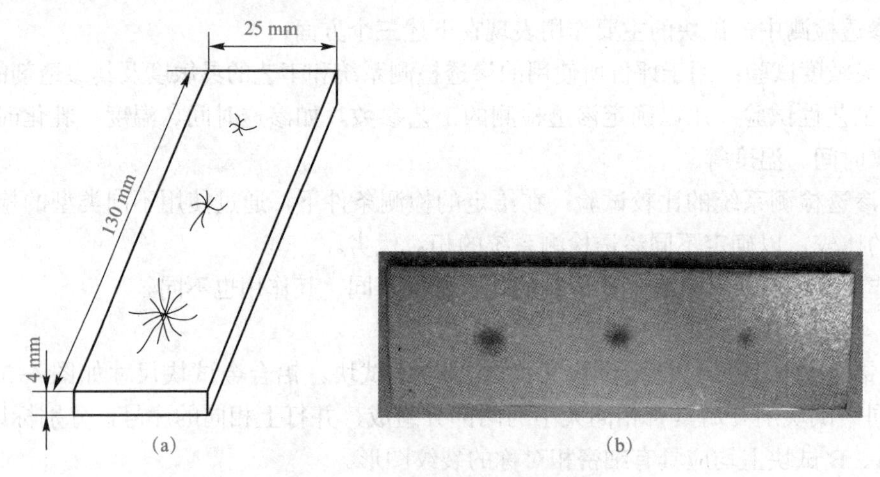

图4-39　不锈钢镀铬裂纹试块

(a) 试块尺寸示意；(b) 渗透检测剂在试块上的检测结果

六、渗透检测的操作步骤

采用不同类型的渗透液、不同表面多余渗透液的去除方法与不同的显像方式，可以组合成多种渗透检测方法。无论采用何种方法，渗透检测的基本步骤都包括预清洗、渗透、去除表面多余渗透剂、干燥、显像、观察、评定和后清洗，如图4-40所示。

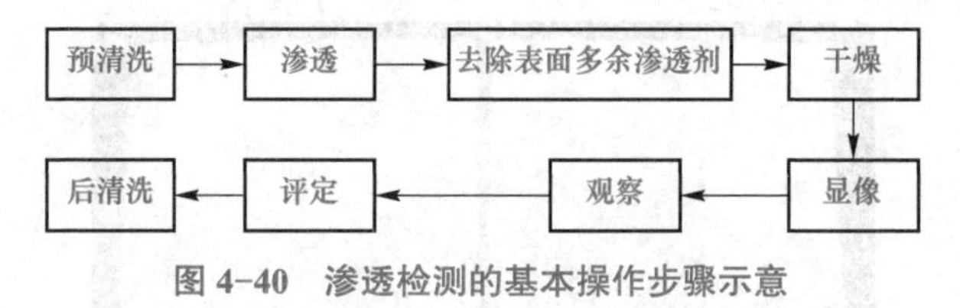

图4-40　渗透检测的基本操作步骤示意

1. 预清洗

检测前的预清洗的目的是彻底清除工件表面妨碍渗透剂渗入缺陷的油脂、涂料、铁锈、氧化皮及污物等附着物。常用的清洗方法有机械清理、化学清洗法和溶剂清洗法三种方法。

（1）机械清理。机械清理主要是清除工件表面的铁锈、飞溅、毛刺、涂料等一类覆盖物。常用的方式有抛光、喷砂、喷丸、钢丝刷、砂轮及超声波清洗等。采用机械清理的方法有可能使工件表面产生变形，清理时产生的金属粉末、砂末等可能堵塞缺陷，影响渗透检测的效果。所以，工件经机械清理后，一般在渗透检测前应进行酸洗或碱洗。

（2）化学清洗。化学清洗包括酸洗和碱洗，主要用来清除工件表面的铁锈、油污等杂质。酸洗（或碱洗）要根据被检金属材料、污染物的种类和工件环境来选择。同时，由于酸、碱对金属有强烈的侵蚀作用，所以在使用时，对清洗液的浓度、清洗的时间都应进行严格控制，清洗后要进行水淋洗，去除多余的酸液或碱液，以免对工件形成腐蚀。表 4-15 所示为常用酸洗（碱洗）液配方及适用范围。

（3）溶剂清洗。溶剂清洗包括溶剂液体清洗和溶剂蒸气除油等方法，主要用来清除各类油、油脂及某些油漆。

表 4-15　常用酸洗（碱洗）液配方及适用范围

名称	配方	温度	适用范围	备注
酸洗液	硫酸 100 mL 铬酐 40 mL 氢氟酸 10 mL 加水至 1 L	室温	钢质工件	
	硝酸 80% 氢氟酸 10% 水 10%	室温	不锈钢工件	中和液： 氢氧化铵（75%）： 水（25%）
	盐酸 80% 硝酸 13% 氢氟酸 7%（按体积比）	室温	镍基合金工件	
碱洗液	氢氧化钠 6 g 水 1 000 mL	70 ～ 77 ℃	铝合金铸件	中和液： 硝酸（25%）： 水（75%）
	氢氧化钠 10 mL 水 90%	77 ～ 88 ℃		

溶剂液体清洗采用有机溶剂如汽油、矿物油、酒精（乙醇、甲醇）、三氯乙烷、苯和乙醚等作为清洗剂。溶剂蒸气除油通常是采用三氯乙烯蒸气除油槽装置进行蒸气除油。

2. 渗透

渗透的目的是把渗透液覆盖在被检工件的检测表面上，让渗透液能充分地渗入工件表面开口的缺陷。

（1）渗透施加方法的选择。渗透处理应根据被检工件的数量、尺寸、形状，以及渗透剂的种类选择渗透方法，并保证有足够的渗透时间。

1）浸渍法。浸渍法是将工件直接浸没在已调配好的渗透槽中，渗透槽一般用铝合金或不锈钢制成。这种方法渗透效果好，省时省工，对小型批量的零件适用。

2）刷涂法。刷涂法是用软毛刷把渗透剂刷涂在被检验的部位，适宜于局部检测和焊缝检测。

3）喷涂法。喷涂法是用气泵将渗透剂雾化成微小的液体颗粒后，通过喷雾器喷洒在被检的部位，喷涂时雾化的渗透剂会弥漫工件场所，对操作者的健康有影响，因此喷涂应在敞开的环境或通风良好的场所中使用。

4）浇涂：将渗透剂直接浇在工件被检面上。

（2）渗透时间及渗透温度的选择。

1）渗透时间。渗透时间是指施加渗透剂到开始乳化处理或清洗处理之间的时间。

零件不同，要求发现缺陷的种类和大小也不同，零件表面状态不同及所用渗透剂不同，渗透时间的长短也不同。在 10 ～ 50 ℃的温度条件下，渗透剂持续时间一般不应少于 10 min；在 5 ～ 10 ℃的温度条件下，渗透剂持续时间一般不应少于 20 min 或按照说明书进行操作。但对某些微小的裂纹，如应力腐蚀裂纹，渗透时间较长，有时甚至可达几个小时。

2）渗透温度。渗透温度对渗透效果也有一定的影响，温度过高，渗透剂容易干在工件表面上，给清洗带来困难；同时渗透剂受热后，某些成分分解蒸发，会使渗透剂的性能下降。温度太低，将会使渗透剂变稠，渗透速度受影响。在整个检验过程中，渗透剂的温度和工件表面温度应该在 5 ～ 50 ℃的温度范围，

3. 去除表面多余渗透剂

去除表面多余渗透剂的作用是改善渗透检验表面缺陷的对比度和可见度，以保证在得到合适背景的情况下取得满意的灵敏度。去除的方法因渗透剂的种类不同而不同。

（1）水洗型渗透剂的去除。水洗型渗透剂可用水喷法清洗。一般渗透检测工艺方法标准规定：水射束与被检面的夹角以 30° 为宜，水温为 10 ～ 40 ℃，冲洗装置喷嘴处的水压应不超过 0.34 MPa。水洗型荧光渗透剂用水喷法清洗时，应使用粗水柱，喷头距离受检工件 300 mm 左右，并注意不要溅入邻近槽的乳化剂。应由下而上进行，以避免留下一层难以去除的荧光薄膜。

（2）后乳化型渗透剂的去除。后乳化型渗透剂去除时间应在乳化前，先用水预清洗，然后乳化，最后用水清洗。预清洗的目的是尽可能去除附着于被检工件表面的多余渗透剂，以减少乳化量，同时也可减少渗透剂对乳化剂的污染，延长乳化剂的寿命。预清洗后再进行乳化时，只能用浸涂、浇涂和喷涂的方法施加，乳化时间取决于渗透剂和乳化剂的性能及工件表面的粗糙度。通常使用油基型乳化剂的乳化时间在 2 min 内，水基型乳化剂的乳化时间在 5 min 内。乳化完成后，应马上浸入搅拌水中，以迅速停止乳化剂的乳化作用，最后用水清洗。

（3）溶剂去除型渗透剂的去除。溶剂去除型渗透剂用去除溶剂去除。除特别难清洗的地方外，一般应先用干燥、洁净不脱毛的布依次擦拭，直至大部分多余渗透剂被去除后，再用蘸有去除溶剂的干净不脱毛布或纸进行擦拭，直至将被检表面上多余的渗透剂全部擦净。需要注意的是，不得往复擦拭，不得用去除溶剂直接冲洗被检面。

4. 干燥

干燥的目的是除去被检工件表面的水分，使渗透剂充分地渗入缺陷或回渗到显像

剂上。

干燥的方法有干净布擦干、压缩空气吹干、热风吹干、热空气循环烘干等。实际应用中是将多种干燥方法组合进行，例如，被检工件水洗后，先用干净布擦去表面明显的水分，再用经过过滤的清洁干燥的压缩空气吹去表面的水分，然后放进热空气循环干燥装置中干燥。

正确的干燥温度需经试验确定。一般渗透检测工艺方法标准常作总体规定：干燥时被检工件表面的温度不得大于 50 ℃；干燥时间为 5 ～ 10 min。

5. 显像

显像过程是指在工件表面施加显像剂，利用吸附作用和毛细作用原理将缺陷中的渗透剂回渗到工件表面，从而形成清晰可见缺陷显示图像的过程。

（1）显像方法。常用的显像方法有干式显像、非水基湿式显像、水基湿式显像等。

1）干式显像。干式显像也称干粉显像，主要用于荧光渗透检测法。

使用干式显像剂时，必须先经干燥处理，再用适当方法将显像剂均匀地喷洒在整个被检工件表面上，并保持一段时间。多余的显像剂通过轻敲或轻气流清除方式去除。干粉显像可以将被检工件埋入显像粉中进行，也可以用喷枪或喷粉柜喷粉显像，但最好采用喷粉柜进行喷粉显像。喷粉柜喷粉显像是将被检工件放入显像粉末柜，用经过过滤的干净、干燥的压缩空气或风扇，将显像粉末吹扬起来，使其呈粉雾状，将被检工件包围住，在被检工件表面上均匀地覆盖一层显像粉末。滞留的多余显像剂粉末，应用轻敲法或用干燥的低压空气吹除。

2）非水基湿式显像。非水基湿式显像主要采用压力喷罐喷涂。喷涂前应摇动喷罐中的珠子，使显像剂重新悬浮，固体粉末重新呈细微颗粒均匀分散状。喷涂时要预先调节好，调节到边喷边形成显像剂薄膜的程度。喷嘴至被检面距离为 300 ～ 400 mm，喷涂方向与被检面夹角为 30° ～40° 。非水基湿式显像有时也采用刷涂或浸涂，浸涂要迅速，刷涂笔要干净，一个部位不允许往复刷涂几次。

3）水基湿式显像。水基湿式显像可采用浸涂、浇涂或喷涂，多数采用浸涂。涂覆后进行滴落，然后在热空气循环烘干装置中烘干，干燥过程就是显像过程。水悬浮湿式显像时，为防止显像粉末的沉淀，浸涂时，要不定时地进行搅拌。被检工件在滴落和干燥期间，位置放置应合适，以确保显像剂不在某些部位形成过厚的显像剂层，以防可能掩盖缺陷显示。

（2）显像时间。显像时间对干式显像剂而言，是指从施加显像剂起到开始观察检查缺陷显示的时间。显像时间对湿式显像剂而言，是指从显像剂干燥起到开始观察检查缺陷显示的时间。

显像时间取决于显像剂和渗透剂的种类、缺陷大小及被检工件温度。显像时间是很重要的，必须给以足够的时间让显像作用充分进行，但也应在渗透剂扩展得过宽及缺陷显示变得难于评定之前完成检验。《承压设备无损检测 第 5 部分：渗透检测》（NB/T 47013.5—2015）规定：自显像停留 10 ～ 120 min，其他显像方法显像时间一般应不少于 7 min。

6. 观察

（1）观察时机。观察显示应在显像剂施加后 7 ～ 60 min 内进行。如显示的大小不发生变化，时间也可超过上述范围。对于溶剂悬浮显像剂，应遵照说明书的要求或试验结果进行操作。

（2）观察光源。进行观察时对光源有一定的要求，着色检验的显示是在白光源下进行观察的，白光强度要足够，为确保细微的缺陷不漏检，被检零件上的照度应至少达到 500 lx，荧光渗透检验的缺陷显示要在黑暗的检验室中于黑光灯的照射下观察。为确保足够的对比率，要求暗室内白光照度不应超过 20 lx，被检工件表面的黑光照度不低于 1 000 $\mu W/cm^2$。如采用自显像工艺，则应不低于 3 000 $\mu W/cm^2$。同时，检验台上不允许放置荧光物质，否则影响检测灵敏度。

7. 评定

渗透检测显示的解释是指对肉眼所见的着色或荧光痕迹显示进行观察和分析，确定痕迹显示产生的原因及类型。渗透检测显示一般分为相关显示、非相关显示和虚假显示三种类型。

（1）相关显示。相关显示是指从裂纹、气孔、夹杂、疏松、折叠及分层等真实缺陷中渗出的渗透剂所形成的显示，它们是判断是否存在缺陷的标志。

（2）非相关显示。这类显示不是由真实缺陷引起的，而是由工件加工工艺、工件结构的外形、工件表面状态等所引起的，非相关显示引起的原因通常可以通过肉眼目视检验来证实，不将其作为渗透检测质量验收的依据。表 4–16 列出常见非相关显示的种类、位置和特征。

表 4–16　渗透检测常见的非相关显示

种类	位置	特征
焊接飞溅、焊接接头表面波纹	电弧焊的基体金属上	表面上的球状物、表面夹沟
电阻焊接接头上不焊接的边缘部分	电阻焊接接头的边缘	沿整个焊接接头长度、渗透剂严重渗出
装配压痕	压配合处	压配合轮廓
铆接印	铆接处	锤击印
刻痕、凹坑、划伤	各种工件	目视可见
毛刺	机加工工件	目视可见

（3）虚假显示。这类显示不是由缺陷或不连续引起的，也不是由工件结构外形或加工工艺等引起的，而是由零件表面渗透剂的污染产生的。

渗透检测时，要想避免虚假显示的产生，就要尽量避免渗透剂的污染现象出现。判断痕迹显示是不是虚假显示，可以用酒精沾湿的棉球擦拭显示痕迹，如果擦拭后不再显示，即为虚假显示。

8. 后清洗

完成渗透检测之后，应当去除显像剂涂层、渗透剂残留痕迹及其他污染物，这就是后清洗。一般来说，去除这些物质的时间越早，则越容易去除。后清洗的目的是保证渗透检测后，去除任何会影响后续处理的残余物，使其不对被检工件产生损害或危害。常用的后清洗的方法如下：

（1）干式显像剂可粘在湿渗透剂或其他液体物质的地方，或滞留在缝隙中，可以用普通自来水冲洗，也可用无油压缩空气吹等方法去除。

（2）水悬浮显像剂的去除比较困难。因为该类显像剂经过 80 ℃左右干燥后黏附在被检工件表面，故去除的最好方法是用加有洗涤剂的热水喷洗，有一定压力喷洗效果更好，然后用手工擦洗或用水漂洗。

（3）水溶性显像剂用普通自来水冲洗即可去除，因为该类显像剂可溶于水中。

（4）溶剂悬浮显像剂的去除，可先用湿毛巾擦，然后用干布擦，也可直接用清洁干布或硬毛刷擦；对于螺纹、裂缝或表面凹陷，可用加有洗涤剂的热水喷洗，超声清洗效果更好。

七、缺陷的评定

缺陷的评定是指渗透检测的痕迹显示，经过解释分析，确定痕迹显示的类型后，如果是相关显示，那么要对缺陷的严重程度根据指定的验收标准，作出合格与否的结论。

1. 常见缺陷的显示特征

常见的表面缺陷在渗透检测时显示特征是不同的。常见的几种表面缺陷的显示特征见表 4-17。图 4-41 ～图 4-44 所示为典型裂纹缺陷痕迹显示。

表 4-17　渗透检测常见缺陷及其显示特征

缺陷名称	显示特征
焊接裂纹	焊接热裂纹一般呈曲折的波浪状或锯齿状红色（或明亮的黄绿色）； 焊接冷裂纹一般呈直线状红色（或明亮黄绿色）细线条，中部稍宽，两端尖细，颜色逐渐减淡
铸造裂纹	呈锯齿状和端部尖细；深的裂纹有时甚至呈圆形，用酒精蘸湿布擦拭显示部位，外形特征可显现
淬火裂纹	通常呈红色或明亮黄绿色（荧光检测时）的细线条显示，呈线状、树枝状或网状，裂纹起源处宽度较宽，沿延伸方向逐渐变细
疲劳裂纹	呈红色光滑线条或黄绿色（荧光渗透检测时）亮线条
应力腐蚀裂纹	一般呈线状、曲线状显示，随延伸方向逐渐变得尖细
焊接气孔	表面气孔显示呈圆形、椭圆形或长圆条形，红色色点（或黄绿色荧光亮点），并均匀地向边缘减淡
铸造气孔	表面气孔显示呈圆形、椭圆形或长圆条形，红色色点（或黄绿色荧光亮点），并均匀地向边缘减淡
未熔合	坡口未熔合延伸至表面时，显示为直线状或椭圆形的条状
冷隔	连续或断续的光滑线条
折叠	采用高灵敏度渗透液和较长的渗入时间，显示为连续或断续的细线条
疏松	呈密集点状、密集短条状或聚集块状，每个点、条、块的显示又是由很多个靠得很近的小点显示连成一片形成的

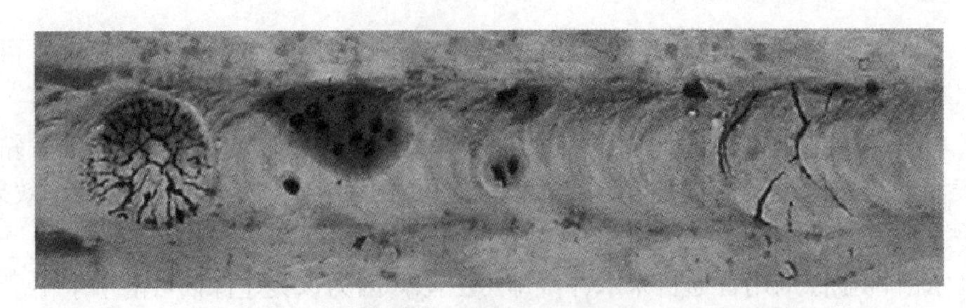

图 4-41　焊接裂纹痕迹显示

图 4-42　应力腐蚀裂纹痕迹显示

图 4-43　铸造裂纹痕迹显示

图 4-44　淬火裂纹痕迹显示

2. 缺陷痕迹显示的等级评定

渗透检测痕迹显示的等级评定是指对显示的缺陷痕迹进行定位、定量及定性等评定，然后根据引用的标准或技术文件，作出合格与否的判定。

（1）缺陷显示分类。《承压设备无损检测 第5部分：渗透检测》（NB/T 47013.5—2015）对渗透检测的显示分类规定如下：

1）显示分为相关显示、非相关显示和虚假显示。非相关显示和虚假显示不必记录和评定。

2）小于0.5 mm的显示不计，除确认显示是由外界因素或操作不当造成的外，其他任何显示均应作为缺陷处理。

3）缺陷显示在长轴方向与工件（轴类或管类）轴线或母线的夹角大于或等于30°时，按横向缺陷处理，其他按纵向缺陷处理。

4）长度与宽度之比大于3的缺陷显示，按线状缺陷处理；长度和宽度之比小于或等于3的缺陷显示，按圆形缺陷处理。

5）两条可两条以上的缺陷线性显示在同一条直线上且间距不大于2 mm时，按一条缺陷显示处理，其长度为两条缺陷显示之和加间距。

（2）渗透检测显示的质量分级

1）不允许任何裂纹。紧固件和轴类零件不允许任何横向缺陷显示。

2）《承压设备无损检测 第5部分：渗透检测》（NB/T 47013.5—2015）对渗透检测显示的质量分级规定见表4-18及表4-19。

表4-18 焊接接头的质量分级

等级	线性缺陷	圆形缺陷（评定框尺寸为35 mm×100 mm）
Ⅰ	$l \leqslant 1.5$	$d \leqslant 2.0$，且在评定框内不大于1个
Ⅱ	大于Ⅰ级	
注：l表示线性缺陷显示长度（mm）；d表示圆形缺陷显示在任何方向上的最大尺寸（mm）		

表4-19 其他部件的质量分级

等级	线性缺陷	圆形缺陷（评定框尺寸2 500 mm^2，其中一条矩形边的最大长度为150 mm）
Ⅰ	不允许	$d \leqslant 2.0$，且在评定框内少于或等于1个
Ⅱ	$l \leqslant 4.0$	$d \leqslant 4.0$，且在评定框内少于或等于2个
Ⅲ	$l \leqslant 6.0$	$d \leqslant 6.0$，且在评定框内少于或等于4个
Ⅳ	大于Ⅲ级	
注：l为线性缺陷显示长度（mm）；d为圆形缺陷显示在任何方向上的最大尺寸（mm）		

八、渗透检测的应用

1. 焊接件的渗透检测

（1）焊接接头的渗透检测。焊接接头进行渗透检测时，多采用溶剂去除型着色法，也可采用水洗型荧光法。在灵敏度等级符合要求时，可采用水洗型着色法。

（2）坡口的渗透检测。坡口常见缺陷是分层和裂纹。前者是轧制缺陷，分层平行于钢板表面，一般分布在板厚中心附近。裂纹有两种：一种是沿分层端部开裂的裂纹，方向大多平行于板面；另一种是火焰切割裂纹，无一定方向。

由于坡口的表面比较光滑，可采用溶剂去除型着色法对其进行渗透检测，可以得到较高的灵敏度。因坡口面一般比较窄，所以检测操作时可采用刷涂法施加检测剂，以减少检测剂的浪费和环境污染。

（3）焊接过程中的渗透检测。焊接过程中有时需进行清根和层间检测，对于焊缝清根可采用电弧气刨法和砂轮打磨法。两种方法都有局部过热的情况，电弧气刨法还有增碳产生裂纹的可能。所以，渗透检测时应注意这些部位。因清根而比较光滑，可采用溶剂去除型着色法进行检测。

某些焊接性能差的钢种和厚钢板要求每焊一层检测一次，发现缺陷及时处理，保证焊缝的质量。层间检测时可采用溶剂去除型着色法，如果灵敏度满足要求，也可采用水洗型着色法，操作时一定注意不规则的部位，不能漏掉缺陷，也不能误判缺陷，造成不必要的返修。

焊缝清根经渗透检测后应进行后清洗。多层焊焊缝，每层焊缝经渗透检测后的清洗尤为重要，必须处理干净，否则，残留在焊接接头上的渗透检测剂会影响随后进行的焊接，可能会产生严重缺陷。

焊接接头的表面准备多借助机械方法对焊缝及热影响区表面进行清理，以去除焊渣、飞溅、焊药和氧化物等污染物。为此，可以采用砂轮机打磨、铁刷和压缩空气吹等手段。对焊缝表面进行清理时，特别要注意不要让金属屑粉末堵塞表面开口缺陷，尤其是用砂轮打磨时更应注意。在污染物基本清除后，应用清洗液（如丙酮或香蕉水）清洗焊缝表面的油污，最后用压缩空气吹干。

施加渗透剂时，常用刷涂法。刷涂时，用蘸有渗透剂的刷子在焊缝及热影响区上反复涂刷 3 ～ 4 次，每次间隔 3 ～ 5 min。也可采用喷涂法，操作方法与刷涂法相同。对于小型工件，也可采用浸涂法，工件表面温度应控制为 10 ～ 50 ℃，渗透时间应大于等于 10 min。

渗透一定时间后，先用干净不脱毛的布擦去焊缝及热影响区表面多余的渗透剂，然后用蘸有去除剂不脱毛的布擦拭。擦拭时，应注意沿一个方向擦拭，不得往复擦拭，以免互相污染。在保证去除效果的前提下，应尽量缩短去除剂与检测面的接触时间，以免产生过清洗。清洗后的检测面可自然干燥或压缩空气吹干。

焊缝显像以喷涂法为最好，利用压缩空气或压力喷罐将溶剂悬浮显像剂均匀喷洒在检测面上，可用电吹风或压缩空气加速显像剂的干燥和显像剂薄膜的形成。显像 3 ～ 5 min 后，用肉眼或借助放大镜观察所显示的图像，为发现细微缺陷，可间隔几分钟观察一次，重复观察 2 ～ 3 次。焊缝引弧处和熄弧处易产生细微的火口裂纹，以及对于表面成型不好，易出现缺陷的部位，应特别注意观察。对于细小缺陷的检测可将显像时间适当延长。

2. 溶剂去除型渗透检测

溶剂去除型渗透检测是渗透检测中应用较广的一种方法，它包括溶剂去除型着色渗透检测法和溶剂去除型荧光渗透检测法两种，其检测程序如图 4-45 所示。

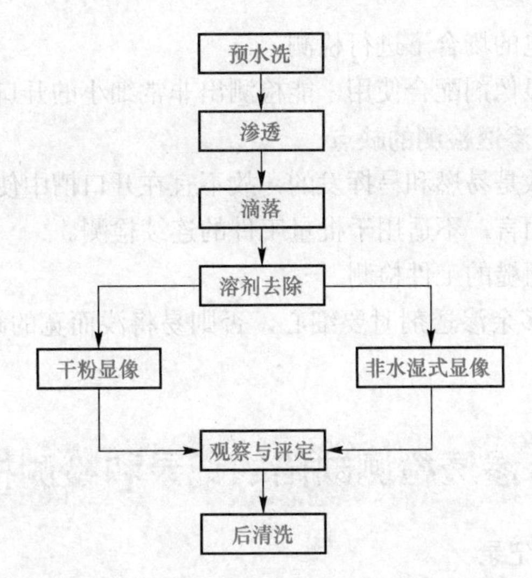

图 4-45　溶剂去除型渗透检测工艺流程图

3. 溶剂去除型渗透检测法适用范围

溶剂去除型渗透检测适用于焊接件和表面光洁的工件，特别适用于大工件的局部检测，也适用于非批量工件和现场检测。工件检测前的清洗和渗透剂的去除都应采用同一种有机溶剂。

渗透剂的渗透速度比较快，故采用比较短的渗透时间。表 4–20 列出溶剂去除型着色渗透检测推荐的渗透时间。

表 4–20　溶剂去除型着色渗透检测工艺的渗透时间（温度 16 ～ 28 ℃）

材料	状态	渗透时间 /min
各种材料	热处理裂纹	2
	磨削裂纹、疲劳裂纹	10
塑料陶瓷	裂纹、气孔	1 ～ 5
刀具或硬质合金刀具	未焊透、裂纹	1 ～ 10
铸件	气孔	3 ～ 10
	冷隔	10 ～ 20
锻件	裂纹、折叠	20
金属滚轧件	缝隙	10 ～ 20
焊接接头	裂纹、气孔、夹渣	10 ～ 20

4. 溶剂去除型着色检测法的优点

（1）设备简单。渗透剂、清洗剂和显像剂一般装在喷罐中使用，故携带方便，且不需要暗室和黑光灯。

（2）操作方便，对单个工件检测速度快。

（3）适合于外场和大工件的局部检测，配合返修或对有怀疑的部位，可随时进行局部检测。

（4）可在没有水、电的场合下进行检测。

（5）与溶剂悬浮型显像剂配合使用，能检测出非常细小的开口缺陷。

5. 溶剂去除型着色渗透检测的缺点

（1）所用的材料多数是易燃和易挥发的，故不宜在开口槽中使用。

（2）相对于水洗型而言，不适用于批量工件的连续检测。

（3）不适用于表面粗糙的工件检测。

（4）擦拭去除表面多余渗透剂时要细心，否则易将浅而宽的缺陷中的渗透剂洗掉，造成漏检。

溶剂去除型渗透检测

九、渗透检测缺陷的记录和检测报告

1. 渗透检测缺陷的记录

对缺陷进行评定后，有时需要将缺陷记录下来，常用的缺陷记录方式有如下三类：

（1）画图标注法画出工件草图，在草图上标出缺陷的相应位置、形状和大小，并注明缺陷的性质。

（2）粘贴－复制法可采用透明胶带或塑料薄膜显像剂进行粘贴复制，采用透明胶带复制法时，先清洁显示部位四周，并进行干燥，然后用透明胶带纸轻轻地覆盖在显示痕迹上，再轻压胶带纸，将带有显示痕迹的胶带纸粘贴在薄纸或记录本上；采用可剥塑料薄膜显像剂法进行记录时，采用带有显像剂的可剥离塑料薄膜，显像后，将其剥落下来，贴到玻璃板上保存下来。

（3）照相记录法在适当光照条件下，用照相机直接把缺陷的痕迹显示拍照下来进行保存。

2. 渗透检测报告

渗透检测的结果最终以检测报告的形式作出评定结论，检测报告应能综合反映实际的检测方法、检测工艺、操作情况及检测结论，并经具有任职资格的检测人员审核后签发存档，做一项产品的交工资料。一份完整的检测报告应包括以下内容：

（1）受检工件的委托单位；被检工件的状态、名称、编号、规格、形状、坡口形式、焊接方式和热处理状态。

（2）检测方法及条件，包括渗透剂类型及显像方式；渗透温度和渗透时间、乳化时间、水压及水温、干燥温度及时间、显像时间、检测灵敏度及试块名称。

（3）操作方法：预清洗方法、渗透剂施加方法、乳化剂施加方法、去除方法、干燥方法、显像剂施加方法、观察方法和后清洗方法。

（4）检测结论。

（5）示意图。

（6）检测日期、检测人员姓名、资格等级。

【任务实施】

1. 制定操作指导书

渗透检测操作指导书见表 4-21。

表 4-21　渗透检测操作指导书

设备名称	压力管道	规格尺寸	ϕ108 mm×5 mm	热处理状态	—	检测时机	焊后
被检表面要求	打磨	材料牌号	12Cr18Ni9	检测部位	对接焊接接头	检测比例	20%
检测方法	Ⅱ C-d	检验温度	20 ℃	标准试块	B 型	检测方法标准	NB/T 47013.5—2015
观察方式	白光下目视	渗透剂型号	DPT-5	乳化剂型号	—	去除剂型号	DPT-5
显像剂型号	DPT-5	渗透时间	≥ 10 min	干燥时间	自然干燥	显像时间	≥ 7 min
乳化时间	—	检测设备	携带式喷罐	黑光辐照度	—	可见光照度	≥ 1 000 lx
渗透剂施加方法	喷涂	乳化剂施加方法	/	去除方法	擦洗	显像剂施加方法	喷涂
水洗温度	—	水压	—	验收标准	《承压设备无损检测 第 5 部分：渗透检测》(NB/T 47013.5—2015)	合格级别	Ⅰ级
渗透检测质量评级要求	1．不允许存在任何裂纹； 2．不允许线性缺陷显示，圆形缺陷显示（评定框尺寸 35 mm×100 mm）长径 $d \leqslant$ 1.5 mm，且在评定框内少于或等于 1 个						
备注	1．渗透检测剂中的氯、氟元素的含量的质量比不得超过 1%； 2．渗透检测实施前、检测操作方法有误或条件发生变化时，用 B 型试块按工艺进行校验						
编制人及资格				审核人及资格			
日期				日期			

2. 操作步骤

（1）表面准备，用不锈钢丝盘磨光机打磨去除焊接接头及两侧各 25 mm 范围内焊渣、飞溅及焊接接头表面不平，酸洗、钝化处理被检面。

（2）预清洗，用清洗剂将被检面洗擦干净。

（3）干燥，自然干燥。

（4）渗透，喷涂施加渗透剂，使之覆盖整个被检表面，在整个渗透时间内始终保持润湿，渗透时间不应少于 10 min。

（5）去除，先用干燥、洁净不脱毛的抹布或纸依次擦拭，直至大部分多余渗透剂被去除后，再用蘸有清洗剂的干净不脱毛的抹布或纸进行擦拭，直至将被检面上多余的渗透剂全部擦净。但应注意，擦拭时应按一个方向进行，不得往复擦拭，不得用清洗剂直接在被检面上冲洗。

（6）干燥，自然干燥，时间应尽量短。

（7）显像，喷涂法施加，喷嘴离被检面距离为 300 ～ 400 mm，喷涂方向与被检面夹角为 30º ～ 40º，使用前应充分将喷罐摇动使显像剂均匀，不可在同一地点反复多次施加。显像时间不应少于 7 min。

（8）观察，显像剂施加后 7 ～ 60 min 内进行观察，被检面处白光照度应≥ 1 000 lx，必要时可用 5 ～ 10 倍放大镜进行观察。

（9）复验，应将被检面彻底清洗，重新进行渗透等检测操作各步骤。检测灵敏度不符合要求、操作方法有误或技术条件改变时、合同各方有争议或认为有必要时进行。

（10）后清洗，用湿布擦除被检面显像剂或用水冲洗。

（11）评定与验收，根据缺陷显示尺寸及性质按 NB/T 47013.5—2015 进行等级评定，I 级合格。

（12）报告，出具报告内容至少包括 NB/T 47013.5—2015 规定的内容。

【任务评价】

渗透检测评分标准见表 4–22。

表 4–22　渗透检测评分标准

序号	考核内容	评分要素	配分	评分标准	扣分	得分
1	准备工作	1．准备材料、设备及工具； 2．预清理：对灵敏度试块进行清理擦拭，对试件或零件表面进行清理	10	1．设备、器材准备不齐全，扣 5 分；每少一件扣 2 分，扣完 5 分为止； 2．未进行擦拭，探伤部位预处理，探伤面未达到要求，扣 5 分		
2	确定检测工艺	1．结合被检工件的检测要求，确定渗透检测方法； 2．根据渗透检测方法选用渗透剂、去除剂、显像剂； 3．根据检测灵敏度要求，选用灵敏度试块	20	1．标准试块选择错误，扣 5 分； 2．渗透剂选择错误，扣 5 分； 3．去除剂选择错误，扣 5 分； 4．显像剂选择错误，扣 5 分		
3	渗透检测操作	1．清洗剂的使用、清洗时机； 2．渗透剂的使用、渗透时机； 3．显像剂的使用、显像时机	30	1．清洗方法错误，扣 5 分； 2．清洗时机错误，扣 5 分； 3．施加渗透剂的方法错误，扣 5 分； 4．渗透时机错误，扣 5 分； 5．施加显像剂的方法错误，扣 5 分； 6．显像时机错误，扣 5 分		
		显示的观察与记录： 1．显示的观察应在试件或零件表面上的光照度不小于 1 000 lx 的条件下进行； 2．能正确测量显示的尺寸； 3．采用适当的方法做好原始记录	15	1．没测定光照度，或光照度达不到要求，扣 5 分； 2．显示尺寸测量每错 1 处，扣 2 分； 3．缺陷显示记录每错 1 处，扣 2 分		

续表

序号	考核内容	评分要素	配分	评分标准	扣分	得分
3	渗透检测操作	缺陷评定与结论：根据记录的缺陷性质、尺寸大小、对照执行标准的规定进行正确评定	10	质量等级评定错误，扣10分		
		后处理工序：试验完毕后应将试件或零件表面清理干净	5	未清洗，扣5分		
4	团队合作能力	能与同学进行合作交流，并解决操作时遇到的问题	10	不能与同学进行合作交流解决操作时遇到的问题扣10分		
合计			100			

【渗透检测事故案例】

1. 背景

某成品油罐区扩建工程，8个10 000 m^{3}储罐，施工规范为《立式圆筒钢制焊接储罐施工规范》（GB 50128—2014），要求应对罐底板3层重叠钢板部分的搭接接头在根部焊道焊完后，在沿3个方向各200 mm范围内进行渗透检测，全部焊完后，再进行渗透检测或磁粉检测。

2. 问题描述

在对102号罐的检查过程中发现，委托单要求对根部焊道做渗透检测，现场检查有工艺卡、记录，均未发现技术错误。对现场进行检查时发现，检测后没有进行后清洗工作，显像剂全部残留在角焊缝上，部分焊缝上及周边区域无任何红色显示。

3. 问题分析

（1）现场检测人员对后清洗工作认识不够。显像剂具有吸附性质，可以吸收水分，因此可能导致焊缝锈蚀；渗透检测剂不进行后清洗，也将对后续的焊接工作造成影响，产生有害气体，并可能造成焊接气孔。

（2）根据部分焊缝及周边区域无红色显示，可以认定存在造假行为，该段焊缝的渗透检测无效。

4. 问题处理

（1）重新进行渗透检测。

（2）严格执行检测程序，检测完成后按规定进行后清洗。

（3）对检测单位和检测人员按规定从重处理。

综合训练

一、判断题（在题后括号内，正确的画√，错误的画 ×）

1. 磁粉检测适用于检测铁磁性材料制工件的表面、近表面缺陷。（　　）
2. 磁粉检测的基础是不连续处漏磁场与磁粉的相互作用。（　　）
3. 由磁粉检测理论可知，磁力线会在缺陷处断开，产生磁极并吸附磁粉。（　　）
4. 铁磁性材料近表面缺陷产生的漏磁场强度，随缺陷埋藏深度的增加而增加。（　　）
5. 磁粉检测时，交流电有较强的表面磁场，但直流电比交流电具有更好的渗透性。（　　）
6. 交流电磁化的工件比直流电磁化的工件容易退磁。（　　）
7. 磁粉应具有高导磁率、低矫顽力和低剩磁性，磁粉之间应相互吸引。（　　）
8. 理想的磁粉应由一定比例的条形、球形和其他形状的磁粉混合在一起使用。（　　）
9. A 型准试片上的标值 15/50 是指试片厚度为 50 μm，人工缺陷槽深为 15 μm。（　　）
10. 标准试片主要用于检验磁粉检测设备、磁粉和磁悬液的综合性能。（　　）
11. 交叉磁轭一次磁化可检测出工件表面任何方向的缺陷，检测效率高。（　　）
12. 触头法中两触头连线上任意一点的磁场强度方向与连线垂直。（　　）
13. 采用干法时，应确认检测面和磁粉已完全干燥，然后施加磁粉。（　　）
14. 连续法检测中，磁粉或磁悬液的施加必须在磁化过程完成后进行。（　　）
15. 采用湿法时，应确认整个检测面被磁悬液湿润后，再施加磁悬液。（　　）
16. 退磁就是消除材料磁化后的剩余磁场使其达到无磁状态的过程。（　　）
17. 渗透检测适用于表面、近表面缺陷的检测。（　　）
18. 渗透检测缺陷显示方式为渗透剂的回渗。（　　）
19. 着色渗透检测是利用人眼在强白光下对颜色敏感的特点。（　　）
20. 按多余渗透剂的去除方法渗透剂分为自乳化型、后乳化型与溶剂去除型。（　　）
21. 根据渗透剂所含染料成分，渗透检测剂分为荧光液、着色液、荧光着色液三大类。（　　）
22. 后乳化型渗透剂是在乳化后再用水去除，它的去除剂就是乳化剂和水。（　　）
23. 对同一检测工件不能混用不同类型的渗透检测剂。（　　）
24. 渗透检测剂喷罐不得放在靠近火源、热源处。（　　）
25. B 型试块和 C 型试块，都可以用来确定渗透液的灵敏度等级。（　　）
26. 如果拟采用的检测温度低于 10 ℃，则需将试块和所有使用材料都降到预定温度，然后将拟采用的低温检测方法用于铝合金试块 B 区。（　　）
27. 试块的主要作用是灵敏度试验、工艺性试验和渗透检测系统的比较试验。（　　）
28. A 型试块可以用来确定渗透检测的灵敏度等级。（　　）

29. 镀铬试块主要用于校验操作方法与工艺系统的灵敏度。（　　）

30. 喷罐一般由盛装容器和喷射机构两部分组成。（　　）

31. 如果出现过乳化、过清洗现象，则必须重新处理。（　　）

32. 对工件干燥处理时，被检面的温度不得大于 50 ℃。（　　）

33. 显像时间是指从施加显像剂到开始观察时间。（　　）

34. 显像时间取决于渗透剂和显像剂的种类、大小及被检件的温度。（　　）

35. 为了使显像剂涂布均匀，可采用反复多次施加显像剂来解决。（　　）

36. 荧光渗透检测时，检测人员可戴光敏眼镜，以提高黑暗观察能力。（　　）

37. 渗透检测时，若因操作不当，真伪缺陷实在难以辨认时，应重复全过程，进行重新检测。（　　）

38. 后清洗是去除对以后使用或对工件材料有害的残留物。（　　）

39. 预清洗的目的是保证渗透剂能最大限度渗入工件表面开口缺陷中去。（　　）

40. 显示分为相关显示、非相关显示和虚假显示，非相关显示和虚假显示不必记录和评定。（　　）

41. 相关显示是重复性痕迹显示，而非相关显示不是重复性痕迹显示。（　　）

42. 由于工件的结构等原因所引起的显示为虚假显示。（　　）

二、选择题

1. 磁粉检测可以用于检测铁磁性材料的（　　）。

A. 厚度变化　　B. 材质变化

C. 材料分选　　D. 表面缺陷和近表面缺陷

2. 下列因素中与漏磁场无关的因素是（　　）。

A. 外加磁场强度

B. 缺陷位置和形状

C. 工件表面覆盖层和工件材料及状态

D. 退磁场

3. 下列关于漏磁场的叙述中，正确的是（　　）。

A. 缺陷方向与磁力线平行时，漏磁场最大

B. 漏磁场的大小与工件的磁化程度无关

C. 漏磁场的大小与缺陷的深度和宽度的比值有关

D. 工件表层下，缺陷所产生的漏磁场，随缺陷的埋藏深度增加而增大

4. 当不连续（　　）时，其漏磁场最强。

A. 与磁场成 180°　　B. 与磁场成 45°

C. 与磁场成 90°　　D. 与电场成 0°

5. 最适合检测表面缺陷的电流类型是（　　）。

A. 直流电　　B. 交流电

C. 脉动直流电　　D. 半波整流电

6. 单相半波整流电结合干法检测，检测（　　）效果较好。

A. 表面缺陷　　B. 近表面缺陷

C. 下表面缺陷　　D. 内部缺陷

7. 直流电不适用于（　　）检验。

A. 连续法　　B. 剩磁法　　C. 干法　　D. 湿法

8. 电磁轭法产生（　　）。

A. 纵向磁场　　B. 周向磁场　　C. 交变磁场　　D. 摆动磁场

9. 利用（　　）可以发现多个方向的缺陷。

A. 纵向磁化　　B. 复合磁化　　C. 周向磁化　　D. 平行磁化

10. 非荧光检测时，通常被检工件表面可见光照度应不小于（　　）lx。

A. 3 000　　B. 1 000　　C. 1 500　　D. 2 000

11. 交流电磁轭的提升力至少应为（　　）N。

A. 177　　B. 45　　C. 108　　D. 118

12. 直流电磁轭的提升力至少应为（　　）N。

A. 177　　B. 118　　C. 77　　D. 45

13. 检测与工件轴线方向的夹角大于或等于45°的缺陷时，应使用纵向磁化方法，纵向磁化可用（　　）获得。

A. 触头法　　B. 轴向通电法　　C. 线圈法　　D. 中心导体法

14. 检测细微的表面裂纹缺陷时，最佳的方法是（　　）。

A. 干式交流电　　B. 干式直流电

C. 湿式交流电　　D. 湿式直流电

15. 磁化电流计算的经验公式 $NI = 45\,000\,(L/D)$ 适用于（　　）。

A. 低充填因数线圈偏心放置磁化

B. 中充填因数线圈磁化

C. 高充填因数线圈磁化

D. 低充填因数线圈正中放置磁化

16. 采用轴向通电法检测，在决定磁化电流时，应考虑工件的（　　）。

A. 长度　　B. 横截面上最大尺寸

C. 长径比　　D. 表面状态

17. 配置磁悬液时浓度是很重要的，如果浓度过大，可能（　　）。

A. 形成过度背景，干扰缺陷的显示

B. 影响磁悬液的流动

C. 检测灵敏度太高，容易产生伪显示

D. 在工件上不流动，容易产生过度背景

18. 定磁场指示器主要用于（　　）。

A. 检验磁粉检测设备、磁粉和磁悬液的综合性能

B. 确定磁化规范

C. 表示被检工件表面磁场方向、有效检测区及磁化方法是否正确的一种粗略的校验工具

D. 作为磁场强度和磁场分布的定量指示

19. 关于磁粉检测标准试块的叙述，不正确的是（　　）。

A. 不适用于确定被检工件的磁化规范

B. 可用于考察被检工件表面的磁场方向
C. 不能用于考察被检工件表面的有效磁化区
D. 可检测磁场在标准试块上大致的渗入深度

20. 关于磁场指示器的使用方法，正确的是（　　）。
A. 黄铜面朝上，8 块低碳钢面与工件表面紧贴
B. 垂直于工件表面，碳钢面施加磁粉，黄铜面观察
C. 黄铜面朝下与工件表面紧贴
D. 在低碳钢面上施加磁介质并观察磁痕显示

21. 下面哪条不是液体渗透检测方法的优点？（　　）
A. 可发现各种类型的缺陷　　B. 原理简单容易理解
C. 应用方法比较简单　　D. 被检工件的形状和尺寸没有限制

22. 下列关于渗透检测的优点说法不正确的是（　　）。
A. 可检测有色金属　　B. 不受材料组织结构限制
C. 不受材料化学成分限制　　D. 检测灵敏度低

23. 不能用渗透检测的材料是（　　）。
A. 金属材料　　B. 非金属材料
C. 非多孔性材料　　D. 多孔性材料

24. 下列说法不正确的是（　　）。
A. 渗透检测只能检测表面开口缺陷
B. 对铁磁性材料，渗透检测比磁粉检测灵敏度低
C. 渗透检测可以确定缺陷深度
D. 对于微小的表面缺陷，渗透检测比射线检测可靠

25. 下列关于渗透检测有局限性的说法中，正确的是（　　）。
A. 不能用于铁磁性材料　　B. 不能发现浅的表面开口缺陷
C. 不能用于非金属表面　　D. 不能发现近表面缺陷

26. 渗透检测不能发现（　　）缺陷。
A. 表面气孔　　B. 表面裂纹　　C. 疲劳裂纹　　D. 近表面裂纹

27. 鉴定渗透检测剂系统灵敏度等级用（　　）试块。
A. A 型　　B. B 型　　C. C 型　　D. D 型

28. 对工件表面预处理一般不采用喷丸处理是因为可能会（　　）。
A. 把工件表面开口缺陷封闭　　B. 把油污封在缺陷内
C. 使缺陷发生扩展　　D. 使工件表面产生缺陷

29. 清除污物的方法有（　　）。
A. 机械方法　　B. 化学方法　　C. 蒸汽除油　　D. 以上都是

30. 在（　　）℃的温度条件下，渗透剂持续时间一般不应小于 10 min。
A. 15 ～ 50　　B. 10 ～ 50　　C. 15 ～ 52　　D. 10 ～ 52

31. 去除工件表面的金属屑，应采用的清理方式是（　　）。
A. 腐蚀法　　B. 打磨法
C. 超声波清洗法　　D. 蒸汽除油法

32. 渗透剂在被检工件表面上的喷涂应（　　）。

A. 越多越好

B. 保证覆盖全部被检表面

C. 渗透时间尽可能长

D. 只要渗透时间足够，保持不干状态不重要

33. 当渗透检测不可能在（　　）℃温度范围内进行时，则要求对较低或较高温度时的检测规范用铝合金试块确定。

A. 15～52　B. 10～50　C. 15～50　D. 10～52

34. 比较两种渗透剂的裂纹检测灵敏度用（　　）的方法比较好。

A. 比重计测量相对宽度　B. A 型铝合金试块

C. B 型镀铬试块　D. 新月试验

35. 校验操作方法和工艺系统灵敏度用（　　）试块。

A. A 型　B. B 型　C. 铝合金　D. C 型

36. 当渗透检测可能在 10～50 ℃温度范围以外进行时，按规定要进行检测方法的鉴定，通常是使用（　　）进行。

A. 铝合金试块　B. 镀铬试块

C. 黄铜试块　D. 焊接裂纹试块

37. 水洗型可用水清洗。水洗时水射束与被检面的夹角以（　　）为宜。

A. 20°　B. 30°　C. 40°　D. 50°

38. 水洗型可用水清洗。冲洗时，水温为（　　）℃为宜。

A. 20～40　B. 10～40　C. 10～30　D. 30～40

39. 水洗装置喷嘴处水压应不超过（　　）MPa。

A. 0.1　B. 0.2　C. 0.34　D. 0.3

40. 为了保证显像剂层薄而均匀，施加显像剂前应（　　）。

A. 摇动均匀　B. 可直接施加

C. 反复多次喷涂　D. 喷涂距离越远越好

41. 施加显像剂时，喷嘴离被检面距离为（　　）mm。

A. 200～300　B. 300～400　C. 100～200　D. 400～500

42. 显像剂在被检工件表面上的喷涂应（　　）。

A. 越多越好

B. 薄而均匀

C. 越少越好

D. 只要显像时间足够，越少越好覆盖全部

43. 显像时间取决于（　　）。

A. 工件的大小　B. 使用的显像剂种类和缺陷的大小

C. 乳化剂的种类　D. 清洗剂的种类

44. 荧光渗透检测中，黑光灯的作用是（　　）。

A. 使渗透剂发出荧光　B. 有利于显像剂的显像

C. 提高渗透剂黏度　D. 降低渗透剂表面张力

45. 由于渗透剂污染等所引起的渗透剂显示，称为(　　)。

A. 相关显示　　B. 非相关显示　　C. 缺陷显示　　D. 虚假显示

三、问答题

1. 简述磁粉检测原理。
2. 什么是周向磁化法？它主要包括哪几种磁化方法？
3. 什么是纵向磁化法？它主要包括哪几种磁化方法？
4. 固定式磁粉探伤机由哪几个部分组成？
5. 标准试片的主要用途有哪些？
6. 焊接件磁粉检测常用的检测方法有哪些？
7. 简述渗透检测基本原理。
8. 渗透剂应具有哪些主要性能？
9. 显像剂应具有哪些主要性能？
10. 简述铝合金试块的主要作用。
11. 施加渗透液的基本要求是什么？工件温度和渗透时间对渗透检测有何影响？
12. 常用的渗透检测方法有几种？
13. 试用框图画出溶剂去除型渗透检测的操作程序。
14. 渗透检测显示痕迹有几种？各举三例说明。

附录 A　NB/T 47013.2—2015 标准中各技术等级的像质计灵敏度值

表 A.1　线型像质计灵敏度值——单壁透照、像质计置于射线源侧

应识别丝号 丝径 /mm	公称厚度（T）范围 /mm		
	A 级	AB 级	B 级
19（0.050）	—	—	≤ 1.5
18（0.063）	—	≤ 1.2	> 1.5 ～ 2.5
17（0.080）	≤ 1.2	> 1.2 ～ 2.0	> 2.5 ～ 4.0
16（0.100）	≤ 1.2 ～ 2.0	> 2.0 ～ 3.5	> 4.0 ～ 6.0
15（0.125）	> 2.0 ～ 3.5	> 3.5 ～ 5.0	> 6.0 ～ 8.0
14（0.160）	> 3.5 ～ 5.0	> 5.0 ～ 7.0	> 8.0 ～ 12
13（0.20）	> 5.0 ～ 7	> 7.0 ～ 10	> 12 ～ 20
12（0.25）	> 7.0 ～ 10	> 10 ～ 15	> 20 ～ 30
11（0.32）	> 10 ～ 15	> 15 ～ 25	> 30 ～ 35
10（0.40）	> 15 ～ 25	> 25 ～ 32	> 35 ～ 45
9（0.50）	> 25 ～ 32	> 32 ～ 40	> 45 ～ 65
8（0.63）	> 32 ～ 40	> 40 ～ 55	> 65 ～ 120
7（0.80）	> 40 ～ 55	> 55 ～ 85	> 120 ～ 200
6（1.00）	> 55 ～ 85	> 85 ～ 150	> 200 ～ 350
5（1.25）	> 85 ～ 150	> 150 ～ 250	> 350
4（1.60）	> 150 ～ 250	> 250 ～ 350	—
3（2.00）	> 250 ～ 350	> 350	—
2（2.50）	> 350	—	—
注：管或支管外径≤ 120 mm 时，管座角焊缝的像质计灵敏度值可降低一个等级			

表 A.2　孔型像质计灵敏度值——单壁透照、像质计置于射线源侧

应识别丝号 丝径 /mm	公称厚度（T）范围 /mm		
	A 级	AB 级	B 级
H2（0.160）	—	—	≤ 2.5
H3（0.200）	—	≤ 2.0	> 2.5 ～ 4.0

续表

应识别丝号 丝径 /mm	公称厚度（T）范围 /mm		
	A 级	AB 级	B 级
H4（0.250）	≤ 2.0	＞ 2.0 ～ 3.5	＞ 4.0 ～ 8.0
H5（0.320）	＞ 2.0 ～ 3.5	＞ 3.5 ～ 6.0	＞ 8.0 ～ 12
H6（0.400）	3.5 ～ 6.0	＞ 6.0 ～ 10	＞ 12 ～ 20
H7（0.500）	＞ 6.0 ～ 10	＞ 10 ～ 15	＞ 20 ～ 30
H8（0.630）	＞ 10 ～ 15	＞ 15 ～ 24	＞ 30 ～ 40
H9（0.800）	15 ～ 24	＞ 24 ～ 30	＞ 40 ～ 60
H10（1.000）	＞ 24 ～ 30	＞ 30 ～ 40	＞ 60 ～ 80
H11（1.250）	＞ 30 ～ 40	＞ 40 ～ 60	＞ 80 ～ 100
H12（1.500）	＞ 40 ～ 60	＞ 60 ～ 100	＞ 100 ～ 150
H13（2.000）	＞ 60 ～ 100	＞ 100 ～ 150	＞ 150 ～ 200
H14（2.500）	＞ 100 ～ 150	＞ 150 ～ 200	＞ 200 ～ 250
H15（3.200）	＞ 150 ～ 200	＞ 200 ～ 250	—
H16（4.000）	＞ 200 ～ 250	＞ 250 ～ 320	—
H17（5.000）	＞ 250 ～ 320	＞ 320 ～ 400	—
H18（6.300）	＞ 320 ～ 400	＞ 400	—
注：管或支管外径≤ 120 mm 时，管座角焊缝的像质计灵敏度值可降低一个等级			

表 A.3　线型像质计灵敏度值——双壁双影透照、像质计置于射线源侧

应识别丝号 丝径 /mm	透照厚度（W）范围 /mm		
	A 级	AB 级	B 级
19（0.050）	—	—	≤ 1.5
18（0.063）	—	≤ 1.2	＞ 1.5 ～ 2.5
17（0.080）	≤ 1.2	＞ 1.2 ～ 2.0	＞ 2.5 ～ 4.0
16（0.100）	≤ 1.2 ～ 2.0	＞ 2.0 ～ 3.5	＞ 4.0 ～ 6.0
15（0.125）	＞ 2.0 ～ 3.5	＞ 3.5 ～ 5.0	＞ 6.0 ～ 8.0
14（0.160）	＞ 3.5 ～ 5.0	＞ 5.0 ～ 7.0	＞ 8.0 ～ 15
13（0.20）	＞ 5.0 ～ 7.0	＞ 7.0 ～ 12	＞ 15 ～ 25
12（0.25）	＞ 7.0 ～ 12	＞ 12 ～ 18	＞ 25 ～ 38
11（0.32）	＞ 12 ～ 18	＞ 18 ～ 30	＞ 38 ～ 45
10（0.40）	＞ 18 ～ 30	＞ 30 ～ 40	＞ 45 ～ 55

续表

应识别丝号 丝径 /mm	透照厚度（*W*）范围 /mm		
	A 级	AB 级	B 级
9（0.50）	＞30～40	＞40～50	＞55～70
8（0.63）	＞40～50	＞50～60	＞70～100
7（0.80）	＞50～60	＞60～85	＞100～170
6（1.00）	＞60～85	＞85～120	＞170～250
5（1.25）	＞85～120	＞120～220	＞250
4（1.60）	＞120～220	＞220～380	—
3（2.00）	＞220～380	＞380	—
2（2.50）	＞380	—	—

表 A.4　孔型像质计灵敏度值——双壁双影透照、像质计置于射线源侧

应识别丝号 丝径 /mm	透照厚度（*W*）范围 /mm		
	A 级	AB 级	B 级
H2（0.160）	—	—	≤1.0
H3（0.200）	—	≤1.0	＞1.0～2.5
H4（0.250）	S1.0	＞1.0～2.0	＞2.5～4.0
H5（0.320）	＞1.0～2.0	＞2.0～3.5	＞4.0～6.0
H6（0.400）	＞2.0～3.5	＞3.5～5.5	＞6.0～11
H7（0.500）	3.5～5.5	＞5.5～10	＞11～20
H8（0.630）	＞5.5～10	＞10～19	＞20～35
H9（0.800）	＞10～19	＞19～35	—
H10（1.000）	＞19～35	—	—

表 A.5　线型像质计灵敏度值——双壁单影或双壁双影透照、像质计置于胶片侧

应识别丝号 丝径 /mm	透照厚度（*W*）范围 /mm		
	A 级	AB 级	B 级
19（0.050）	—	—	≤1.5
18（0.063）	—	≤1.2	＞1.5～2.5
17（0.080）	≤1.2	＞1.2～2.0	＞2.5～4.0
16（0.100）	≤1.2～2.0	＞2.0～3.5	＞4.0～6.0
15（0.125）	＞2.0～3.5	＞3.5～5.0	＞6.0～12

续表

应识别丝号 丝径 /mm	透照厚度（*W*）范围 /mm		
	A 级	AB 级	B 级
14（0.160）	＞3.5～5.0	＞5.0～10	＞12～18
13（0.20）	＞5.0～10	＞10～15	＞18～30
12（0.25）	＞10～15	＞15～22	＞30～45
11（0.32）	＞15～22	＞22～38	＞45～55
10（0.40）	＞22～38	＞38～48	＞55～70
9（0.50）	＞38～48	＞48～60	＞70～100
8（0.63）	＞48～60	＞60～85	＞100～180
7（0.80）	＞60～85	＞85～125	＞180～300
6（1.00）	＞85～125	＞125～225	＞300
5（1.25）	＞125～225	＞225～375	—
4（1.60）	＞225～375	＞375	—
3（2.00）	＞375	—	—

表 A.6　孔型像质计灵敏度值——双壁单影或双壁双影透照、像质计置于胶片侧

应识别孔号 孔径 /mm	透照厚度（*W*）范围 /mm		
	A 级	AB 级	B 级
H2（0.160）	—	—	≤2.5
H3（0.200）	—	≤2.0	＞2.5～5.5
H4（0.250）	≤2.0	＞2.0～5.0	＞5.5～9.5
H5（0.320）	＞2.0～5.0	＞5.0～9.0	＞9.5～15
H6（0.400）	＞5.0～9.0	＞9.0～14	＞15～24
H7（0.500）	＞9.0～14	＞14～22	＞24～40
H8（0.630）	＞14～22	＞22～36	＞40～60
H9（0.800）	＞22～36	＞36～50	＞60～80
H10（1.000）	＞36～50	＞50～80	—
H11（1.250）	＞50～80	—	—

附录 B　环形对接焊接接头透照次数确定方法

B.1　透照次数曲线图

对外径 $D_0 > 100$ mm 的对接环形焊接接头进行 100% 检测，所需的最少透照次数与透照方式和透照厚度比有关，这一数值可从图 B.1 ～图 B.6 中直接查出。

（a）图 B.1 为源在外单壁透照对接环形焊接接头，透照厚度比 $K = 1.06$ 时的透照次数曲线图。

（b）图 B.2 为用其他方式（偏心内透法和双壁单影法）透照对接环形焊接接头，透照厚度比 $K = 1.06$ 时的透照次数曲线图。

（c）图 B.3 为源在外单壁透照对接环形焊接接头，透照厚度比 $K = 1.1$ 时的透照次数曲线图。

（d）图 B.4 为用其他方式（偏心内透法和双壁单影法）透照对接环形焊接接头，透照厚度比 $K = 1.1$ 时的透照次数曲线图。

（e）图 B.5 为源在外单壁透照对接环形焊接接头，透照厚度比 $K = 1.2$ 时的透照次数曲线图。

（f）图 B.6 为用其他方式（偏心内透法和双壁单影法）透照对接环形焊接接头，透照厚度比 $K = 1.2$ 时的透照次数曲线图。

B.2　由图确定透照次数的方法

从图中确定透照次数的步骤：计算出 T/D_0、D_0/f，在横坐标上找到 TD_0 值对应的点，过此点画一垂直于横坐标的直线；在纵坐标上找到 D_0/f 对应的点，过此点画一垂直于纵坐标的直线；从两直线交点所在的区域确定所需的透照次数；当交点在两区域的分界线上时，应取较大数值作为所需的最少透照次数。

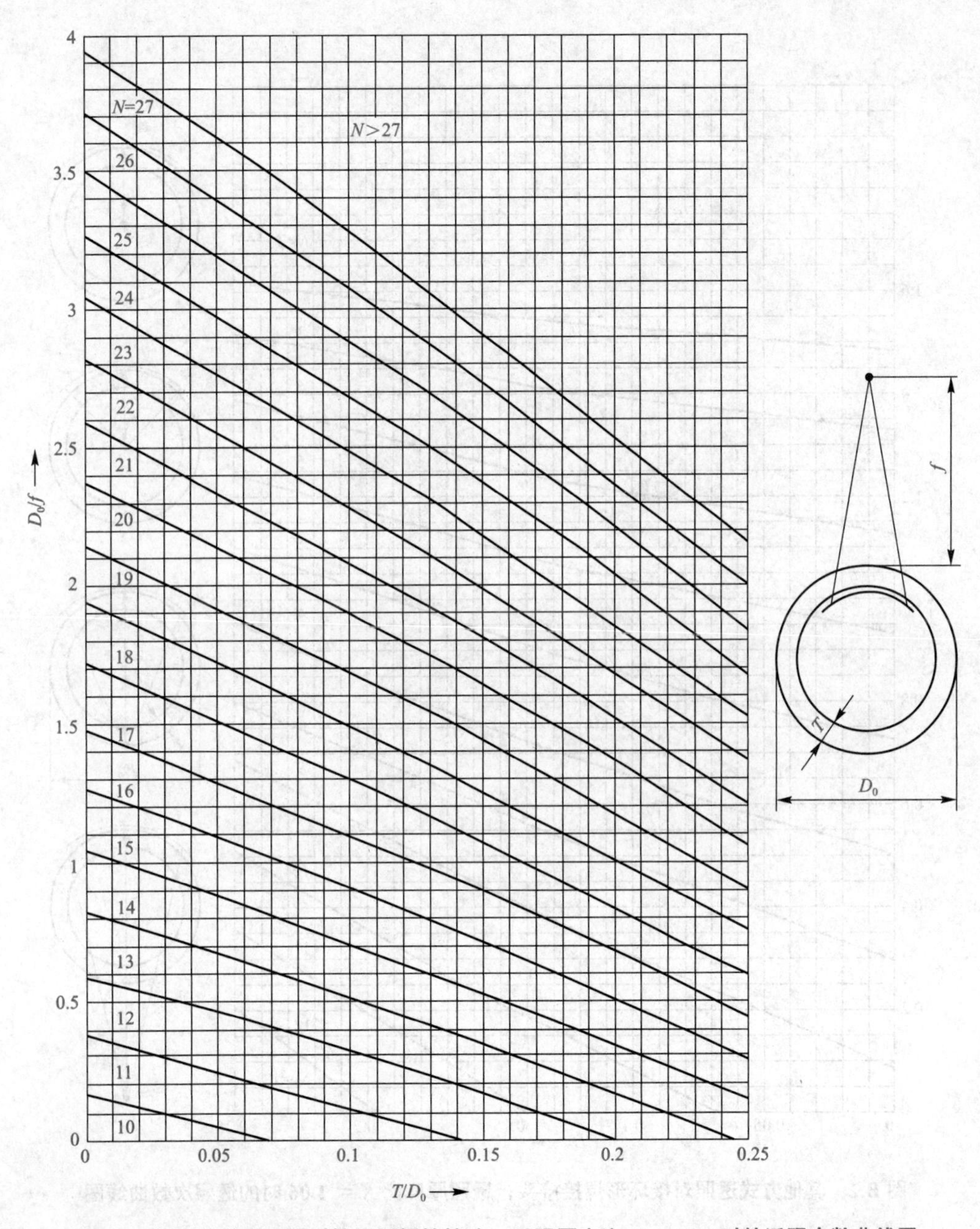

图 B.1　源在外单壁透照对接环形焊接接头，透照厚度比 $K=1.06$ 时的透照次数曲线图

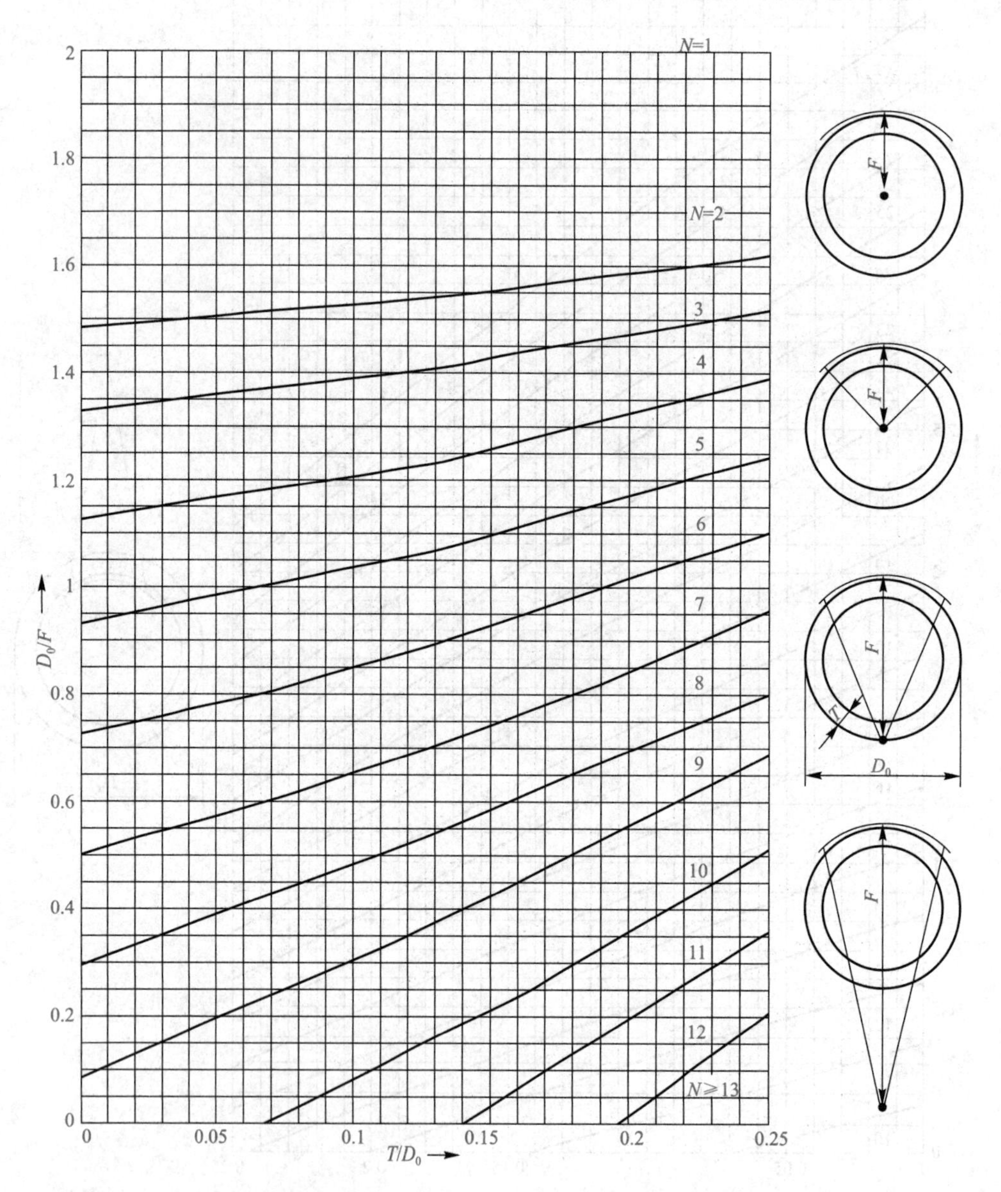

图 B.2 其他方式透照对接环形焊接接头，透照厚度比 $K=1.06$ 时的透照次数曲线图

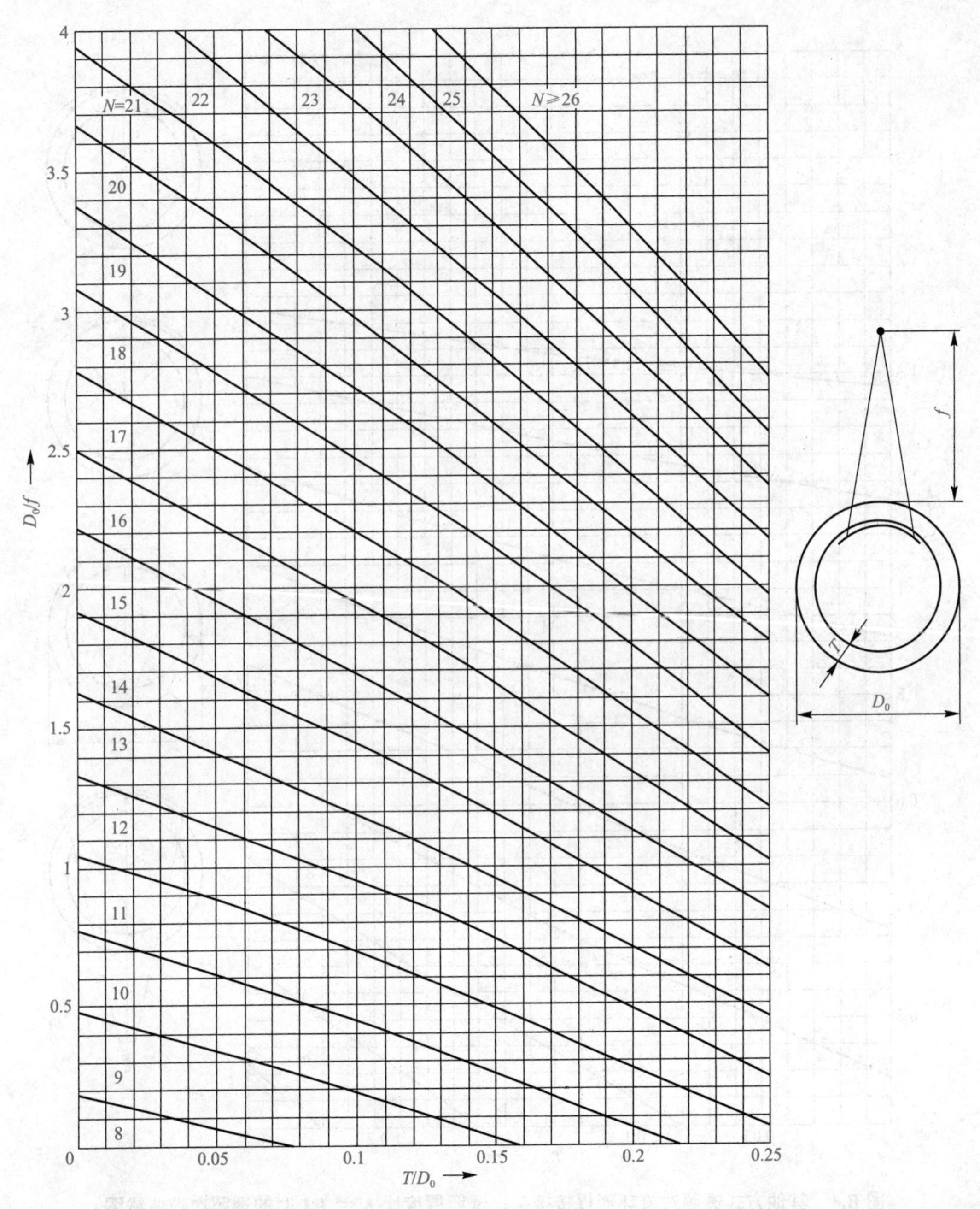

图 B.3 源在外单壁透照对接环形焊接接头，透照厚度比 $K=1.1$ 时的透照次数曲线图

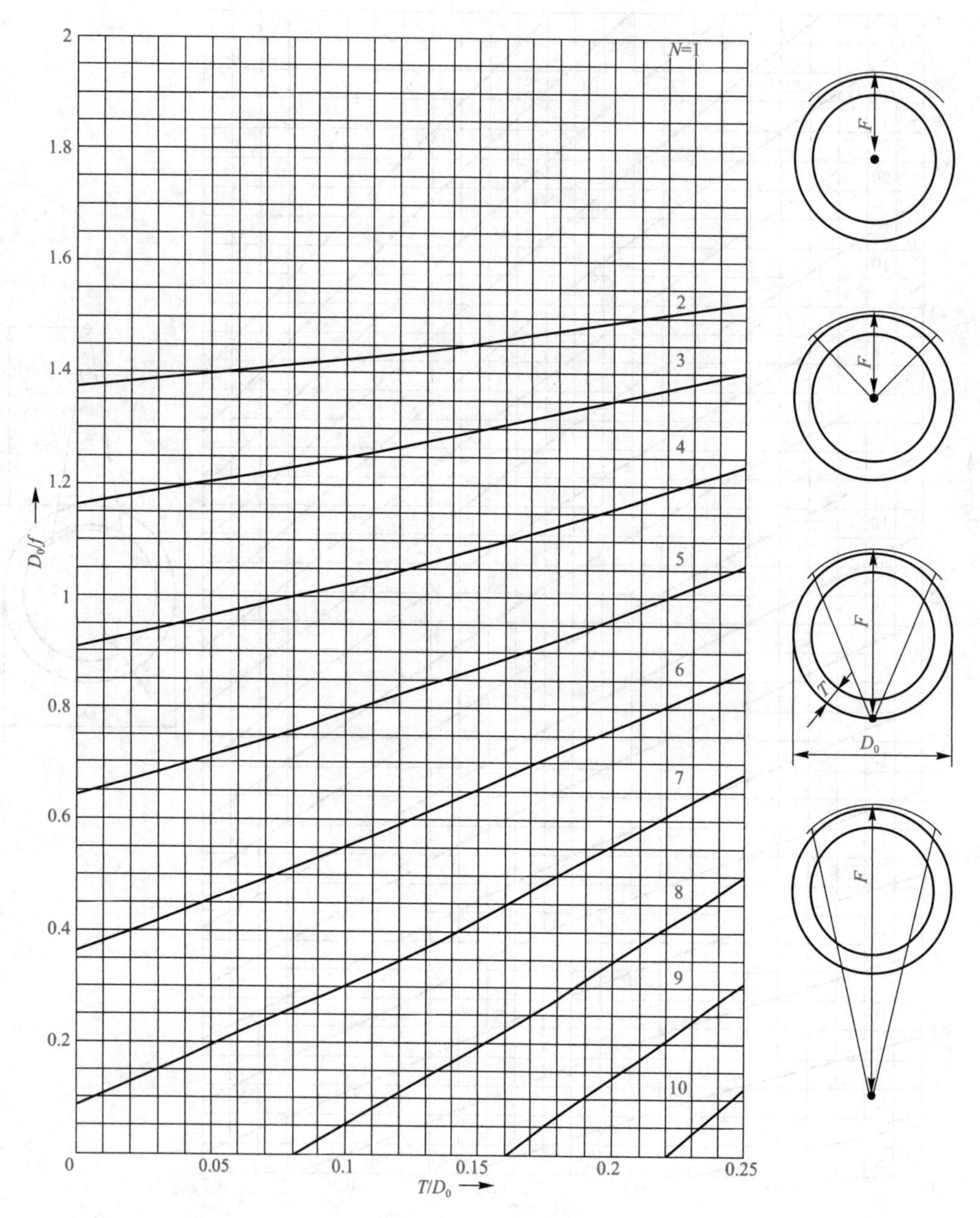

图 B.4　其他方式透照对接环形焊接接头，透照厚度比 $K=1.1$ 时的透照次数曲线图

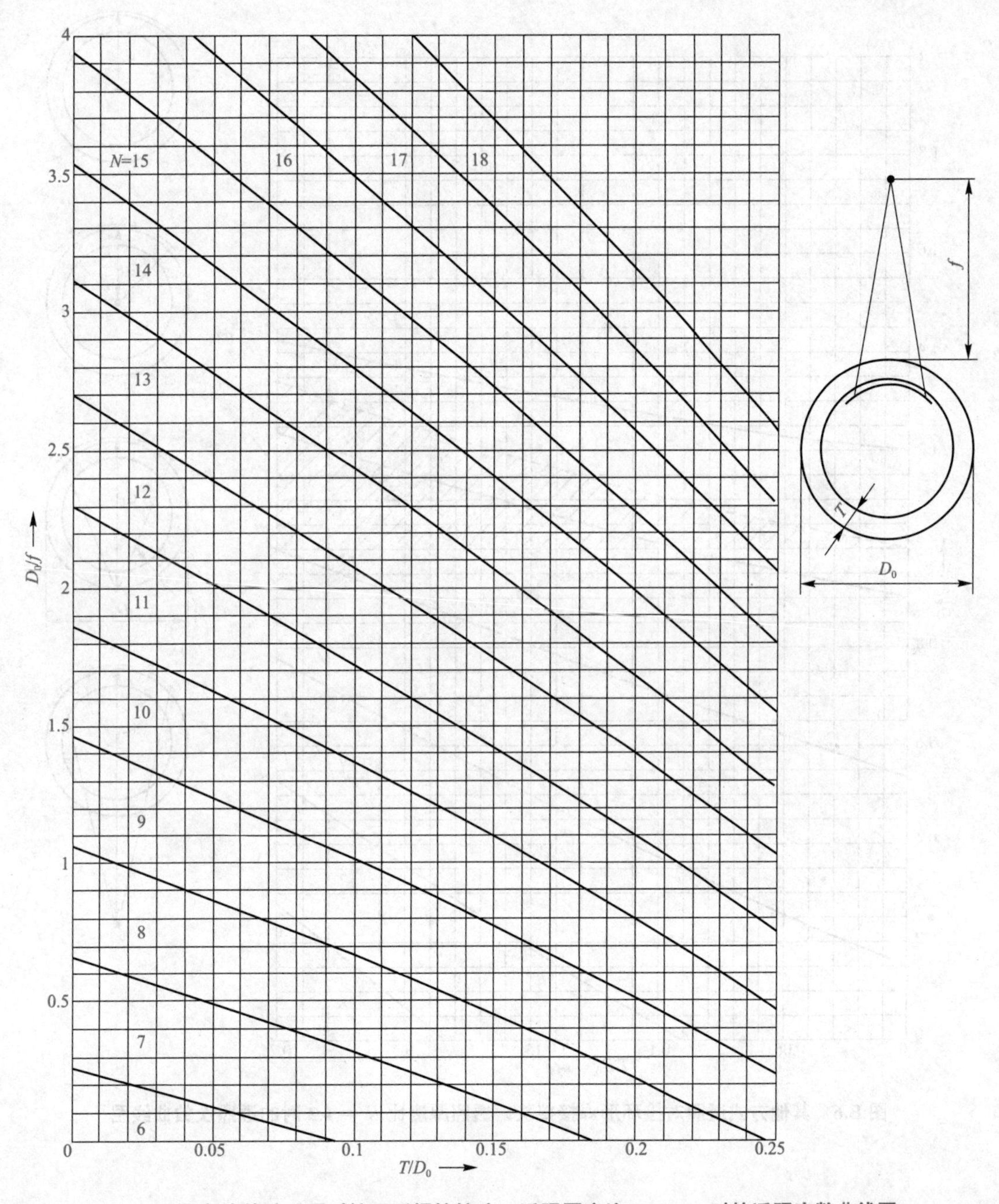

图 B.5　源在外单壁透照对接环形焊接接头，透照厚度比 $K = 1.2$ 时的透照次数曲线图

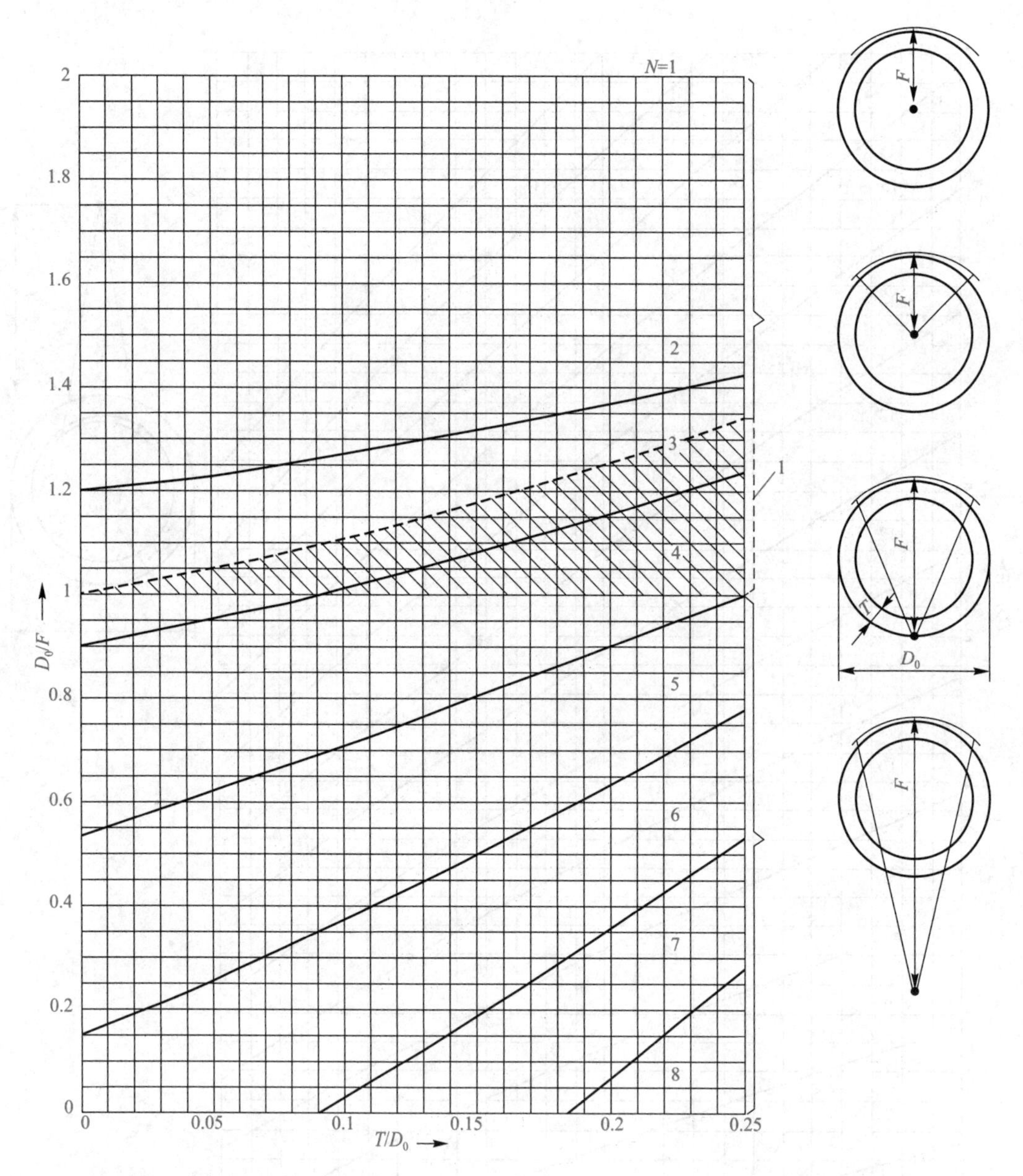

图 B.6　其他方式透照对接环形焊接接头，透照厚度比 $K = 1.2$ 时的透照次数曲线图

参考文献

[1] 辽宁省特种设备无损检测人员资格考核委员会．射线检测［M］．沈阳：辽宁大学出版社，2008.

[2] 辽宁省特种设备无损检测人员资格考核委员会．超声波检测［M］．沈阳：辽宁大学出版社，2008.

[3] 辽宁省特种设备无损检测人员资格考核委员会．磁粉检测［M］．沈阳：辽宁大学出版社，2008.

[4] 辽宁省特种设备无损检测人员资格考核委员会．渗透检测［M］．沈阳：辽宁大学出版社，2008.

[5]《国防科技工业无损检测人员资格鉴定与认证培训教材》编审委员会．射线检测［M］．北京：机械工业出版社，2004.

[6]《国防科技工业无损检测人员资格鉴定与认证培训教材》编审委员会．超声检测［M］．北京：机械工业出版社，2005.

[7]《国防科技工业无损检测人员资格鉴定与认证培训教材》编审委员会．磁粉检测［M］．北京：机械工业出版社，2004.

[8]《国防科技工业无损检测人员资格鉴定与认证培训教材》编审委员会．渗透检测［M］．北京：机械工业出版社，2004.

[9] 美国无损检测学会．美国无损检测手册：射线卷［M］．《美国无损检测手册》译审委员会，译．上海：世界图书出版公司，1992.

[10] 刘贵民．无损检测技术［M］．北京：国防工业出版社，2006.

[11] 李家伟．无损检测手册［M］．2 版．北京：机械工业出版社，2012.

[12] 王俊，徐彦．承压设备无损检测责任工程师指南［M］．沈阳：东北大学出版社，2006.